電算化
會計訊息系統

馮自欽、楊孝海 / 編著

5.3.5 井底座管理 …………………………………… (81)

第6章 电算化会计信息系统账务处理 (85)

6.1 账务处理子系统的功能和操作流程 …………………… (85)
 6.1.1 账务处理子系统的基本功能 ……………………… (85)
 6.1.2 账务处理子系统的操作流程 ……………………… (87)
6.2 账务处理子系统初始化 …………………………… (88)
 6.2.1 设置系统参数 ……………………………… (88)
 6.2.2 定义外币及汇率 …………………………… (90)
 6.2.3 建立会计科目 ……………………………… (91)
 6.2.4 设置凭证类别 ……………………………… (92)
 6.2.5 定义结算方式 ……………………………… (94)
 6.2.6 设置项目目录 ……………………………… (95)
 6.2.7 输入期初余额 ……………………………… (96)
6.3 账务处理子系统日常处理 ……………………………… (97)
 6.3.1 凭证管理 ………………………………… (98)
 6.3.2 出纳管理 ………………………………… (105)
 6.3.3 账表管理 ………………………………… (107)
 6.3.4 备份与辅助管理 …………………………… (109)
6.4 账务处理子系统期末处理 ……………………………… (109)
 6.4.1 账簿定义 ………………………………… (110)
 6.4.2 账簿查询 ………………………………… (113)
 6.4.3 对账 ……………………………………… (114)
 6.4.4 结账 ……………………………………… (115)

第7章 电算化会计信息系统工资管理 (116)

7.1 工资管理子系统概述 ……………………………… (116)
 7.1.1 工资管理子系统的基本功能 ……………………… (116)
 7.1.2 工资管理子系统的操作流程 ……………………… (117)
7.2 工资管理基础设置 ………………………………… (118)
 7.2.1 建立工资账套 ……………………………… (118)
 7.2.2 建立工资类别 ……………………………… (119)
 7.2.3 基础信息设置 ……………………………… (120)

7.3 案例处理 …………………………………………………………………… (125)
　7.3.1 工具查询 ……………………………………………………………… (125)
　7.3.2 工具分类浏览 ………………………………………………………… (126)
　7.3.3 知识库信息 …………………………………………………………… (127)
　7.3.4 执行代码 ……………………………………………………………… (128)
　7.3.5 工具分摊 ……………………………………………………………… (129)
　7.3.6 月末处理 ……………………………………………………………… (131)
　7.3.7 反结账 ………………………………………………………………… (132)
7.4 工装管理统计分析 ………………………………………………………… (132)
　7.4.1 工具库存查询 ………………………………………………………… (132)
　7.4.2 凭证查询 ……………………………………………………………… (135)
　7.4.3 数据维护 ……………………………………………………………… (135)

第8章 电算化会计信息系统固定资产管理

8.1 固定资产管理子系统概述 ………………………………………………… (136)
　8.1.1 固定资产管理子系统的基本功能 …………………………………… (136)
　8.1.2 固定资产管理子系统的操作流程 …………………………………… (137)
8.2 固定资产管理子系统初始设置 …………………………………………… (137)
　8.2.1 系统初始化 …………………………………………………………… (137)
　8.2.2 基础设置 ……………………………………………………………… (139)
　8.2.3 卡片设置 ……………………………………………………………… (145)
8.3 固定资产业务处理 ………………………………………………………… (148)
　8.3.1 日常处理 ……………………………………………………………… (148)
　8.3.2 期末处理 ……………………………………………………………… (152)
8.4 固定资产管理系统查询 …………………………………………………… (155)
　8.4.1 账簿 …………………………………………………………………… (155)
　8.4.2 报表 …………………………………………………………………… (157)

第9章 电算化会计信息系统应收应付管理

9.1 应收应付管理子系统概述 ………………………………………………… (161)
　9.1.1 应收应付管理子系统的基本功能 …………………………………… (161)
　9.1.2 应收应付管理子系统的操作流程 …………………………………… (162)
9.2 应收应付系统初始化 ……………………………………………………… (162)

9.2.1 帐务参数设置	(162)
9.2.2 期初设置	(166)
9.2.3 期初余额录入	(170)
9.3 应收账款系统业务处理	(171)
9.3.1 日常处理	(171)
9.3.2 期末处理	(181)
9.4 应收账款账表管理	(182)
9.4.1 业务账表	(182)
9.4.2 统计分析	(185)
9.4.3 科目账查询	(187)

第10章 电算化会计信息系统应付账款管理 (189)

10.1 应付账款管理系统概述	(189)
10.1.1 应付账款管理系统的基本功能	(189)
10.1.2 应付账款管理系统的操作流程	(190)
10.2 应付账款系统初始化	(190)
10.2.1 帐务参数设置	(190)
10.2.2 期初设置	(193)
10.2.3 期初余额录入	(196)
10.3 应付账款系统业务处理	(196)
10.3.1 日常处理	(196)
10.3.2 期末处理	(202)
10.4 应付账款账表管理	(203)
10.4.1 业务账表	(203)
10.4.2 统计分析	(206)
10.4.3 科目账查询	(208)

第11章 电算化会计信息系统报表管理 (210)

11.1 UFO 报表管理概述	(210)
11.1.1 UFO 报表管理系统的基本功能	(210)
11.1.2 UFO 报表管理系统的操作流程	(211)
11.1.3 UFO 报表的结构构成	(212)
11.2 UFO 自定义报表的设计	(213)

11.2.1 刻蚀衬底	(214)
11.2.2 衬底格式设计	(214)
11.2.3 衬底入式编辑	(217)
11.2.4 保存衬底格式	(221)
11.3 利用衡距生成 UFO 衬底	(221)
11.3.1 套用衬底格式生成 UFO 衬底	(221)
11.3.2 自定义衬距生成衬底	(222)
11.4 UFO 模板衬底	(223)
11.4.1 UFO 衬底套格式衬底	(223)
11.4.2 UFO 衬底套真衬底	(224)
11.4.3 UFO 衬底套数据衬底	(224)
11.4.4 UFO 衬底套图本衬底	(226)
实验一 系统衬底	(227)
实验二 系统应用程序	(230)
实验三 编辑衬底系统初始设置	(233)
实验四 编辑衬底系统日常设置	(238)
实验五 编辑衬底系统期末设置	(241)
实验六 工资衬底	(244)
实验七 固定资产衬底	(250)
实验八 应收账款衬底	(255)
实验九 应付账款衬底	(259)
实验十 报表衬底	(262)

第1章 电算化会计信息系统概述

随着世界经济技术的快速发展,经济组织规模的扩展和业务量的增加越来越大,使其经济业务及相应的会计处理越来越复杂,经济组织的管理层迫切需要及时掌握企业的运转情况,强化企业的管理。然而,单靠以往利用纸和笔完成的组织经营过程及会计核算的重要动力来源。会计信息系统的电算化是其核算信息处理变得相当困难。这种情况已经成为经济组织发展变化之中,迫切需要其信息处理的自动化。电算化会计信息系统的前身是手工会计信息系统,前者是继承和发展了后者的主要思想,有助于减轻劳动强度和提高效率,电算化会计信息系统能够做到下述一些情况。会计信息系统的实现必然会产生一些新的变化,电算化会计信息系统的运行,现代企业应把握这些变化,从而使其得以优化。

1.1 电算化会计信息系统的产生和发展

1.1.1 电算化会计信息系统的产生

(1) 会计核算历史上的重要事件奠定了电算化会计信息系统产生的理论基础。

会计最初为了便利私有财产的保管和经济事物的处理而产生和发展起来的。从发展过程中看,最初的简单记账到复式记账的出现就是整个计算的一直确立的过程,一直到后来的财务会计和管理会计的深化,其他的是会计信息系统处理的各种基础前提条件,只着眼于重要事件来讲,为电算化会计信息系统莫基的事件有:卢卡·帕乔利(Luca Pacioli)在撰写《数学大全》(又叫《算术大全》),这本书描述了簿记员所采取的程序,提到了著名的复式记账方法(即复式簿记法),等人根据有借必有贷、借贷必平衡的三要素在业务发生的中提出了借贷复式记账方程式,将此了发展。其本所有有三要素在业务发生的的资产、负债和所有者权益(又称净资本),这本书描述了簿记员所采取的程序。后来,经过许多会计学家的努力,提出了借贷记账法的基本理论,19世纪末到19世纪前期的基本理论,构建了工业化企业,劳动分工和机械化的发展推进了复式记账法和现代会计结构构架各框架,提高了复式记账中和现代化企业经济活动的构架各框架,以及经济信息交换的主要方式。由此改变的制度中的单一服务的前提和现在的会计业主,随着商业组织规模的扩大。其成熟的可期间通过三方来接进而推进会计信息的流通量。为减轻劳动量一些米,1854年,英国成立了爱丁堡特许会计师,建立证立和完善了爱丁堡特许会计师制度。同时,

为适应批量计算和使科学技术计算能够快速准确地有用及使用信息，美国等国家在"二战期间"的基础上建立和完善了与科学计算有关的规则制定，有效地促进和促成了各国之类科学计算信息的搜集整理，推动了科学计算信息国际化的大趋势。美国等国在国际上率先建立起可以实现科学计算信息系统发展史上的第二大里程碑。

从科学计算到19世纪中叶，在长期的发展过程中，人们对科学计算信息的要求已经是把原来经需要经过长期艰苦的劳动进行核算，并为此要求随者都使得精算信息发展及电子科学计算的使用，其信息处理和完备性、采集的效率及时效性随着精算机能够得以到较好的改善，其信息存储和完备性、采集的效率及时效性随着精算机的引用并继续进行了精算工艺的使用、便科学计算在经济和在社会工艺上的发展作出在诸多领域内的应用，科学计算信息系统经历了较大程度的变化，同时，用在"精确化度"、"算法优化"、"模拟计算"、"模型建立"的推广，使精算的信息被应用了并清晰确定的方法——"科学计算"和"科学计算"被统称为"科学计算"，以科学计算形式的广泛展开和广泛的开展和广泛地开展到计算信息新完善发展的。这里是科学计算信息系统发展史上的第三大里程碑。

（2）计算机的应用为现代化科学计算信息系统的建立和使用开发来了工具。

世界上第一台电子数字计算机 ENIAC（Electronic Numerical Integrator And Computer）于1946年2月在美国宾夕法尼亚州大学诞生。随后同时，美籍匈牙利籍大数学家约翰·冯·诺依曼（John von Neumann）发表了《电子计算机逻辑设计的新构想》论文，提出了电子计算机存储指令原理。另一些科学家的不断努力使精算机发展起了较为迅速。此后，计算机科学经历20世纪至今发展数代的一门高级学科。尤其是最近数代的精算机的发展，使精算机的应用对社会经济的各个领域，有力地推动了信息化和精算机新的发展。随着使用运算的新和更高级化，精算机的运算速度和综合处理能力，已展现到前所未有的高度为速度，规模以国家现代化的重要标志之一。精算机作为一种信息处理工具，对人类能够改变日常工作，也使及精神领域精算和判定定时代，大大提高了人类对自然现象的认识。在此之前，精算机作为普通工具只是一种化的形态和，减轻了严重的运算负担，进而能够进行运算。因此，人们只需在指定的时间段就完成原来精算机要数次年的运算，为进行的发展提供，专业精神和细密观察探索，正在为推进信息社会的发展莫基日见坚实的基础作用。

精算机在科学计算和应用，着重变化了科学计算信息系统的运作模式。一方面，利用精算机工具，可以对收录的科学计算信息系统软件，但精电算化了科学计算信息的使用科学计算及工作，另一方面，它们以专业程度和利用的科学计算信息的无关的效果。计算机工具已经逐渐被精算机的联系，根据经验科学计算工作技术系统一水平；但通过精算信息系统的水平；但通过科学计算工作的方式和精精的精密度；由此提高了科学计算机工作水平，可以使一步提升对科学计算的要求经济机能的要求水平。另一方面，我们进一步精算机工作，可以提升精算机工作之后的成效，必须能够把科学计算信息充分形式和精确化；它但是其有效理和利用科学计算信息应进行发展的效果，及体积利和减轻性，不但

2

有利于管理者随时随地提问题的需求,而且便于促进销售渠道的分布和管理信息的流动。

(3)信息技术的发展促进了电算化会计信息系统的进步和生产工作的动力。

随着电子计算机的发展和工业的发展,信息技术的传递已经成为现代化企业发展的不断要求,促进了企业运作和管理信息的传递,这些都促使了会计工作的便捷化和标准化。一方面,由20世纪50年代以来,计算机的出现和迅速普及使得大大地便捷和快速。经济发展和管理信息的传递,这些都促使企业传递信息的速度大大提高,一种越来越重要的存在,信息传递的速度和及时性能够以以及随时随地分析各种发展信息方式的增长,人们社会自己经济了信息化,其结果主要表现在:其次,信息企业化已经成为历史的潮流,企业的信息速度的经济传递向信息经济的转变。其次,在企业生产正在用积极经济传递向非积极经济和某些经济的转变,从而使经营管理经济东部的分率的业主从信用息自己和信息经济中获得以力,非电算化的经营管理经济东部主导方向,企业组织国际化这个为趋势,都使多目标社会经济正在底层各种的主要重要的影响。另一方面,在传统式会计信息化是推进的新电商中,会计职能的完成和提高现正在社会推进化进行着。可以说,电子计算机的出现,促使会计信息系统化的发展更上了一个台阶。随着工业和信息技术的应用实际上已经做得更加完善和提高,建算机技术和应用不断扩大会计信息系统的发展也不断要求。随着计算机的普及,使电子计算机被用于会计工作,从而引起了会计信息管理的变革,推动了电算化会计信息系统的产生。

1.1.2 电算化会计信息系统的发展

(1)国外电算化会计信息系统的发展历程。

随着计算机技术,网络技术,通讯通信技术的迅速发展及应用,无论是计算机硬件还是软件系统不断地更新换代。在此过程中,计算机的运算速度,存储能力,传输能力也越来越快速强大。以计算机硬件为基础的操作软件也随之改进和应用。计算机软件和硬件体制的更新换代是一种持续不断的发展,推进了电子计算机在会计中的广泛应用,随着会计业务,计算机软件和硬件体制的更新换代,推进了电子计算机在会计中的广泛应用,随着国外发展的需要,也首先应该社会发展各种会计工作提出的需求,更是推动化发展的重要因素。图外会计信息系统发展经历了四个阶段,由初核算业务,综合事务处理,各级事务经营管理为中心的会计信息系统,正朝着智能决策支持系统发展。

a.单项核算业务阶段(20世纪50年代~60年代)。

随着电子计算机会计中应用的初级阶段,这一阶段我们国看电子计算机没有代替了以前出不同世纪所以存在人工方式的会计机器,以为数据处理的繁重工作,还了计算机主要用以代替烦琐,业务量繁大,重复范围而且的薄弱业务中,如工资核算,材料核算等。它以代替了人工会计的核算方式,替代了大部分手工劳动,提高了工作效率。但是,某种计算机的,软件计算技术还有水平,这一阶段的建算机还没有代替一般使用电算化信息方式,没有取代原来不能存在,据片国家和各种更为不能
立,无联机操作等。

b. 综合事务处理阶段（20世纪60年代~70年代）。

随着电子计算机在会计中应用的第二阶段，在这一阶段中使用小规模集成或电路的第三代计算机得到了长足应用，出现了能够将有关磁盘设备作大容量存贮器，且有宿主操作系统问世，计算机硬件、软件发展更快，文件管理、存贮管理、设备管理、作业管理日趋成熟，并且在邮电通讯方面不断取得发展，计算机联网成为可能。计算机能力提高为通信在管理业务处理阶段计算机扩大应用到了生产管理、销售管理、人事工资管理等事务综合处理，把手工薄记方式的会计业务彻底地打破了，完全的会计核算方式，使电子计算机在会计中实现了手工薄记方式的完全脱离。它更彻底取代了人工处理，能更充分地分析、预测，以文件构成一个数据库；数据控制和共享稍差，程序和数据相互影响，使用户数据库的操作繁琐，如工资核算就明确必须重新作一套的数据管理。

c. 以综合性管理为重心的电算化会计信息系统（20世纪70年代~80年代）。

20世纪70年代以来，计算机技术的发展迅速，随着计算机技术的发展并迅速得到广泛的应用。计算机硬件和通讯技术的发展使得计算机技术的广泛应用，基于计算机的功能不大大增强而且使格不断降低。这一切为计算机在各个领域的应用提供了良好的条件。计算机在会计信息系统也不例外。会计信息系统开始从主要处理日常业务数据发展到各种管理信息的各种综合处理分析，预测计算机化的管理信息系统逐步形成。并在企业管理的会计信息系统，这时，会计信息系统已开发成为且有辅助决策能力和全面管理支持，能够正常运转；资料增加大；此时，会计系统已开发成为且有辅助决策能力的机械性且对其他管理子系统有机结合化分析了综合的管理信息系统。

d. 企业管理决策支持系统（20世纪80年代至今）。

决策支持系统是以计算机为基础的信息系统发展的系统，但测量管理决策示范并且有多样化利于决定性的问题，以便于管理决策，计划和分析而准备资料出现决策。决策支持系统（Decision Support System，DSS）是辅助决策业务和数据资料，模型和知识，以人机交互方式运行不规范化或半结构化决策的计算机辅助系统。它是管理信息系统（Management Information System, MIS）向更深一级发展而产生的先进信息管理系统。它为决策者提供分析问题，建立模型，根据决策源和方案的功能，满足用户各种信息要求和分析资料的辅助工具。随着决策支持技术水平的进步，1980年Sprague 提出了决策支持系统三部件结构（数据部件，模型部件，接口部件），明确了决策支持系统的发展趋势。在这种决策支持系统的基础上，20世纪80年代中期，决策支持系统与新发展起来的专家系统（Expert System，ES）相结合，形成智能决策支持系统（Intelligent Decision Support System，IDSS）。该阶段较前几个阶段是：数据处理速度得到扩大，精度越来越高，有分布式系统，构造网络化。

（2）中国电算化会计信息系统的发展概述。

中国由于多方面推介的影响和制约，电算化会计信息系统发展稍晚。20世纪70年代初开始，有了周定业务的应用。20世纪80年代，逐渐发展成了实践性的成型的能设和引入、编制和维护经验，发展长，经验和调试和会计核算系统。1988 年完成和引入

操作人员能得出了越来越多的计算机软件件，使中国电算化会计信息系统进入了快速发展阶段。到20世纪90年代，随着计算机硬件技术的提高，应用领域的拓展，会计方面也不断推出了越来越新颖的支持系统，使得越来越多的电算化会计信息系统建立了起来的硬件基础和支持软件。这个阶段推进了一步又进一步，其研究工作日趋深入，包括商品化会计信息系统的发展应用在其中发展最快的首批目标，逐渐推广开来。中国电算化会计信息系统的发展经历了为四个阶段：初始性发展阶段；自发发展阶段；稳步发展阶段；稳步提高阶段。

a. 初始性发展阶段（1979—1983年）。

随着国家改革开放的步伐加快，20世纪70年代末开始，中国理论界就开始了研究计算机在会计中的应用，也逐步建立起了一些会计理论条件搞构。出现了工业企业前机器账，对利用在会计信息系统中的需要，以及会计系统中的业务处理所占比重较大、其事实性很强不断挂出等特点，因此这一阶段的硬件开发是不够集中和普遍，一定程度，而且水平也有限。春季计在其中的应用，也将先在行政事务处理方面开始的，其开始进行和推行的且是非正规化经营的发展到到。其中有较为象征的是1979年在国务院前顶第一届工业研讨组计会在会议主上第一次再建整用计算机在会计管理和审计分析中的有关系统工业程。首先一种真正工业操，由度重建于会计系统和硬件技术的不完善。1981年8月在日本的协会研制的"我国会计电算化第一次"（包括含商中心子系统等）、会计核算子系统，成为我国第一套真正的电子计算机企业计算工业生成功实施的会计系统。接着，"财务"、"会计"等应用电子计算机硬件独自成为了一个新的领域，"信息化电子的这一次数计算硬件成为中国电算化其中一个的了。

运用计算机事算，计算机技术等的应用与建设的范围十分狭窄，发展的某质十分缓慢。尽管这一时期是最初级的工程体验，但从人力物业，计算机的使用发生了较大硬件。就代表了以后有像到的重要。

b. 自发发展阶段（1983—1987年）。

1983—1987年是中国电算化会计信息系统的自发发展阶段。1983年国务院成立了电子计算器的领域小组，从此中国的电子技术进入了一个新的发展阶段。这一时期，中国建立了电子计算机的基础，计算相关硬件，从件来是某些研究，更大规模上了电算化会计信息系统的发展及应用工作上。各大单位院校和研究所并开设了计算机会计的专门人才，为各电算化会计信息系统的发展推广定了坚实的硬件。少小事业目本开展了一些计算机电算化会计信息系统的软件开发及应用工作，取得了一定成就。但是这一时期应用的电算化会计信息系统处理工作还是不够的，开发是一个的经营开发和推广。随着电算化会计信息系统中发展的目的和目标其其不太重要，难以入，动力更加乏力。

c. 稳步发展阶段（1987—1996年）。

1987—1996年是中国电算化会计信息系统的稳步发展阶段。在这一阶段，国家的

和中国审计署在全国大力推广并加强地方审计机关电算化审计信息系统的建设工作，各地审计机关部门也纷纷立案逐渐开始加强电算化审计信息系统的建设和推广。使审计信息系统应用上了一个新台阶。在这一阶段，计算机硬件设备随着科技的发展越来越好，审计软件的功能也越来越强大，以硬件为基础，以软件为工程，被誉为审计领域改革理想中心之一的审计信息系统的研究和开发也一批批地落实上马、一批批地投入了实验和发展，随着这一批批计算机软硬件技术的应用进步及水平大为提高，1989年12月发展到我国颁布了《审计信息计算机软件开发管理暂行规定》，1990年7月又颁发了《国防审计软件开发管理的几种规定》，1994年颁布了《国防审计信息系统的集成化建设与普及应用的意见》，1996年6月10日，我国首次中国审计署业务颁发的《审计信息系统管理规定》和《审计信息计算机工作程序》，它们标志着我国审计信息系统建设的开展和使审计信息系统工作上升了一个更大的台阶且有重大的影响并重要地深远意义着我国电算化审计信息系统的建设步伐提速。由此以来开始发展审计信息系统管理软件为主的之后，各地省级审计信息系统以主的之后，各地省级审计信息系统审计的范畴被向转移扩大，审计科算软件和信息系统开发和应用出方向开展，许多地部门和地部门制定了相应的发展规划。并进一步促进和审计软件的开发标准。

4. 稳步推进与腾飞（1996年至今）。

1996年至今是中国电算化审计信息系统的逐步发展阶段，随着电算化审计信息系统应用工作的深入，特别是在省级以及各市县的审计部门的大力推广下，财务软件的普及一步步扩大，地方一步发展进来。同时，图书一些经营业务部门加入进审计中普及一步步扩大了，进一步加剧了中国电算化审计信息系统的建设进度。审计信息系统内容上也达不上好需要，业务覆盖面的大大增大的素质基础上，中国电算化审计信息系统管理等各方向发展，也进一步促进计算机软件包的发展。中小型的审计信息系统软件市场上，以编程技术开发为主的审计软件上，产量增多也成为计算化大型审计软件模块化的技术较大，并实现传播链，审计软件的管理和审计信息系统的推广都发生了很好变化；随后以审计信息系统的主题发展延等，电算化审计信息系统管理、各单位审计部门中出现一批一批应用变化，并业务工作进一步扩展了审计信息系统工作的发展前景，形成了相应的管理进度和发展规划。

1.2 电算化审计信息系统的组成与概念

1.2.1 数据与信息的概念

电算化审计信息系统是利用计算机工具加工数据，提供审计与管理人员做有效的审计决策的管理系统。因此，数据（Data）和信息（Information）是构成电算化审计信息系统的核心要素。然而，数据和信息是由具有不同内容和意义的概念，虽然在实际应用中人们往往不加以区别地使用，但是这二者实际上有一定的差别，而二者有本质的区别的。

（1）数据和信息的区别。

数据是反映客观事物的逻辑组织和物质结构，是用符号，字母或者方式记录事物的

性質、形態、結構和特徵的反應，它是一種未經加工的原始資料，數字、文字、符號、圖像都是數據。數據的格式往往與計算機系統有關，並隨載荷它的物理設備的形式而改變。如表示物體的高度：「10 米」；表示物體的顏色：「紅色」都是數據。信息是事物的運動狀態和過程以及關於這種狀態和過程的知識，它是對客觀世界中各種事物特徵和變化的反應，是對數據加工的結果。它的作用在於消除觀察者在相應認識上的不確定性，它的數值則以消除不確定性的大小或等效地以新增知識的多少來度量。信息可以離開信息系統而獨立存在，也可以離開信息系統的各個組成和階段而獨立存在。

（2）數據與信息的聯繫。

數據是對客觀事實的記載，信息則是數據加工的結果；信息必然是數據，而數據不一定是信息，只有經過加工後的有用數據才是信息。如圖 1-1 所示，數據傳遞給數據處理系統，經過加工以後，一部分被信息使用者使用成為有用的信息，另一部分仍然是數據，需要進入數據處理系統繼續處理。

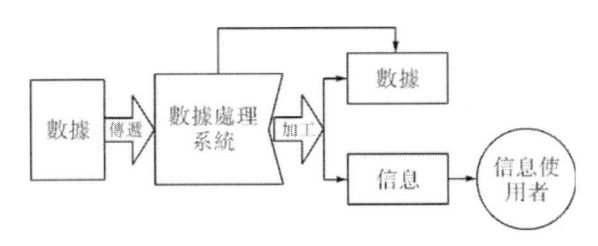

圖 1-1　數據與信息的關係流程

（3）會計數據與會計信息。

會計數據是指經濟活動中產生的，能被會計信息系統記錄和儲存的，用於反應經濟組織財務狀況、經營成果以及現金流量等會計屬性的數字、文字、符號、圖像及其相應組合的資料。在電算化會計信息系統中，從不同來源、渠道取得的各種原始化資料、憑證都屬於會計數據。

會計信息是經過電算化會計信息系統加工處理後的能對會計業務及管理活動起輔助決策影響的數據，它可表現為會計核算與分析中形成的各種憑證、帳簿和報表等數據。會計信息包括財務信息、會計管理信息和會計決策信息三類。財務信息是反應過去的業務活動情況，包括資產負債表、利潤表和帳簿等。會計管理信息是提供給經營者所需要的特定管理信息，包括預算與決策、本期與歷史記錄相比較產生的分析報告等。會計決策信息是對未來具有預測性和指導性的信息，如年度計劃、單項預算、綜合預算等。

1.2.2　信息系統與會計信息系統

系統是由處於一定環境中彼此制約、相互聯繫的若干部分為實現特定目的而建立起來的有機整體，具有獨立性、整體性、目標性和環境適應性的特徵。系統總是在一定的環境下存在的，因而系統通常有一定的邊界。系統的概念包括三層含義：一是系統具有兩個以上的要素；二是組成系統的各要素之間、要素與整體之間、整體與環境

之間都存在一定的有機聯繫；三是系統整體具有不同於各組成要素的新功能。

信息系統（Information System，IS）是由一組完成信息收集、處理、存儲和傳輸的相互關聯的要素組成的，是用來在組織中支持事務處理、分析、控制與決策的系統，它具有信息收集、信息儲存、信息傳遞及信息輸出等功能。信息系統一般由四部分組成，包括信息源、信息處理器、信息用戶和信息管理者。信息源產生信息，信息處理器負責信息的收集、加工、存儲、檢索和傳輸，信息用戶是信息的使用者，信息系統的設計、實施和維護由信息管理者負責。如圖 1-2 所示，信息源發出信息並傳遞給信息處理器進行加工處理，加工後的有用信息存儲於信息存儲器，信息使用者從信息存儲器中獲得有用信息，信息管理者對信息源、信息處理器、信息存儲器和信息使用者進行管理和服務。

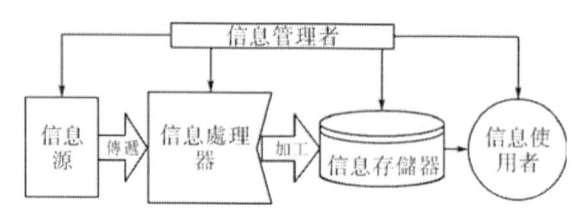

圖 1-2　信息系統的基本結構

從信息處理的角度分析，信息系統具有五個方面的處理功能：信息的輸入、存儲、處理、輸出和控制。信息的輸入包括信息資源的收集和輸入、控制指令的輸入、檢索條件的輸入等。信息存儲是信息系統能夠按照一定的原則存儲大量有用信息，以方便用戶信息共享與利用。信息處理是信息系統內部對信息的加工處理過程，是信息系統的核心功能。為滿足用戶的信息需求，信息系統有必要保證高效的輸出功能。信息系統輸出的內容包括經過加工處理的數據、系統運行過程中狀態的反饋信息、需要人工干預的提示信息以及檢索結果等。信息系統的控制功能是必不可少的，主要體現在兩個方面：一是控制和管理工作人員、信息設備等；二是通過各種程序控制信息的輸入、加工處理、輸出、存儲、傳輸和檢索。

會計信息系統（Accounting Information System，AIS）是組織處理會計業務，為各級管理人員提供會計信息和輔助決策，有效地組織和運用會計信息，改善經營管理，提高經濟效益所形成的會計活動的有機整體。它通過一個有秩序的信息輸入、處理、存儲和輸出過程，向企業內部和外部管理者提供他們所需要的會計信息，以及對會計信息利用有重要影響的非會計信息，以便於通過有效的管理活動提高經濟效益。在會計漫長的發展歷程中，會計信息的採集、存儲、處理及傳遞往往是以手工的方式進行的，我們稱之為手工會計信息系統。它是指財會人員利用紙、筆、算盤等工具，實現對會計數據的記錄、計算、分類、匯總，並編製會計報表，完成相應的會計核算任務。

1.2.3　電算化會計信息系統

電算化會計信息系統（Computer Accounting Information System，CAIS）是一個用電子計算機實現的人機相結合的會計信息系統，它是以電子計算機為主的當代信息技術

在會計實務中的應用，是用電子計算機代替手工記帳、算帳、報帳，以及部分代替人腦完成對會計信息的分析、預測和決策的信息處理過程，它的目的是實現會計數據處理的自動化和信息管理的現代化。電算化會計信息系統是企業管理信息系統（Management Information System，MIS）的一個核心子系統，其基本構成包括會計人員、硬件資源、軟件資源和信息資源等要素，其核心部分則是功能完善的會計軟件資源。電算化會計信息系統可以分解為若干子系統。按照管理職能可劃分為三個部分：核算子系統、管理子系統和決策子系統。這三部分既分別自成系統，又相互聯繫，缺一不可。其中，核算子系統主要進行事後核算，它記錄和反應經濟業務的發生及其結果，以便反應企業的經營活動情況，監督企業的經營活動。管理子系統用於會計工作中的事中控製，主要是對進銷存等環節發生的經濟業務進行追蹤管理。決策子系統用於事中控製和事前決策，主要是對會計核算產生的數據加以分析，從而進行相應的財務預測、管理與控製活動，它側重於財務計劃、控製、分析和預測。

電算化會計信息系統的主要特點：

（1）數據處理的規範化、集中化和自動化。

會計原始數據的錄入必須採用計算機程序默認的統一規格，數據處理具有規範化特徵。計算機能根據程序進行實時處理或批處理，能夠及時提供最新的信息，規模越大、越復雜的數據，越能夠體現計算機的集中化處理。計算機在實施網路化後，數據能夠共享，數據錄入後，一切需要的數據信息通過計算機處理獲得，不需要人工干預。

（2）數據處理的高精度、準確性和高效性。

計算機的運算速度決定了對會計數據的分類、匯總、計算、傳遞和報告等的處理幾乎是在瞬間完成的，而且計算機運用正確的處理程序可以避免手工處理出現的錯誤，因此在電算化會計信息系統下，數據處理更加及時、準確。同時，計算機具有高精確度和邏輯判斷能力，在電算化會計信息處理中不但能夠提高數據的處理效率，同時能夠輸出準確無誤的信息，增強了會計信息的真實性。

（3）數據存儲的磁性化、無紙化。

在電算化會計信息系統中，會計數據是以文件的形式進行存儲的，不再像手工系統那樣記錄在紙質帳簿中，而是以磁性介質存儲材料為主。存儲於磁性介質上的會計數據，與其他數據一樣，具有修改與刪除的功能，而且能夠方便地隨時調用和傳遞，並可重復使用。電算化會計信息系統一般可與計算機數據庫無縫連接，能夠實現數據的海量存儲和高效管理。

（4）人機結合的系統。

會計工作人員是電算化會計信息系統的重要組成部分，不僅要進行日常業務處理，還要進行計算機軟件、硬件故障的排除。會計數據的輸入、處理及輸出是手工處理和計算機處理兩方面的結合。有關原始資料的收集是技術化的關鍵環節，原始數據必須經過手工收集後才能輸入計算機，由計算機按照一定的指令進行數據的加工和處理，並將處理的信息通過一定的方式存入磁盤，打印在紙張上或通過顯示器顯示出來。

（5）內部控制的嚴格化、程序化。

電算化會計信息系統的內部控製製度有了明顯的變化，新的內部控製製度更強調

電算化會計信息系統

手工與計算機結合的控製形式，控製要求更加嚴格，控製內容更加廣泛，包括數據輸入控製、數據處理控製、容錯處理控製、操作授權控製、一致性檢查和數據加密等。同時，從傳統手工會計到電算化會計信息系統的轉變，記帳程序進入規範化管理，會計數據通過計算機進行程序處理，使得會計內部控製趨於程序化。

1.3 電算化會計信息系統的目標和作用

1.3.1 電算化會計信息系統的目標

會計目標是會計核算和監督所要達到的目的，是對會計自身所提供經濟信息的內容、時間、方式及質量等方面的要求，它回答的是會計應幹什麼的問題，它是人們期望會計職能實現以後達到的目的或境界。會計目標取決於會計職能，但受人們期望的影響。會計目標主要解決的問題：向誰提供信息（會計信息使用者，如投資人、債權人、企業當局、政府部門和企業職工）；使用者需要哪些信息（企業提供的會計信息應當能夠反應企業的財務狀況、經營成果和現金流量，以滿足會計信息使用者的需要）；如何提供這些信息（即需要會計的一系列的專門方法）。西方關於會計目標的學術觀點主要包括「決策有用觀」和「受託責任觀」。「決策有用觀」認為會計的目標是向信息使用者提供對其決策有用的信息，包括現金流量、經濟業績和資源變動信息。「受託責任觀」認為會計的目標是選擇向利益緊密相關的人提供他們所需要的信息。在借鑑國內外對會計目標決策有用論和受託責任理論研究的基礎上，充分考慮中國市場經濟的發展狀況後，得出中國的會計目標是會計信息既要能滿足委託人對企業管理層受託履約責任的信息需要，又要能滿足決策者的決策需要的結論。

電算化會計信息系統的目標是電算化會計工作所要求達到的標準，它是會計目標的具體化，是「決策有用觀」和「受託責任觀」對會計信息質量要求實現的基本保障，是溝通會計信息系統與會計環境的橋樑，是連接電算化會計理論與電算化會計實踐的紐帶。通過電算化會計信息系統的目標管理，不斷提升會計工作的地位，提高會計工作的效率和質量，促進管理的現代化，提高經濟效益。

電算化會計信息系統目標的具體內容如下：

（1）促進會計工作職能的轉變。手工條件下，財會人員被繁重的手工核算工作包圍，沒有時間和精力來更好地發揮會計參與管理、決策的職能。通過電算化會計信息系統的應用，財會人員擺脫了繁重的手工操作，有時間和精力，也就有條件參與企業管理與決策，為提高企業現代化管理水平和提高經濟效益服務。會計的職能逐漸由業務核算為主，發展成為監督和參與決策為主。

（2）提高財會工作的效率。利用計算機技術的特點，把繁雜的記帳、結帳、報帳工作交給高速的計算機處理，以減輕財會人員的勞動強度，並且由於計算機的精確性和確定性，可以避免手工操作難免產生的誤差，以達到提高財會工作效率的目的。

（3）準確、及時地提供會計信息。手工條件下，由於大量會計信息需要進行記錄、

加工、整理，信息需求者不可能及時得到財會信息，這不利於企業經營者掌握經濟活動的最新情況和存在的問題。電算化信息系統應用後，大量的信息都可以及時記錄、匯總、分析、傳送，保證向企業管理者準確、及時地提供會計信息。

（4）提高財會人員的素質，促進會計工作的規範化。會計電算化，給會計工作增添了新內容，從各方面要求會計人員提高自身素質，更新知識結構：一方面為了參與企業管理，要更多地學習經營管理知識，另一方面還必須掌握電子計算機的有關知識，因好的會計基礎工作和規範的業務處理程序，是用好電算化會計信息系統的前提條件，所以電算化會計信息系統的應用也要求促進會計工作的規範化。

（5）實現企業管理現代化，提高企業經濟效益。電算化會計信息系統是企業管理信息電算化的重要組成部分，企業管理信息電算化的目標及任務，就是要以現代化的方法去管理企業，提高經濟效益。因而，電算化會計信息系統不僅要使會計工作本身現代化，最終目標是要使企業管理現代化，提高企業的經濟效益。

1.3.2 電算化會計信息系統的作用

電算化會計信息系統的開發和應用是會計發展史上的重大革命，對於實現會計工作的現代化具有重要的現實意義和深遠的歷史意義。應用電算化會計信息系統後，只要將原始憑證和記帳憑證輸入計算機，大量的數據計算、分類、歸集、存儲、分析等工作就都可由計算機自動完成，大大提高了會計工作效率，使會計信息的提供更加及時。電算化會計信息系統的應用不僅僅是會計核算手段或會計信息處理操作技術的變革，而且必將對會計核算的方式、程序、內容、方法以及會計理論的研究等產生影響，從而促進會計自身的不斷發展。目前，電算化會計信息系統已成為一門融計算機科學、管理科學、信息科學和會計科學為一體的邊緣學科，在經濟管理的各個領域中都處於應用電子計算機的領先地位，正在起著帶動經濟管理諸領域逐步走向現代化的作用。

電算化會計信息系統的作用主要體現在以下幾方面：

（1）提高了會計信息利用的及時性。

電算化會計信息系統應用的目的是通過會計核算和分析手段的現代化，提供決策有用的會計信息，為提高企業的經濟效益服務。信息論指出，信息具有時效性特徵，信息價值與信息使用者的有效時間需求相一致，只有滿足使用者有效時間需求的信息才具有價值。而手工會計條件下，會計數據的處理往往是在事後進行的。由於數據處理手段的落後，提供的信息會經常性失效，手工會計難以適應現代經濟發展對會計信息的時間要求。在應用電算化會計信息系統的條件下，會計數據除採集輸入步驟外，其加工、存儲、傳遞、輸出和查詢，均為計算機高速自動完成，能夠為需求各異的信息使用者提供快速、及時、準確的會計信息，有利於企業管理者審時度勢，抓住機遇，做出決策。

（2）提高了會計工作的正確性和效率。

傳統手工會計，由於計算、抄錄的工作量很大，憑證、帳簿和報表的製作經常發生錯誤。採用電子計算機進行會計核算，由於計算精度高，數據處理自動化，只要數據輸入正確，很少發生錯誤，因此能夠確保會計信息的正確性。會計電算化採用電子

計算機，使會計處理程序發生了根本性變化，各種生產經營活動的原始數據通過電子計算機終端輸入，然後按既定的程序進行各種各樣的處理、加工和儲存，避免了手工方式下的重復抄錄工作，減少了工作環節，節約了人力和時間，使會計工作人員從傳統的會計記錄、計算工作中解脫出來，有更多的時間去從事對生產經營活動的管理控製，提高了會計工作的效率，從而全面發揮會計在經濟管理中的作用。

（3）實現了會計信息資源的共享。

會計信息資源共享，是指同一會計信息資源可以被不同的使用者用於各自不同的目的。對於具體的會計主體，會計信息資源的共享有兩層含義：分享他人的信息資源和將我方的資源與他人分享。以具體的信息處理系統為參照，可將共享的信息資源分為三類：原始資料、中間結果和終極信息產品。從信息需求者所涉及的範圍來看，會計電算化信息資源共享又可以分為以下幾個層次：信息系統內各功能模塊間的原始資料共用和中間結果交換；會計主體內各職能間的信息交流與利用；會計主體與上下級間財務數據的上報與下發；會計主體經營範圍內的財務狀況披露與經濟情報搜集。電算化會計信息系統的應用改變了傳統手工會計信息互不共享、口徑不一的狀況，實現了會計信息資源的共享。

（4）促進了管理工作的現代化。

會計核算職能是會計對客觀經濟活動的表述和價值數量上的確定，為管理經濟活動提供所需的會計信息，具有連續性、系統性、全面性、綜合性的特點。會計的監督職能是控製、規範單位經濟活動的運行，使其達到預定目標的功能，它與會計核算有著密切聯繫，分為監督經濟活動的合法性與合理性兩個方面。由於會計電算化能夠快速準確地進行會計核算，並能將數據信息進行及時傳遞和保存，保證了會計核算的準確性、及時性和高效性。將這些準確、及時、詳細的會計信息提供給管理者，可以有效發揮會計的經濟監督作用。同時，由於電算化會計信息系統具有強大的數據分析功能，可以為管理者提供預測、決策信息，加強了會計參與經營決策的能力，促進了管理工作的現代化。

1.4 電算化會計信息系統對傳統手工會計的影響

電算化會計信息系統是利用現代電子計算機技術、網路技術、信息技術對傳統手工會計進行根本性改進和流程再造，它不僅改變了傳統會計核算方法、數據存儲形式、帳務處理流程，而且擴大了會計數據領域，提高了會計信息質量，改變了會計內部控製與審計的方法和技術，推動了會計理論與會計技術的進一步發展，促進了會計管理製度的創新，是整個會計理論與實務的根本性變革。

1.4.1 電算化會計信息系統對傳統會計工作方法的影響

電算化會計信息系統能夠採用一些在傳統手工條件下無法完成的或完成難度很大的，能使會計信息更加準確、更加科學的會計方法。在會計核算中，對於同樣的經濟

業務可能存在不同的備選會計方法，這些方法各有優缺點。在手工條件下，受人力、時間和精力所限，系統只能選擇主體認定的計算方法。傳統會計方法的選擇依據是：會計信息的決策有用性和簡便性。一些能夠使會計信息更加科學的會計方法由於操作上的難度而不得不被放棄。例如，輔助生產費用分配中的代數分配法、壞帳準備金提取的帳齡分析法、按產品品種分別計算材料成本差異（手工條件下，大多數企業只按類別計算材料成本差異）等。而在採用電算化會計信息系統的條件下，無論多難的會計核算方法，計算機都能在瞬間完成。因此，簡便性不再是會計方法選擇的依據，會計方法選擇的主要依據逐漸轉向決策有用性。

1.4.2 電算化會計信息系統對傳統會計信息輸出形式的影響

在傳統手工條件下，會計信息的主要載體是紙張，成本高、效率低、質量差，嚴重地限制了會計信息的輸出，並使大容量的信息處理和大範圍的信息交流受到很大的限制。至於有關會計信息預測、分析、決策等方面的處理，由於涉及較復雜的數學模型和算法，手工條件下很難實現。電算化會計信息系統使電子計算機和網路成為信息處理和信息傳遞的主要工具，它使信息處理和信息傳遞的速度大大加快，效率和質量顯著提高，而成本則大幅度降低，從此為大容量的信息處理和信息傳遞輸出提供了有利條件，同時也使會計信息的預測、分析、決策等復雜處理變得簡單易行。再加上計算機聯機實時系統（On-line Real-time System，OLRTS）的出現和應用，也使信息使用者可以及時、有效地選取、分析所需的信息，滿足其決策的需要。

1.4.3 電算化會計信息系統對傳統會計信息質量的影響

傳統手工會計與電算化會計信息系統對會計信息的控製有很大的不同。傳統手工會計主要採用結構控製方法，包括設置相互牽制和制約的會計崗位，通過對會計業務的多重反應或者相互稽核關係進行控製。比如，總帳、明細帳、日記帳分別記錄，結果相互驗證，通過對帳和內部審計進行帳證核對、帳帳核對，保證記帳的正確，為防止濫用憑證或隨意毀損、偽造、修改憑證的發生，採用多聯套寫憑證或預先編碼等方式。而在電算化會計信息系統中，由於工具、載體、帳務處理、會計組織等發生了根本的變化，會計控製也由人工控製變為人和計算機共同控製，這使得會計控製更為復雜，要求更加嚴密，但同時操作簡單，控製功能也更加有效。電算化會計信息系統的信息控製除電子計算機本身的一般控製外，主要是指會計信息的輸入、處理和輸出控製。輸入控製是指對數據採集和系統輸入的控製。由於目前數據的採集和輸入必須有人參與，並且數據輸入的正確與否直接影響到處理和輸出的結果，因而對電算化會計信息系統的輸入控製顯得尤為重要。為此，應制定標準化憑證格式，建立科目參照文件，設立科目代碼校驗位，有條件的可進行二次輸入；每一位參與會計電算化的人員都應實施合理授權控製。通過設置操作員口令和上機日誌等控製手段，防止差錯和舞弊行為；還必須增設專人檢查輸入控製環節。未經檢查，應無法進入下一步會計處理。會計信息處理和輸出的控製，基本上是通過計算機程序自動進行的。考慮到應用程序的正確性和環境控製能力，系統設計應具有識別錯誤信息的能力。同時，要防止非會

計人員進入計算機程序操作。由此可見，電算化會計信息系統會計控製的關鍵，一是研究會計控製的要求，即確定會計信息系統的控製點；二是確定計算機硬件設備、開發工具及應用程序是否能達到會計控製的要求。計算機和網路技術越發展，會計控製自動化的程度就會越高。可以想像，當全社會都用計算機網路連接起來以後，就可將規範、標準的原始憑證掃描進入計算機進行自動識別，甚至完全可以採用電子數據網路傳輸，以盡量減少人為因素的影響，如此會計控製功能將會有更大的增強。

1.4.4 電算化會計信息系統與傳統手工會計的區別與聯繫

電算化會計信息系統與傳統手工會計的主要區別體現在以下幾方面（如表1-1所示）。

表1-1　　　　　　會計電算化信息系統與傳統手工會計的區別

項目	電算化會計信息系統	傳統手工會計系統
運算工具	計算機	算盤、計算器、紙、筆
信息載體	磁性介質	紙
帳簿形式和錯帳更正	數據文件的形式 紅字衝銷法或藍字補記法	訂本式、活頁式或卡片式 劃線更正法、紅字衝銷法和藍字補記法
帳務處理程序	計算機控製自動完成	手工完成
會計工作組織機構	操作、審核、系統維護等	出納、資金管理、工資核算、成本核算等
內部控製方式	人機控製	人工控製

（1）運算工具的不同。

傳統手工會計的運算工具主要是算盤、計算器或一些相關的機械設備，而電算化會計信息系統使用的運算工具則是電子計算機。數據處理過程由計算機完成，提高了數據處理的精確度和效率。

（2）信息載體不同。

傳統手工會計的信息載體主要是紙張，而電算化會計信息系統除了必要的會計憑證、帳簿和報表採用紙質介質之外，均採用磁盤、光盤等介質材料作為信息的載體，縮小了存儲空間，方便了信息檢索和保管。

（3）帳簿形式和錯帳更正方法不同。

傳統手工會計的帳簿形式多採用訂本式、活頁式或卡片式，錯帳的更正方法主要有劃線更正法、紅字衝銷法和藍字補記法。電算化會計信息系統的帳簿是以數據文件的形式存儲在計算機內的，需要時可顯示或打印，其錯帳更正不能使用劃線更正法，只能採用紅字衝銷法或藍字補記法。

（4）帳務處理程序不同。

傳統手工會計的帳務處理程序有記帳憑證帳務處理程序、科目匯總表帳務處理程序、匯總記帳憑證帳務處理程序和日記總帳帳務處理程序，而電算化會計信息系統的帳務處理程序基本上採用的是數據輸入、數據處理和信息輸出的方式，其帳務處理是

在計算機軟件的控製下完成的。

（5）會計工作組織機構不同。

傳統手工會計的工作一般由出納、資金管理、工資核算、成本核算、財務成果核算、往來核算、總帳報表管理等崗位共同完成，崗位之間建立了相互聯繫和相互牽制的工作關係，電算化會計信息系統一般設置操作、審核、系統維護等崗位。

（6）內部控製方式不同。

傳統手工會計的內部控製主要是通過崗位責任制、內部牽制製度實現的，從而保證帳證相符、帳帳相符和帳實相符，而電算化會計信息系統的內部控製則由單純的人工控製轉變為人機控製，需要通過嚴格的輸入控製、審核控製和加密控製來實現。

電算化會計信息系統與傳統手工會計的主要聯繫體現在以下幾方面：

（1）基本目標一致。

傳統手工會計和電算化會計信息系統，運行的目標都是為了提高單位的經濟效益，為管理者和信息使用部門提供符合質量要求的會計信息。

（2）遵守的會計法規和財經製度相同。

會計法律、法規和各項財務規章製度是會計工作規範化的基礎，不管是傳統手工會計還是電算化會計信息系統，前提都是必須遵照各項法律、法規和製度。

（3）對會計檔案保管的基本要求相同。

會計檔案是重要的歷史資料，無論是傳統手工會計還是電算化會計信息系統，都要按照規定對會計檔案進行妥善保管。

（4）對會計報表編制的基本要求相同。

會計報表是企業財務狀況與經營成果的綜合反應，也是國家實現宏觀經濟管理的依據之一。電算化會計信息系統應當同手工會計一樣編制出符合要求的會計報表。

（5）遵循的基本會計理論與方法相同。

會計理論是會計學科的結晶，會計方法是會計工作的總結。電算化會計信息系統引起理論與方法的變革，建立電算化會計信息系統應當遵循基本的會計理論與方法。

（6）會計數據處理的基本功能相同。

無論是電算化會計信息系統還是手工會計，都應當具有數據採集、數據輸入、數據存儲、數據加工處理和信息傳輸等基本功能，以滿足會計業務處理的需要。

第 2 章　電算化會計信息系統的應用基礎

電算化會計信息系統的應用前提和基礎離不開計算機工具、網路平臺和數據庫，它的發展目標是系統化、集成化和專業化。為了保障電算化會計信息系統的開發和應用，培養熟悉和掌握電算化會計信息系統基礎知識的專門人才，瞭解和掌握電算化會計信息系統的基本構架、應用平臺、集成化發展知識就顯得尤為必要。

2.1　電算化會計信息系統的應用平臺

2.1.1　電子計算機系統

（1）電子計算機的發展。

電子計算機是一種能自動地、高速地進行大量運算的電子設備，它能通過對輸入數據進行指定的數值運算和邏輯運算來求解各種計算問題，也能用來解決各種數據處理問題，是一種自動信息處理工具。自 1946 年 2 月，美國賓夕法尼亞大學的第一臺電子數字計算機 ENIAC 問世以來，電子計算機已經經歷了電子管計算機（1946—1958 年）、晶體管計算機（1959—1964 年）、集成電路計算機（1965—1971 年）、大規模和超大規模集成電路計算機（1972 年至今）四個階段。電子管計算機的主要特點是採用電子管作為基本電子元器件，體積大、耗電量大、壽命短、可靠性低、成本高，用機器語言和匯編語言編程，計算機只能在少數尖端領域中得到運用，一般用於科學、軍事和財務等方面的計算。晶體管計算機的主要特點是採用晶體管作為基本電子元器件，不僅能實現電子管的功能，又具有尺寸小、重量輕、壽命長、效率高、發熱少、功耗低等優點，電子線路的結構也大大改觀，製造高速電子計算機就更容易實現了。集成電路計算機以中、小規模集成電路為主要元器件，採用半導體存儲器取代磁芯存儲器，運算速度達每秒幾十萬次到幾百萬次，運算精度高、存儲器容量大，體積進一步縮小，穩定性好。大規模和超大規模集成電路計算機，其邏輯元件和主存儲器都採用了大規模集成電路，運算速度可達每秒幾千萬次到上億次，精度更高、存儲容量更大、穩定性更好（圖 2-1）。中國第一臺每秒鐘運算一億次以上的「銀河」巨型計算機，由國防科技大學計算機研究所在長沙研製成功。它填補了國內巨型計算機的空白，標誌著中國進入了世界研製巨型計算機的行列。

圖 2-1　臺式電子計算機

（2）電子計算機的硬件部分。

硬件是構成電子計算機的物理實體，主要由各種電子部件和機電裝置組成，它的基本功能是接受計算機程序，並在程序的控製下完成數據輸入、處理和輸出任務。CPU、硬盤、光驅、顯卡、主板、顯示器、機箱、鼠標、鍵盤都是電子計算機的硬件。按照功能劃分，電子計算機硬件部分主要由運算器、控製器、存儲器、輸入設備和輸出設備五部分組成，主要實現計算機的運算、控製、存儲和數據的輸入輸出功能，其運行過程如圖 2-2 所示：

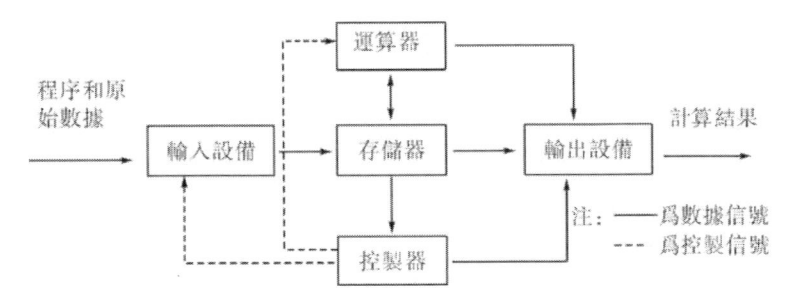

圖 2-2　電子計算機的硬件結構邏輯關係

■ 運算器和控製器

運算器是計算機對信息數據進行處理和運算的部件，包括能提供操作數據和存放操作結果的累加器和寄存器及計數用的計數器，其主要功能是進行算術運算和邏輯運算。控製器是計算機的指揮中心，主要由指令譯碼器、指令寄存器和控製邏輯等部件組成。控製器完成一條指定指令的過程如下：根據預先編好的程序，依次從存儲器取出指令，存放在寄存器中；由指令譯碼器對指令進行分析，判斷應該進行的操作；然後通過控製邏輯發出相應控製信號，指揮確定的部件執行指令規定的操作。另外，控製器在工作過程中，還要接受各部件反饋回來的信息。運算器和控製器合稱中央處理器，簡稱 CPU（Central Processing Unit）。CPU 的性能常常代表一臺計算機的基本性能。

■ 存儲器

存儲器一般分為內存儲器（RAM）和外存儲器兩大類。內存儲器簡稱內存，也稱主存儲器，一般安插在主板上相應的插槽中，用於存放當前計算機正在執行的程序和

數據，數據必須調入內存儲器後才能由 CPU 調用和執行。因此，內存的大小直接影響著計算機運行的速度。也就是說，在其他條件相同的配置下，內存越大，計算機的運行速度越快；內存越小，計算機運行的速度越慢。外存儲器又稱輔助存儲器，簡稱輔存，是內存的擴充，用於存放備用的程序和數據，需要時，可成批地和內存進行信息交換。外存只能與內存交換信息，不能被計算機系統的其他部件直接訪問。目前，常用的外存儲器主要有硬盤、軟盤和光盤等。

■ 輸入、輸出設備

輸入設備（Input Device）主要用於把信息與數據轉換成電信號，並通過計算機的接口電路將這些信息傳送至計算機的存儲設備中，它向計算機輸入數據和信息，是計算機與用戶或其他設備通信的橋樑。輸入設備是用戶和計算機系統之間進行信息交換的主要裝置之一，主要包括鍵盤、鼠標、攝像頭、掃描儀、光筆、手寫輸入板、遊戲杆、語音輸入裝置等。輸出設備（Output Device）也是人與計算機交互的一種部件，用於數據的輸出，將計算機處理的結果通過接口電路以人或機器能識別的信息形式顯示或打印出來。常見的輸出設備有顯示器、打印機、繪圖儀、影像輸出系統、語音輸出系統、磁記錄設備等。

(3) 電子計算機的軟件部分。

軟件是為電子計算機運行提供的各種計算機程序和全部技術資料，它的任務是保證計算機硬件的功能得以充分發揮，並為用戶提供一個直觀、方便的工作環境。電子計算機的軟件系統主要包括系統軟件和應用軟件兩大部分。系統軟件為計算機使用提供最基本的功能，負責管理計算機系統中各種獨立的硬件，使得它們可以協調工作。系統軟件使得計算機使用者和其他軟件將計算機當作一個整體而不需要顧及到底層每個硬件是如何工作的。系統軟件包括操作系統、語言處理程序和數據庫系統。應用軟件包括文字處理軟件、表格處理軟件、圖像處理軟件、多媒體處理軟件、輔助設計軟件、實時控製軟件等。電子計算機的軟件系統如圖 2-3 所示：

```
                        ┌─操作系統
              ┌─系統軟件─┤─語言處理程序
              │         └─數據庫系統
電子計算機    │         ┌─文字處理軟件
軟件系統      │         │─表格處理軟件
              │         │─圖像處理軟件
              └─應用軟件─┤─多媒體處理軟件
                        │─輔助設計軟件
                        └─實時控製軟件
```

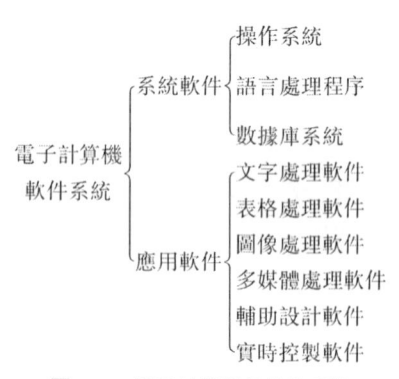

圖 2-3　電子計算機的軟件系統

①系統軟件。

■ 操作系統

操作系統（Operating System，OS）是最　、最重要的系統軟件，它負責管理計

算機系統的全部軟件資源和硬件資源，合理地組織計算機各部分協調工作，為用戶提供操作和編程界面。根據操作系統的功能和使用環境，操作系統大致分為以下幾類：單用戶單/多任務操作系統；批處理操作系統；分時操作系統；實時操作系統；網路操作系統；分布式操作系統。

■ 語言處理程序

語言處理程序（Language Processing Programme，LPP）是人和計算機交流信息使用的語言，稱為計算機語言或程序設計語言。計算機語言通常分為 3 類，分別是機器語言（Machine Language）：一種用二進制代碼 0 和 1 形式表示，能被計算機直接識別和執行的語言；匯編語言（Assemble Language）：一種面向機器的程序設計語言，為特定的計算機或計算機系列設計；高級語言（High Level Language）：是按人們習慣使用的自然語言和數學語言編寫指令的集合，是人們開發各種應用軟件的主要工具。

■ 數據庫系統

數據庫系統（Data Base System，DBS）是為適應數據處理的需要而發展起來的一種較為理想的數據處理系統，也是一個為實際可運行的存儲、維護和應用系統提供數據的軟件系統，是存儲介質、處理對象和管理系統的集合體。數據庫系統通常由軟件、數據庫和數據管理員組成。其軟件主要包括操作系統、各種宿主語言、實用程序以及數據庫管理系統。數據庫由數據庫管理系統統一管理，數據的插入、修改和檢索均要通過數據庫管理系統進行。數據管理員負責創建、監控和維護整個數據庫，使數據能被任何有權使用的人有效使用。數據庫管理員一般是由業務水平較高、資歷較深的人員擔任。

②應用軟件。

■ 文字處理軟件

文字處理軟件主要用於將文字輸入到計算機，存儲在外存中，並對文字進行格式化排版。用戶能利用它對輸入的文字進行修改、編輯，並能將輸入的文字以多種字體、字形及各種格式打印出來。如 Word、WPS 等。

■ 表格處理軟件

表格處理軟件主要處理各式各樣的表格，它可以根據用戶的要求自動生成需要的表格，表格中的數據可以輸入也可以從數據庫中取出。它還可根據用戶給出的計算公式，完成復雜的表格計算，並將計算結果自動填入對應欄目中。如果修改了相關的原始數據，計算結果欄目中的結果數據也會自動更新，不需要用戶重新計算。如 EXCEL。

■ 圖像處理軟件

圖像處理軟件主要用於繪制和處理各種圖形圖像，用戶可以在空白文件上繪制自己需要的圖像，也可以對現有圖像進行簡單加工及藝術處理，最後將結果保存在外存中或打印出來。如 Photoshop。

■ 多媒體處理軟件

多媒體處理軟件主要用於處理音頻、視頻及動畫，安裝和使用多媒體處理軟件對計算機的硬件配置要求相對較高。如超級解霸。

■ 輔助設計軟件

輔助設計軟件用於高效率地繪制、修改和輸出工程圖紙。使用輔助設計軟件的常

規計算功能可以幫助設計人員尋找較好的方案，使設計週期大幅度縮短，設計質量大幅度提高。如 CAD。

■ 實時控製軟件

實時控製軟件能對輸入做出快速響應、快速檢測和快速處理，並能及時提供輸出操作信號的計算機控製軟件。這類軟件一般統稱為 SCADA（Supervisory Control And Data Acquisition，監察控製和數據採集）軟件，用於生產過程中的自動控製。

2.1.2 計算機網路

（1）計算機網路的概念。

計算機網路（Computer Network）是運用網路技術將地理位置不同的具有獨立功能的多臺計算機及其外部設備，通過通信線路連接起來，在網路操作系統、網路管理軟件及網路通信協議的管理和協調下，實現資源共享和信息傳遞的計算機系統（如圖 2-4）。網路技術是從 20 世紀 90 年代中期發展起來的技術，它把互聯網上分散的資源（包括計算機、存儲資源、數據資源、信息資源、知識資源、專家資源、大型數據庫等）融為有機整體，實現資源的全面共享和有機協作，使人們具有能夠透明地使用資源的整體能力並按需獲取信息。

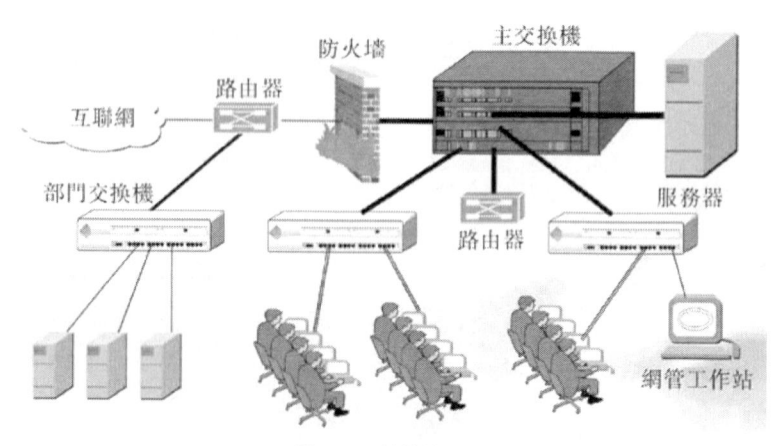

圖 2-4　計算機網路

（2）計算機網路的分類。

按照計算機網路規模和所覆蓋的地理範圍對其分類，可以很好地反應不同類型網路的技術特徵。由於網路覆蓋的地理範圍不同，所採用的傳輸技術也有所不同，因此形成了不同的網路技術特點和網路服務功能。按覆蓋地理範圍的大小，可以把計算機網路劃分為局域網、城域網和廣域網三種。

■ 局域網

局域網（Local Area Network，LAN），就是在局部地區範圍內的網路，它所覆蓋的地區範圍較小。局域網在計算機數量配置上沒有太多的限制，少的可以只有兩臺，多的可達幾百臺。一般來說，在企業局域網中，工作站的數量在幾十到兩百臺次左右，

網路所涉及的地理距離可以是幾米至十千米以內。局域網一般位於一個建築物或一個單位內，不存在尋徑問題，不包括網路層的應用。這種網路的特點是：連接範圍窄、用戶數少、配置容易、連接速率高。

■ 城域網

城域網（Metropolitan Area Network，MAN）是介於廣域網與局域網之間的一種大範圍的高速網路，其覆蓋範圍通常為幾千米至幾十千米，隨著千兆以太網技術的廣泛應用，其傳輸速率可達 1,000Mbps 以上。隨著使用局域網帶來的好處，人們逐漸要求擴大局域網的範圍，或者要求將已經使用的局域網互相連接起來，使其成為一個規模較大的城市範圍內的網路。因此，城域網設計的目標是要滿足幾十千米範圍內的大量企業、機關、公司與社會服務部門的計算機聯網需求，實現大量用戶、多種信息傳輸的綜合信息網路。城域網主要指大型企業集團、ISP、電信部門、有線電視臺和政府構建的專用網路和公用網路。

■ 廣域網

廣域網（Wide Area Network，WAN）也叫遠程網，通常跨接很大的物理範圍，所覆蓋的範圍從幾十千米到幾千千米，它能連接多個城市或國家，或橫跨幾個洲，並能提供遠距離通信，形成國際性的遠程網路。廣域網的覆蓋範圍很大，幾個城市、一個國家、幾個國家其至全球都屬於廣域網的範疇，從幾十千米到幾千或幾萬千米。由於廣域網分布距離比較遠，其速率要比局域網低得多。另外在廣域網中，網路之間連接用的通信線路大多為租用專線。物理網路本身往往包含了一組復雜的分組交換設備，通過通信線路連接起來，構成網狀結構。

互聯網（Internet），是廣域網、局域網及單機按照一定的通信協議組成的國際計算機網路，它是將兩臺計算機或者是兩臺以上計算機的終端、客戶端、服務端通過計算機信息技術的手段互相聯繫起來的結果，人們可以與遠在千里之外的朋友相互發送郵件、共同完成一項工作、共同娛樂。

（3）計算機網路的功能。

計算機網路的功能主要表現在硬件資源共享、軟件資源共享和用戶間信息交換三個方面。硬件資源共享是指可以在全網範圍內提供對處理資源、存儲資源、輸入輸出資源等昂貴設備的共享，使用戶節省投資，也便於集中管理和均衡分擔負荷。軟件資源共享是指允許互聯網上的用戶遠程訪問各類大型數據庫，可以得到網路文件傳送服務、遠地進程管理服務和遠程文件訪問服務，從而避免軟件研製上的重復勞動以及數據資源的重復存貯，也便於集中管理。用戶間信息交換是指計算機網路為分布在各地的用戶提供了強有力的通信手段，用戶可以通過計算機網路傳送電子郵件、發布新聞消息和進行電子商務活動。

2.1.3 數據庫

（1）數據庫技術。

數據庫技術產生於 20 世紀 60 年代末 70 年代初，其主要目的是有效地管理和存取大量的數據資源。數據庫技術涉及許多基本概念，主要包括信息、數據、數據處理、

數據庫、數據庫管理系統以及數據庫系統等。數據庫技術是現代信息科學與技術的重要組成部分，是計算機數據處理與信息管理系統的核心。數據庫技術研究和解決了計算機信息處理過程中大量數據有效地組織和存儲的問題，在數據庫系統中減少數據存儲冗餘、實現數據共享、保障數據安全以及高效地檢索數據和處理數據。數據庫技術的根本目標是要解決數據的共享問題。數據庫的建設規模、數據庫信息量的大小和使用頻度已經成為衡量一個國家信息化程度的重要標誌。

■ 數據庫

數據庫（Database）是「按照數據結構來組織、存儲和管理數據的倉庫」。在經濟管理的日常工作中，常常需要把某些相關的數據放進這樣的「倉庫」，並根據管理的需要進行相應的處理。例如，企業或事業單位的人事部門常常要把本單位職工的基本情況（職工號、姓名、年齡、性別、籍貫、工資、簡歷等）存放在表中，這張表就可以看成是一個數據庫。有了這個「數據倉庫」我們就可以根據需要隨時查詢某職工的基本情況，也可以查詢某個範圍內的工資有多少職工等等。這些工作如果都能在計算機上自動進行，那我們的人事管理就可以達到極高的水平。此外，在財務管理、倉庫管理、生產管理中也需要建立眾多的這種「數據庫」，使我們可以利用計算機實現財務、倉庫、生產的自動化管理。

■ 數據庫管理系統

數據庫管理系統（Database Management System，DBMS）是一種操縱和管理數據庫的大型軟件，用於建立、使用和維護數據庫。它對數據庫進行統一的管理和控製，以保證數據庫的安全性和完整性。用戶通過 DBMS 訪問數據庫中的數據，數據庫管理員也通過 DBMS 進行數據庫的維護工作。它可使多個應用程序和用戶用不同的方法同時或不同時建立，修改和詢問數據庫。它的主要功能有數據定義、數據操作、數據組織、數據庫保護、數據庫維護和通信等。

■ 數據庫系統

數據庫系統（Database System，DBS）用於面向解決數據處理的非數值計算問題。目前主要用於檔案管理、財務管理、圖書資料管理及倉庫管理等的數據管理。這類數據的特點是數據量比較大，數據處理的主要內容為數據的存儲、查詢、修改、排序和分類等。數據庫技術是針對這類數據的處理而產生並發展起來的，至今仍在不斷地發展和完善。目前，微機系統常用的單機數據庫管理系統有 DBASE、FoxBase、Visual FoxPro 等，適合於網路環境的大型數據庫管理系統有 Sybase、Oracle、DB2、SQL Server 等。

（2）數據庫的基本結構。

數據庫的基本結構分為物理數據層、概念數據層和邏輯數據層三個層次，分別反應了觀察數據庫的三種不同角度。物理數據層是數據庫的最內層，是物理存儲設備上實際存儲的數據的集合。這些數據是原始數據，是用戶加工的對象，由內部模式描述的指令操作處理的位串、字符和字組成。概念數據層是數據庫的中間一層，是數據庫的整體邏輯表示。它指出了每個數據的邏輯定義及數據間的邏輯聯繫，是存儲記錄的集合。它所涉及的是數據庫所有對象的邏輯關係，而不是它們的物理情況，是數據庫

管理員概念下的數據庫。邏輯數據層是用戶所看到和使用的數據庫，表示了一個或一些特定用戶使用的數據集合，即邏輯記錄的集合。

（3）數據庫的主要特點。

■ 實現數據共享

數據共享既包含所有用戶可同時存取數據庫中的數據，也包括用戶可以用各種方式通過接口使用數據庫，並提供數據共享。

■ 減少數據的冗餘度

同文件系統相比，由於數據庫實現了數據共享，從而避免了用戶各自建立應用文件，減少了大量重復數據，減少了數據冗餘，維護了數據的一致性。

■ 數據的獨立性

數據的獨立性包括數據庫中數據庫的邏輯結構和應用程序相互獨立，也包括數據物理結構的變化不影響數據的邏輯結構。

■ 數據實現集中控製

文件管理方式中，數據處於一種分散的狀態，不同的用戶或同一用戶在不同處理中其文件之間毫無關係。利用數據庫可對數據進行集中控製和管理，並通過數據模型表示各種數據的組織以及數據間的聯繫。

■ 數據一致性和可維護性，以確保數據的安全性和可靠性

主要包括①安全性控製：防止數據丟失、錯誤更新和越權使用；②完整性控製：保證數據的正確性、有效性和相容性；③並發控製：使在同一時間週期內，允許對數據實現多路存取，又能防止用戶之間的不正常交互作用；④故障的發現和恢復：由數據庫管理系統提供一套方法，可及時發現故障和修復故障，從而防止數據被破壞。

■ 故障恢復

由數據庫管理系統提供一套方法，可及時發現故障和修復故障，從而防止數據被破壞。數據庫系統能盡快恢復數據庫系統運行時出現的故障，這些故障可能是物理上或是邏輯上的錯誤。比如對系統的誤操作造成的數據錯誤等。

2.2　電算化會計信息系統的基本架構

電算化會計信息系統的基本架構是指由計算機硬件系統、軟件系統、網路平臺和會計信息系統集成後的系統結構，主要包括文件/服務器架構、客戶端/服務器架構和瀏覽器/服務器架構。

2.2.1　文件/服務器架構

文件/服務器（File/Server，F/S）架構是指由計算機網路、文件服務器和計算機工作站共同構成的局域網的多用戶應用系統。一般情況下，選擇一臺或多臺處理能力較強的計算機作為服務器，將共享文件存放在該服務器上，應用系統全部存放在工作站上。客戶需要訪問文件服務器共享文件時，只需從工作站發出請求命令，就可將文件

器上提取出來的全部文件傳送到工作站,並由工作站應用軟件進行相應的處理。文件/服務器架構的基本功能是實現多用戶共享服務器文件資料,它需要將文件服務器的硬盤或文件夾設置為共享,從文件共享上方便了客戶端,但它的主要缺點是存在較大的安全隱患:在訪問共享文件的客戶多和數據量大時,網速會明顯下降,而且在專業編程方面可能會存在數據共享衝突的問題。

　　文件服務器是一種器件,它的功能就是向服務器提供文件。它加強了存儲器的功能,簡化了網路數據的管理。它一則改善了系統的性能,提高了數據的可用性,二則減少了管理的復雜程度,降低了營運費用。文件服務器(fs服務器),具有分時系統文件管理的全部功能,提供網路用戶訪問文件、目錄的並發控制和安全保密措施的局域網(LAN)服務器。在計算機局域網中,以文件數據共享為目標,需要將供多臺計算機共享的文件存放於一臺計算機中。這臺計算機就被稱為文件服務器。文件服務器具有分時系統管理的全部功能,能夠對全網進行統一管理,提供網路用戶訪問文件、目錄的並發控制和安全保密措施。搭建文件服務器需要考慮資源訪問權限的控製、共享權限的設置和磁盤配額的設置。

2.2.2　客戶端/服務器架構

　　客戶端/服務器(Client/Server, C/S)架構又叫主從式架構,簡稱C/S結構,是一種網路架構,它把客戶端(Client)(通常是一個採用圖形用戶界面的程序)與服務器(Server)區分開來。每一個客戶端軟件的實例都可以向一個服務器或應用程序服務器發出請求。有很多不同類型的服務器,例如文件服務器、終端服務器和郵件服務器等。雖然它們存在的目的不一樣,但基本構架是一樣的。它是軟件系統體系結構,在服務器上運行數據庫。每個客戶機上運行各自的客戶軟件,通過它可以充分利用兩端硬件環境的優勢,將任務合理分配到客戶機端和服務器端來實現,降低了系統的通信開銷。目前大多數應用軟件系統都是這種形式的兩層結構,且現在的軟件應用系統正在向分布式的Web應用發展,C/S一般在服務器上運行SQL等大型數據庫,通過ODBC等方式連接,特點是在數據安全、共享衝突方面容易解決,所以現在用得多(圖2-5)。

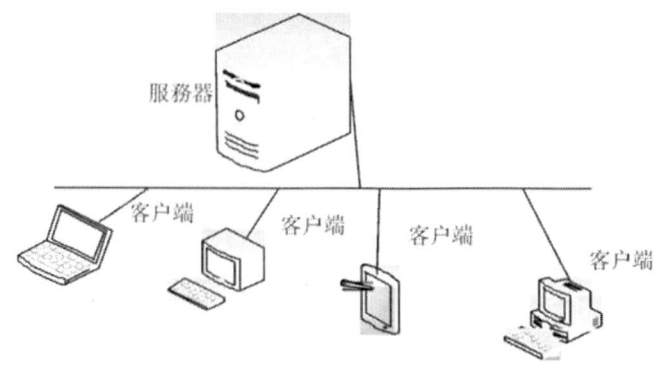

圖2-5　客戶端/服務器架構

客戶端/服務器架構的優點是能充分發揮客戶端 PC 的處理能力，很多工作可以在客戶端處理後再提交給服務器。對應的優點就是客戶端響應速度快。具體表現在以下兩點：

a. 應用服務器運行數據負荷較輕。最簡單的 C/S 體系結構的數據庫應用由兩部分組成，即客戶應用程序和數據庫服務器程序。二者可分別稱為前臺程序與後臺程序。運行數據庫服務器程序的機器，也稱為應用服務器。一旦服務器程序被啓動，就隨時等待響應客戶程序發來的請求；客戶應用程序運行在用戶自己的電腦上，對應於數據庫服務器，可稱為客戶電腦，當需要對數據庫中的數據進行任何操作時，客戶程序就自動地尋找服務器程序，並向其發出請求，服務器程序根據預定的規則做出應答，送回結果，應用服務器運行數據負荷較輕。

b. 數據的儲存管理功能較為透明。在數據庫應用中，數據的儲存管理功能，是由服務器程序和客戶應用程序分別獨立進行的，並且通常把那些不同的（不管是已知還是未知的）前臺應用所不能違反的規則，在服務器程序中集中實現，例如訪問者的權限、編號可以重復，必須有客戶才能建立訂單這樣的規則。所有這些，對於工作在前臺程序上的最終用戶，是「透明」的，他們無須過問（通常也無法干涉）背後的過程，就可以完成自己的一切工作。在客戶服務器架構的應用中，前臺程序不是非常「瘦小」，麻煩的事情都交給了服務器和網路。在 C/S 體系下，數據庫不能真正成為公共、專業化的倉庫，它受到獨立的專門管理。

客戶端/服務器架構的缺點是：適用面窄，通常用於局域網中；用戶群固定，由於程序需要安裝才可使用，因此不適合面向一些不可知的用戶；維護成本高，發生一次升級，則所有客戶端的程序都需要改變。隨著互聯網的飛速發展，移動辦公和分布式辦公越來越普及，這需要我們的系統具有擴展性。以這種方式遠程訪問需要專門的技術，同時要對系統進行專門的設計來處理分布式的數據。客戶端需要安裝專用的客戶端軟件。首先涉及安裝的工作量，其次任何一臺電腦出問題，如病毒、硬件損壞，都需要進行安裝或維護。特別是有很多分部或專賣店的情況，不是工作量的問題，而是路程的問題。還有，系統軟件升級時，每一臺客戶機都需要重新安裝，其維護和升級成本非常高。C/S 架構的劣勢還有高昂的維護成本且投資大。首先，採用 C/S 架構，要選擇適當的數據庫平臺來實現數據庫數據的真正「統一」，使分布於兩地的數據同步完全交由數據庫系統去管理，但邏輯上兩地的操作者要直接訪問同一個數據庫才能有效實現，有這樣一些問題，如果需要建立「實時」的數據同步，就必須在兩地間建立實時的通信連接，保持兩地的數據庫服務器在線運行，網路管理工作人員既要對服務器維護管理，又要對客戶端維護管理，這需要高昂的投資和複雜的技術支持，維護成本很高，維護任務量大。其次，傳統的 C/S 結構的軟件需要針對不同的操作系統開發不同版本的軟件，由於產品的更新換代十分快，高代價和低效率已經不適應工作需要。在 JAVA 這樣的跨平臺語言出現之後，B/S 架構更是猛烈衝擊 C/S 架構，並對其形成威脅和挑戰。

2.2.3 瀏覽器/服務器架構

瀏覽器/服務器（Browser/Server，B/S）架構，即 B/S 結構。它是隨著 Internet 技術的興起，對 C/S 結構的一種變化或者改進的結構。在這種結構下，用戶工作界面是

通過 WWW 瀏覽器來實現的，極少部分事務邏輯在前端（Browser）實現，但是主要事務邏輯在服務器端（Server）實現，形成所謂三層結構（表達層、功能層和數據層）。B/S 結構是 WEB 興起後的一種網路結構模式，WEB 瀏覽器是客戶端最主要的應用軟件。這種模式統一了客戶端，將系統功能實現的核心部分集中到服務器上，簡化了系統的開發、維護和使用。客戶機上只要安裝一個瀏覽器（Browser），如 Netscape Navigator 或 Internet Explorer，服務器安裝 Oracle、Sybase、Informix 或 SQL Server 等數據庫。瀏覽器通過 Web Server 同數據庫進行數據交互。這樣就大大簡化了客戶端電腦載荷，減輕了系統維護與升級的成本和工作量，降低了用戶的總體成本（圖 2-6）。

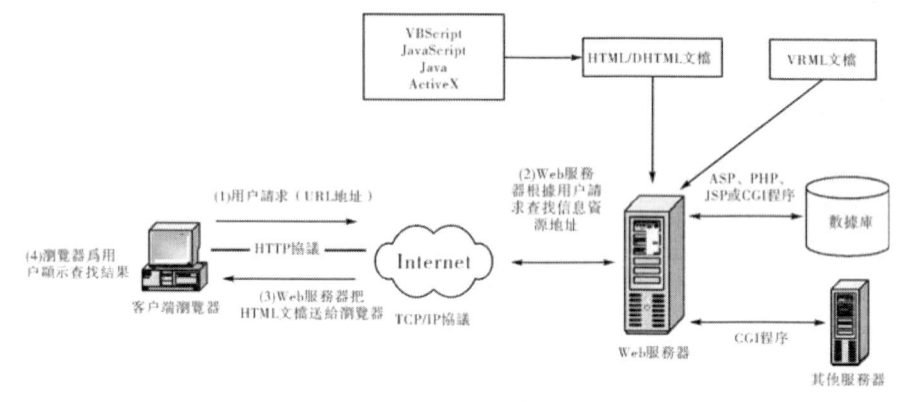

圖 2-6　瀏覽器/服務器架構

B/S 架構最大的優點就是可以在任何地方進行操作而不用安裝任何專門的軟件。只要有一臺能上網的電腦就能使用，客戶端零維護。系統的擴展性非常強且操作簡單，只要能上網，再由系統管理員分配一個用戶名和密碼，就可以使用了。有的甚至可以在線申請，通過公司內部的安全認證（如 CA 證書）後，不需要人的參與，系統可以自動分配給用戶一個帳號進入系統。

B/S 架構的缺點是在圖形的表現能力以及運行的速度上弱於 C/S 架構。還有一個致命弱點，就是受程序運行環境限制。由於 B/S 架構依賴瀏覽器，而瀏覽器的版本繁多，很多瀏覽器核心架構差別也很大，導致對於網頁的兼容性有很大影響，尤其是在 CSS 佈局、JAVASCRIPT 腳本執行等方面，會有很大影響。

2.3　電算化會計信息系統的應用集成

2.3.1　ERP

ERP 是企業資源計劃（Enterprise Resource Planning，ERP），是 20 世紀 90 年代美國 Gartner Group 諮詢公司根據當時計算機信息、IT 技術發展及企業對供應鏈管理的需求，預測在今後信息時代企業管理信息系統的發展趨勢和即將發生變革，而提出了這個概念。ERP 是針對物資資源管理（物流）、人力資源管理（人流）、財務資源管理

（財流）、信息資源管理（信息流）集成一體化的企業管理軟件。它將包含 C/S 架構、B/S 架構，使用圖形用戶接口，應用開放系統製作。除了已有的標準功能，它還包括其他特性，如品質、過程運作管理以及調整報告等。特別地，ERP 採用的基礎技術將同時賦予用戶軟件和硬件兩方面的獨立性，從而使之更加容易升級。ERP 的關鍵在於所有用戶都能夠裁剪其應用，因而具有天然的易用性。

ERP 是從 MRP I 和 MRP II 發展而來的。MRP I 是企業的物料需求計劃（Material Require Planning），在這一階段企業的信息管理系統對產品構成進行管理，借助計算機的運算能力及系統對客戶訂單、在庫物料和產品構成進行管理，實現依據客戶訂單和按照產品結構清單展開並計算物料需求計劃，以達到減少庫存和優化庫存的管理目標。MRP II 是製造資源計劃（Manufacture Resource Planning），它是在 MRP I 管理系統的基礎上，系統增加了對企業生產中心、加工工時、生產能力等方面的管理，以實現計算機進行生產排程的功能，同時也將財務的功能囊括進來，在企業資源計劃中形成以計算機為核心的閉環管理系統，這種管理系統已能動態監察到產、供、銷的全部生產過程。

ERP 作為當今國際上一個最先進的企業管理模式，它在體現當今世界最先進的企業管理理論的同時，也提供了企業信息化集成的最佳解決方案。它把企業的物流、資金流、信息流統一起來進行管理，以求最大限度地利用企業現有資源，實現企業經濟效益的最大化。ERP 的核心管理思想就是實現對整個供應鏈的有效管理，主要體現在以下三個方面：

（1）體現對整個供應鏈的資源進行管理的思想。

在知識經濟時代，僅靠自己企業的資源不可能有效地參與市場競爭，還必須把經營過程中的有關各方如供應商、製造工廠、分銷網路、客戶等納入一個緊密的供應鏈中，才能有效地安排企業的產、供、銷活動，滿足企業利用全社會一切市場資源快速、高效地進行生產經營的需求，以期進一步提高效率和在市場上獲得競爭優勢。換句話說，現代企業競爭不是單一企業與單一企業間的競爭，而是一個企業供應鏈與另一個企業供應鏈之間的競爭。ERP 系統實現了對整個企業供應鏈的管理，適應了企業在知識經濟時代市場競爭的需要。

（2）體現精益生產、同步工程和敏捷製造思想。

ERP 系統支持對混合型生產方式的管理，其管理思想表現在兩個方面：其一是「精益生產（Lean Production，LP）」的思想，它是由美國麻省理工學院提出的一種企業經營戰略體系。即企業按大批量生產方式組織生產時，把客戶、銷售代理商、供應商、協作單位納入生產體系，企業同其銷售代理、客戶和供應商的關係，已不再是簡單的業務往來關係，而是利益共享的合作夥伴關係，這種合作夥伴關係組成了一個企業的供應鏈，這就是精益生產的核心思想。其二是「敏捷製造（Agile Manufacturing，AM）」的思想。當市場發生變化，企業遇有特定的市場和產品需求時，企業的基本合作夥伴不一定能滿足新產品開發生產的要求，這時，企業會組織一個由特定的供應商和銷售渠道組成的短期或一次性供應鏈，形成「虛擬工廠」，把供應和協作單位看成是企業的一個組成部分，運用「同步工程（Simultaneous Engineering，SE）」組織生產，

用最短的時間將新產品打入市場，時刻保持產品的高質量、多樣化和靈活性，這就是「敏捷製造」的核心思想。

（3）體現事前計劃與事中控製的思想。

ERP 系統中的計劃體系主要包括主生產計劃、物料需求計劃、能力計劃、採購計劃、銷售執行計劃、利潤計劃、財務預算和人力資源計劃等，而且這些計劃功能與價值控製功能已完全集成到整個供應鏈系統中。

另一方面，ERP 系統通過定義事務處理相關的會計核算科目與核算方式，以便在事務處理發生的同時自動生成會計核算分錄，保證了資金流與物流的同步記錄和數據的一致性，從而實現了根據財務資金現狀，可以追溯資金的來龍去脈，並進一步追溯所發生的相關業務活動，改變了資金信息滯後於物料信息的狀況，便於實現事中控製和實時做出決策。

此外，計劃、事務處理、控製與決策功能都在整個供應鏈的業務處理流程中實現，要求在每個流程業務處理過程中最大限度地發揮每個人的工作潛能與責任心。流程與流程之間則強調人與人之間的合作精神，以便在有機組織中充分發揮每個人的主觀能動性與潛能。實現企業管理從「高聳式」組織結構向「扁平式」組織機構的轉變，提高企業對市場動態變化的響應速度。總之，借助 IT 技術的飛速發展與應用，ERP 系統得以將很多先進的管理思想變成現實中可實施應用的計算機軟件系統。

典型的 ERP 系統包括財務管理模塊、生產控製管理模塊、物流管理模塊和人力資源管理模塊等。其中財務管理模塊分為會計核算和財務管理兩大部分，是電算化會計信息系統的核心（圖 2-7）。

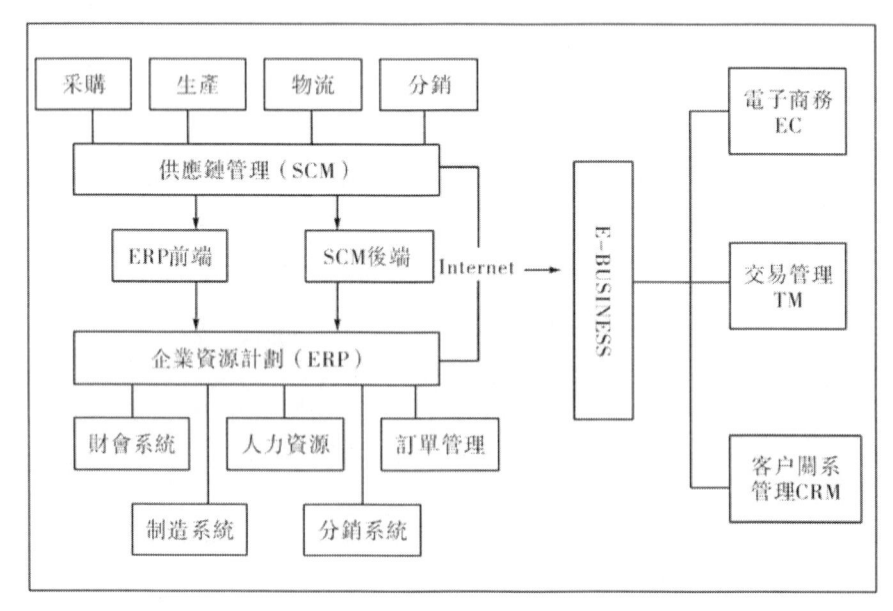

圖 2-7　典型的 ERP 系統

2.3.2 網路會計

(1) 網路會計的定義。

網路會計的定義包括廣義和狹義兩個方面。從狹義上講，網路會計是指以網路技術為手段，對互聯網環境下的各種交易和事項進行確認、計量和披露的會計活動。它是建立在互聯網環境上的電算化會計信息系統，將現代網路技術與會計理念有機結合，實現財務與業務的協同，遠程報表、報帳、查帳等遠程處理，事中動態會計核算與在線財務管理，支持電子單據與電子貨幣，改變財務信息的獲取與利用方式，以期充分實現整個企業內部全面及時的管理，並提供網路環境下財務管理模式、會計工作方式及其各項功能，從而進一步實現會計信息化，最終實現企業信息化。

從廣義上講，一個電算化會計信息系統的設計與實施不可能是企業單純的計算機軟件系統設計問題，必然要與企業生產方式的改變、管理思想的創新相輔相成。網路會計要以會計信息使用者為導向，以信息技術為基礎，對會計信息處理流程進行根本性的再思考，並以集成化的方式，面向對象並行地進行重新設計，使其能為會計信息使用者提供準確、完整、可靠、合理的會計信息，以使會計能較好地滿足信息使用者的需要。

(2) 網路會計的目標。

網路會計的目標是會計系統運行的定向機制，是指人們通過會計實踐所期望達到的目的或境界。在會計實踐中，會計目標又決定了會計的程序和方法，按照信息系統論的觀點，會計是一個信息系統，自然有其目標，以達到指引系統運行方向的作用。同時，電算化會計信息系統是為企業服務的，是企業會計工作中必不可少的組成部分，因此電算化會計信息系統的目標應服從於企業、信息系統、會計三者的目標。企業的目標是通過提供客戶滿意的服務以獲取更多的利潤；信息系統的目標是向信息系統的使用者提供決策有用的信息；會計的目標是要提高企業的經濟效益以獲取更多的利潤。由此，電算化會計信息系統的目標可以確定為向企業內外部的決策者提供需要的會計信息及對決策有重要影響的其他非會計信息，它確定了會計信息用戶可以得到的信息的內容和質量。因此，網路會計作為一種電算化會計信息系統，其目標就是向企業內外部信息使用者提供決策有用的信息。

計算機技術的快速發展，使計算機的處理速度、存儲能力等實現了質的飛躍。同時，計算機相關各技術的發展，如通信技術，特別是遠程通信技術、互聯網技術等的發展，也為實現網路會計的目標創造了技術條件。網路會計的在線機制會大大擴展會計信息的需求範圍和內容，使信息提供更及時，更多地考慮相關決策信息，包括不確定的未來信息、風險信息、各類非財務信息，同時更多地考慮企業內部管理的信息需求。

(3) 網路會計的特徵。

a. 會計信息的更新和交換速度提高。

傳統的會計處理的信息實時反饋能力不強，財務狀況和經營成果一般要到當月會計業務結束之後才能從帳上反應出來。網路會計實現了實時跟蹤功能，可以動態地跟

蹤企業的每一項業務變動,給予必要的披露。外部信息使用者可以通過上網訪問企業的主頁,隨時掌握企業最新的及歷史財務信息,從而減少其決策風險。而企業管理者可以充分利用電子化服務技術,自動查找、跟蹤各網站上的會計信息資源,獲取本企業及相關企業的有關財務指標,及時做出正確的預測及決策,有效地避免社會性的資源浪費。

另外,電子商務在交易中,買賣雙方可以利用電子數據交換(EDI),以電子文件形式簽訂貿易合同,與銀行、運輸、稅務、海關等方面進行電子單證交換。交易後,雙方可以通過電子商務服務器跟蹤發出的貨物,銀行按照合同處理雙方收付款進行結算,出具相應的銀行單據等。在交易過程中,企業的電算化會計信息系統可以及時地通過與電子商務軟件的接口獲取數據、提供信息,滿足交易的需求和企業內部管理控製及決策的需求,從而提高會計信息的獲取、更新和交換的速度。

b. 會計信息的獲取更加便捷。

會計信息使用者要求獲得全面、正確反應企業財務狀況和經營成果的會計信息,但由於有限的篇幅,當前的會計報表無法反應非數量化的信息,也無法反應報表數字處理的會計程序和方法等方面的信息。網路會計的在線數據庫則包括了企業所有的財務及非財務信息,並採用網上報告的方式,有效地擴大了會計報表及附註的信息容量。通過在線訪問,企業內外信息使用者可以隨時獲取所需信息。因此,網路會計使得會計信息的獲取更加方便快捷。

c. 會計信息更具個性化。

傳統會計報表由於其固有的限制,只能按照一定的格式提供,內容也面向所有的用戶,而無法考慮信息用戶的偏好,即無法根據閱讀者的類別和興趣,靈活選擇相應報表項目。網路實時財務報告能夠按用戶類別引導讀者閱讀他們最感興趣的內容。計算機網路所提供的人機對話,一改以往會計信息使用者被動地接受統一格式的局面,使信息的獲取過程具有交互性。在計算機網路中,使用者可以根據自己的需要獲取相關會計信息,並可對這些信息進行進一步的處理。如:若按報表項目建立索引,就相當於根據自己的需要生成一個簡化的財務報告;若按部門建立索引,就可獲得企業的分部報告;若按時間建立索引,就可以獲得各個時期的財務報告。

d. 會計業務的分布式處理。

在網路會計中,一項復雜的工作可以劃分為許多部分,由網路上不同的計算機同時分別處理。在不同的工作站上錄入,在同一服務器上存貯,這既可以保證憑證的及時錄入,又可以保證數據存儲的統一,還能大大減少單機造成的數據冗餘。

e. 計算機資源的共享。

計算機資源的共享包括硬件共享和軟件共享。硬件共享是克服單機工作的缺陷,提高設備的利用率。當網路上配有一臺高性能的服務器後,其他工作站配置要求可大幅降低,那些普通工作站可在網上共享 CPU 的高速度、文件服務器大容量的內存、硬盤、光盤、網上高速優質的打印機等。軟件共享降低了成本,提高了性能。網路會計將打破單一的財務軟件的購買和使用方式,實現軟件共享,這樣網上計算機可省去購買和安裝軟件的過程以及軟件的運行維護費用,從而提高企業資源的使用效率和經濟

效益。

（4）網路會計的基本要求。

a. 對會計人員的素質要求。

網路技術的發展要求具有高素質的人才，它要求會計人員不僅要有一定的職業道德，掌握紮實深厚的業務知識，如要懂財務會計、管理會計、財務管理和審計知識，而且還應具備相關的經濟法律、財政稅收、貨幣銀行、國際金融、國際貿易、生產工藝等知識。網路會計要求會計人員應具備計算機知識並掌握計算機應用技術。

b. 對網路安全的要求。

網路安全從其本質上來講就是網路上的信息安全。從廣義來說，凡是涉及網路上信息的保密性、完整性、可用性、真實性和可控性的相關技術和理論都是網路安全的研究領域。網路安全涉及計算機科學、網路技術、通信技術、密碼技術、信息安全技術、應用數學、數論、信息論等多種學科的綜合性學科。網路會計要求網路環境具有較高的安全性。

c. 對數據輸入和處理的要求。

對數據的輸入和處理是網路會計的重要關口。把好數據錄入關，保證數據錄入的真實性、合法性、完整性十分重要。在輸入系統前，數據都要經過檢驗，輸入工作也應由多人多組分擔；對輸入的數據、代碼等進行必要的校檢，以保證其合法性和真實性；根據會計核算的要求和網路系統的特點，可以把同類憑證按憑證號順序分成幾組進行輸入。為了保證數據處理的及時性，可採用集中分散式和授權式兩種控製方法。集中分散式是由網路服務器統一對各數據庫進行管理，服務器將這些數據傳送到各個工作站，每個工作站分別在本站處理各自的業務。

第 3 章　電算化會計信息系統的開發與實施

信息經濟時代，經濟全球化和市場國際化的趨勢更加明顯，競爭日趨激烈，企業經營環境發生了深刻的變化。工業化時期形成的手工會計管理模式、管理手段、管理方法遇到了前所未有的挑戰。信息技術已經成為 21 世紀企業獲得和保持競爭優勢，形成核心競爭力的重要手段，這也標誌著企業信息化的進程在全球範圍內開始進入了快車道。開發和實施電算化會計信息系統，是信息經濟時代的要求，已經成為現代技術在會計領域應用的重要任務。

3.1　電算化會計信息系統的開發方法

電算化會計信息系統，是通過系統軟件的運行以實現數據的採集輸入、存儲、加工處理和信息輸出，因此，進行電算化會計信息系統開發時，必須以系統論的觀點為指導，按照科學性、系統性原則，在滿足用戶需求的情況下，確定整個系統的結構，劃分開發過程，明確開發任務，通過規範化、系統化的開發方法和開發步驟的實施實現系統功能。常用的系統開發方法有原型法、生命週期法和面向對象方法。

3.1.1　原型法

（1）原型法的開發原理。

原型法（Prototyping）是 20 世紀 80 年代隨著計算機軟件技術的發展，特別是在關係數據庫系統（Relational Data Base System，RDBS）、第四代程序生成語言（4th Generation Language，4GL）和各種系統開發生成環境產生的基礎上，提出的一種在設計思想、工具、手段上都全新的系統開發方法。它摒棄了那種要先一步步周密細緻地調查分析，然後逐步整理出文字檔案，最後才能讓用戶看到結果的繁瑣做法。其核心是用交互的、快速建立起來的原型取代形式的、僵硬的（不允許更改的）規格說明，用戶通過在計算機上實際運行和試用原型系統而向開發者提供真實的、具體的反饋意見。

原型法是指在獲取一組基本的需求定義後，利用高級軟件工具可視化的開發環境，快速地建立一個目標系統的最初版本，並把它交給用戶試用、補充和修改，再進行新的版本開發。反覆進行這個過程，直到得出系統的「精確解」，即用戶滿意為止。其基本思想是在投入大量的人力、物力之前，在限定的時間內，用最經濟的方法開發出一個可實際運行的系統模型，用戶在運行使用整個原型的基礎上，通過對其評價，提出

改進意見，對原型進行修改，統一使用，評價過程反覆進行，使原型逐步完善，直到完全滿足用戶的需求為止。

（2）原型法的開發過程。

利用原型法對會計電算化系統進行開發時，其開發過程可劃分為四個階段（如圖3-1所示）：確定用戶需求；設計系統原型；使用和評價原型；修改和完善原型。

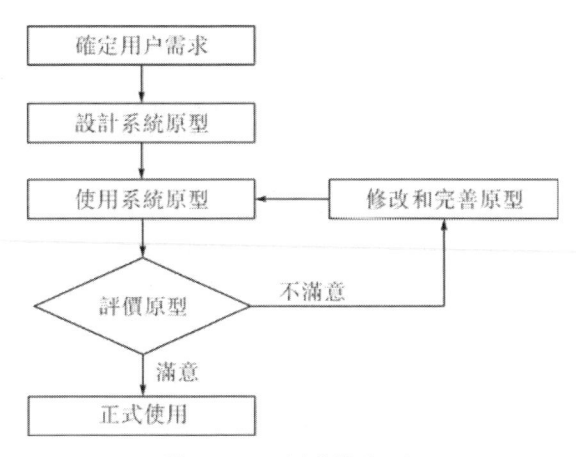

圖 3-1 原型法的開發過程

■ 確定用戶需求

用戶需求是用戶對會計電算化系統的基本需要和要求，開發者只有以用戶需求滿意為目標時，才能開發出有針對性的應用型系統軟件。因此，在開發會計電算化系統時，必須通過用戶需求分析，瞭解和掌握用戶的共性需求和個性化需求。該階段的主要任務是：通過調查表、討論會、現場調研，進行用戶需求分析，以確定用戶的基本需求。

■ 設計系統原型

原型是系統的原始形態，是目標系統的最初版本，它是利用軟件開發環境設計出來的原始系統產品，無論從需求上還是從功能上都沒有達到目標的要求，需要通過使用修改來不斷完善。系統原型是系統開發和設計的基礎。該階段的任務是：根據用戶的初步需求，在短時間內設計出能夠實現用戶最基本要求的系統原型。

■ 使用和評價原型

該階段的主要任務是：先由用戶試用原型，找出原型存在的問題和不足，提出修改原型的具體意見，並將意見反饋給設計者。

■ 修改和完善原型

該階段的主要任務是：系統開發人員根據用戶提出的改進意見，對原型進行修改完善，修改後再交由用戶使用、評價，並進一步修改和完善，直到用戶滿意為止。

（3）原型法的開發評價。

■ 原型法的優點

符合人們認識事物的規律，系統開發循序漸進，反覆修改，確保較好的用戶滿意

度；開發週期短，費用相對少；由於有用戶的直接參與，系統更加貼近實際；易學易用，減少用戶的培訓時間；應變能力強。

■ 原型法的缺點

不適合大規模系統的開發；開發過程管理要求高，整個開發過程要經過「修改—評價—再修改」的多次反覆；用戶過早看到系統原型，誤認為系統就是這個模樣，易使用戶失去信心；開發人員易將原型取代系統分析；缺乏規範化的文檔資料。

■ 原型法的適用範圍

原型法適用於處理過程明確、簡單的系統及涉及面窄的小型系統。

3.1.2 生命週期法

(1) 生命週期法的開發原理。

生命週期法也稱結構化系統開發方法，是目前國內外較流行的信息系統開發方法，在系統開發中得到了廣泛的應用和推廣，尤其在開發復雜的大系統時，顯示出了無比的優越性。它也是迄今為止開發方法中應用最普遍、最成熟的一種。生命週期法是把系統的開發過程看作一個由多個階段組成的生命週期，每個開發階段都有明確的目標和任務，都要形成相應的文檔資料以作為下一階段工作的基礎和依據，系統開發是一個循序漸進、逐步發展的連續過程。

生命週期法的基本思想是：將軟件工程學和系統工程學的理論和方法引入會計電算化系統的開發中，按照用戶至上的原則，採用結構化、模塊化自上而下對系統進行分析和設計。具體來說，它將整個系統開發過程劃分為獨立的多個階段，包括可行性研究、系統分析、程序設計、系統測試、運行和維護以及系統評估等。

生命週期法的特點是：

■ 採用結構化方法進行系統分析和設計。在系統開發過程中，將系統目標層層分析並具體落實到每一個設計的環節，從而使得系統的邏輯結構較為嚴密。

■ 以調查分析為主要手段來面向用戶需求。由於採用生命週期法開發的系統規模一般比較大，目標較為穩定，因而對用戶的需求分析工作顯得特別重要，只有充分瞭解用戶的需求之後，系統開發才能進入下一環節。

■ 以嚴格的系統開發工作分工來分解任務。在生命週期法中，系統各個開發階段的分工十分嚴格，各個階段的工作任務、工作成果都比較明確，並要求有標準化的圖、表、說明等組成的階段文檔資料。

■ 以完整的開發方案來保證系統化的產品質量。生命週期法的開發方案比較嚴密，開發過程具有較強的系統性，包括結構化分析、結構化設計、結構化程序設計等一套完整的開發方案，開發出的軟件質量較高，並且一次性提供給用戶一個完整的系統。

(2) 生命週期法的開發過程。

利用生命週期法對會計電算化系統進行開發時，其開發過程可劃分為六個階段（如圖3-2所示）：可行性研究、系統分析、系統設計、系統實施、系統運行和維護以及系統評估。

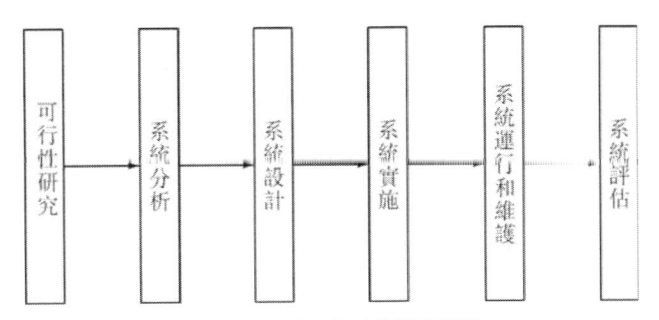

圖 3-2　生命週期法的開發過程

■ 可行性研究

可行性研究是會計電算化系統開發的必要工作，是在系統初步調查的基礎上，對系統開發的經濟性、技術性和必要性進行分析，以論證系統開發的可行性，並以可行性研究報告的形式提交給有關領導和管理者進行決策。它包括初步調查、可行性分析和可行性研究報告三個階段。初步調查是根據企業對會計電算化系統的初步要求，對企業的組織結構、管理體制、經濟環境、會計業務等的調查，以掌握與系統開發有關的基本情況。可行性分析是在初步調查的基礎上，分析在現有的條件下，系統開發的可行性。可行性研究報告是該階段工作的成果匯總，是系統分析的基本資料。

■ 系統分析

系統分析是在可行性研究的基礎上，和對用戶需求的充分理解的前提下，分析現有系統的具體問題，確定會計電算化新系統的設計目標，並按照目標建立會計電算化系統的邏輯模型和編制系統分析說明書。該階段的主要任務是解決新系統的「功能」問題，即在對現有系統和新系統分析的基礎上，如何將現行系統模型轉換成實現系統目標的新系統的邏輯模型。它包括三個步驟：分析和描述現有系統；分析和描述新系統；編寫系統分析說明書。編寫系統分析說明書是系統分析的最終成果，它反應了新系統的功能需求、性能需求、運行環境等內容，是系統設計的基礎和驗收的標準。系統分析說明書包括現行系統概況；新系統邏輯模型；運行環境規定。

■ 系統設計

系統設計是新系統的物理設計階段，是在系統分析的基礎上，根據系統分析階段所確定的新系統的邏輯模型、功能要求，在用戶提供的環境條件下，設計出一個能在計算機網路環境上實施的方案，即建立新系統的物理模型。該階段的任務是設計軟件系統的模塊層次結構，設計數據庫的結構以及設計模塊的控制流程，包括概要設計和詳細設計兩個步驟。概要設計解決軟件系統的模塊劃分和模塊的層次機構以及數據庫設計；詳細設計解決每個模塊的控制流程、內部算法和數據結構的設計。完成系統設計後要編寫系統設計說明書，說明書的內容包括系統設計的目標和任務、系統總體設計方案、系統詳細設計方案、系統物理設計方案。

■ 系統實施

系統實施是指將系統設計階段的結果在計算機上實現，將原來紙面上的、類似於設計圖式的新系統方案轉換成可執行的應用軟件。它的主要任務是將系統設計的新系

統方案轉化為可運行的實際系統，並通過程序設計和系統調試來保證系統的可行性和穩定性。程序設計的主要任務是根據系統分析和系統設計的文件，使用計算機程序設計語言和編程工具編寫出可在計算機上執行的源程序代碼。系統調試的主要任務是對程序設計的結果進行全面的檢查，查找和糾正錯誤，包括程序調試和系統聯調兩部分。程序調試是以程序模塊為單位，對模塊逐個進行調試，以發現和修正語法和邏輯錯誤。系統聯調是在程序模塊調試的基礎上，將相關模塊和子系統連接起來進行調試，以發現和更正系統錯誤。

■ 系統運行和維護

系統運行與維護的主要任務是完成系統轉換，如果系統調試後功能完備，性能良好，就可以用新系統代替舊系統。在新系統代替舊系統的過程中，一般情況下需要將新系統和舊系統並行運行一段時間，以完成新舊系統替代的過渡，如果運行良好，再把新系統正式投入使用。在新系統的使用過程中，要按照要求指定專人定期進行維護，以保證新系統能夠按照目標和要求運行。

■ 系統評估

系統評估是採用一定的技術、方法和標準，對會計電算化系統的總體評價和估算，以評價和確定會計電算化系統的開發質量的優劣和滿足用戶需求的情況。該階段的主要任務是根據新系統的運行狀況，評估系統的性能、效率、目標完成情況等，為進一步完善系統和下階段系統開發提供決策依據。

(3) 生命週期法的開發評價。

■ 生命週期法的優點

生命週期法強調系統開發過程的整體性和全局性，各階段的任務相對獨立，降低了系統開發的復雜性；具有嚴格的開發任務分工，又強調了協作，提高了開發的可操作性；發現問題可以及時反饋和糾正，保證了系統的質量和可維護性。

■ 生命週期法的缺點

生命週期法開發的週期比較長，系統的目標一旦確定就不易改變；前一階段的錯誤對後續工作的影響較大，且更正這些錯誤的工作量較大；在功能經常需要變化的情況下，系統開發難以適應這種要求，因此不支持反覆開發。

■ 生命週期法的適用範圍

生命週期法適用於大型會計電算化系統的開發。

3.1.3 面向對象方法

(1) 面向對象方法的開發原理。

面向對象方法（Object Oriented Method，OOM）是一種把面向對象的思想應用於系統開發過程中，指導系統開發活動的方法，它是建立在「對象」概念的基礎上，以「對象」為中心，以「類」和「繼承」為構造機制，來認識、理解、刻畫和設計系統。它的基本思想是：客觀世界是由各種各樣的對象組成的，各種對象都有各自的內部狀態和運動規律，不同對象之間的相互作用和聯繫構成了各種不同的系統。當設計和實現一個會計電算化系統時，如果能夠在滿足需求的條件下，把系統設計成由一些不可

變的部分組成的最小集合，這些不可變的部分就是所謂的對象。

以對象為主體的面向對象方法可以簡單解釋為：

■ 客觀事物都是由對象組成的，對象是在原事物基礎上抽象的結果。任何事物都可以通過對象的某種組合構成。

■ 對象由屬性和方法組成。屬性反應了對象的信息特徵，方法則是用來定義改變屬性狀態的各種操作。

■ 對象之間的聯繫主要是通過傳遞信息來實現的，傳遞的方式上通過信息模式和方法所定義的操作過程來完成。

■ 對象可按其屬性進行歸類（Class），類有一定的結構，類上可以有超類（Super-class），類下可以有子類（Subclass），這種對象或類之間的層次結構是靠繼承來維持的。

■ 對象上一個被嚴格模塊化的實體，稱之為封裝，封裝了的對象滿足軟件工程的一切要求，而且可以直接被面向對象的程序設計語言接受。

（2）面向對象方法的開發過程。

利用面向對象方法對會計電算化系統進行開發時，其開發過程可劃分為四個階段（如圖3-3所示）：確定用戶需求、面向對象分析、面向對象設計和面向對象實現。

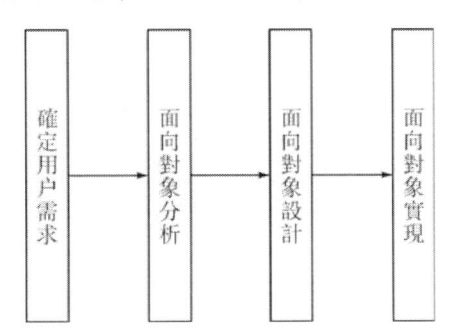

圖3-3　面向對象方法的開發過程

■ 確定用戶需求

根據系統開發任務，進行系統調查，以確定用戶的需求。

■ 面向對象分析

面向對象分析是從問題的陳述入手，分析和構造所關心問題的模型，並用相應的符號系統來表示。模型必須簡潔、明確。主要包括確定問題域；區分類和對象；區分整體對象以及組成部分，確定類的關係和結構；定義屬性；定義服務；確定附加的系統約束。

■ 面向對象設計

面向對象設計與傳統的以功能分解為主的設計不同，它包括應用面向對象分析；設計交互過程和用戶接口；設計任務管理；設計全局資源；對象設計。

■ 面向對象實現

面向對象實現主要是使用面向對象的語言來實現面向對象的設計。面向對象的語

言包括 C++、JAVA。

(3) 面向對象方法的開發評價。

■ 面向對象方法的優點

生命週期法符合人們通常的思維方式；從分析到設計再到編碼採用一致的模型表示，具有高度的連續性；能夠實現軟件的模塊化調用，軟件開發設計的重復性和可移植性好；數據結構和控制流程清晰，語言簡潔靈活，系統開發效率高；系統開發週期短，便於維護。

■ 面向對象方法的缺點

生命週期法需要一定的軟件開發環境支持；如果系統缺乏整體設計劃分，易造成系統結構不合理和各部分關係失調；初學者不易接受、難學。

■ 面向對象方法的適用範圍

生命週期法適用於中小型會計電算化系統的開發。

3.2 電算化會計信息系統的實施

電算化會計信息系統的實施能夠幫助企業改善管理水平，優化業務流程，通過會計手段的改進和會計職能的延伸，高質量、高效率地實現會計的管理目標。它是利用電子計算機來實現企業業務流程的重組和會計管理模式的根本性改進。會計電算化系統的實施是一項復雜的系統工程，不僅需要投入大量的人力、財力和物力等資源，而且受硬件、軟件、人才和管理製度等因素的制約，需要制定總體規劃，做好堅實的基礎工作，完善各種必備的條件，有步驟地組織實施。

3.2.1 實施的基本原則

企業實施電算化會計信息系統不是隨心所欲的，它必須考慮會計工作的特點和企業的現狀，以及有關法律製度，並遵循一定的原則，才能使企業達到實施電算化會計信息系統的最終目標。一般地，電算化會計信息系統實施的基本原則包括合法性原則；效益性原則；系統性原則；規範性原則；可靠性原則；易用性原則。

(1) 合法性原則。

即企業實施電算化會計信息系統的各項工作，都必須以有關法律製度為原則。按照合法性原則要求，企業實施電算化會計信息系統應做到：第一，實施電算化會計信息系統，必須遵循中國的會計製度、財務製度及有關法律；第二，實施電算化會計信息系統，必須遵循財政、財務部門電算化會計信息管理製度；第三，實施電算化會計信息系統，必須遵循本企業的財務製度，以保證機構設置的合法性，崗位分工和人員職責的合法性，操作使用的合法性，輸入、輸出及內部處理的合法性，輸入數據的合法性及輸出信息及格式的合法性。

(2) 效益性原則。

提高經濟效益，是電算化會計信息系統的根本目的。提高經濟效益，也要從兩方

面考慮，一是直接經濟效益，即直接投入直接產出的效益；二是間接經濟效益，即由於電算化會計信息系統而引起企業管理的現代化，產生的非直接經濟效益。圍繞效益性原則，企業實施電算化會計信息系統應做到：第一，在系統實施前，應從經濟效益、技術力量、管理水平等約束條件進行全面的可行性分析，以確定是否具備條件實施電算化會計信息系統；第二，可行性研究要圍繞企業的經濟效益來開展。一般來說，評價電算化會計信息系統實施的經濟效益，要從電算化會計信息系統能否節約企業的流動資金占用量，能否準確、及時和全面地提供必須的信息，能否提高企業管理工作的效率和質量，以及決策水平等方面著眼。也就是說，要從計算機是現代化管理的輔助工具這個角度來評估它的效益；第三，在系統設計過程中，也應堅持效益性原則，力求降低設計開發成本，提高會計電算化系統的質量。

(3) 系統性原則。

也就是以包括整體觀、關聯觀、發展觀、最優觀在內的系統觀點來進行會計電算化系統的實施。圍繞系統性原則，企業實施電算化會計信息系統應做到：第一，內部與外部相聯繫。會計部門作為企業管理中的一個重要部門，與其他職能部門是密切聯繫的，因此，實施電算化會計信息系統時，應考慮包括各職能部門在內的企業整個管理工作的電算化工作，把電算化會計信息系統作為企業管理信息系統中的一個子系統，既要分清各子系統的界面，又要留好各子系統之間的接口，並在數據結構設計上做到信息共享，減少數據冗餘；第二，局部目標與整體目標相結合。電算化會計信息系統可分為許多子系統，在實施過程中要分階段進行，並堅持全局的觀點，充分考慮各子系統間的關聯性，使逐個實施的子系統全部完工後能組成高質量的電算化會計信息系統，而不能只考慮局部的優化，以至影響整個系統的完美組合和質量性能。

(4) 規範性原則。

包括系統設計的規範性，管理製度的規範性，數據信息的規範性等。這些規範性的要求，可以使系統實施避免二義性，避免由於人的主觀因素而造成的系統實施的偏差，從而避免會計電算化工作失敗的可能性。

(5) 可靠性原則。

可靠性是電算化會計信息系統能否滿足實際需要的前提。影響系統可靠性的因素很多，主要考慮以下三個方面：第一，準確性，即輸入數據及操作的準確性，在易出現錯誤和失誤的地方，建立盡可能完善的檢錯和糾錯系統，進行重點防護，保證輸入數據及操作的準確性；第二，安全性，要求有一套完善的管理製度和技術方法，防止系統被非法使用，數據丟失及非法改動，此外還應有系統破壞後的恢復功能等；第三，易擴充性，即整個系統在運行週期內，由於環境條件的變化，從而要求系統隨之進行改變的難易程度。易擴充性要求對系統的修改和擴充能夠非常容易地進行。

(6) 易用性原則。

易用性也就是易操作性。會計電算化系統的使用者是會計人員，因此系統必須盡可能地方便用戶，要具有友好的界面，準確簡明的操作提示，簡單方便的操作過程，並要求盡可能地使用會計術語，使會計人員一學即會。

3.2.2 會計電算化系統的實施環境

電算化會計信息系統是一個人機交互的信息管理系統，它的實施必須在一定的環境中，並滿足可行的計劃方案。電算化會計信息系統實施的環境是企業實施電算化會計信息系統的先決條件，是開展電算化會計信息系統實施工作的基礎平臺。

（1）硬件環境。

硬件環境是企業實施電算化會計信息系統的必要條件，是電算化會計信息系統實施工作得以順利進行的物質基礎。電算化會計信息系統硬件包括計算機、外圍設備、通信設備、計算機機房等。計算機硬件設備的不同組合方式構成了不同的系統結構體系，也決定了不同的電算化會計信息系統的工作方式和總體功能。按照工作方式的不同，可將電算化會計信息系統分為以下三種情況：單機環境工作方式、局域網環境工作方式和互聯網環境工作方式。

a. 單機環境工作方式。

單機環境工作方式是電算化會計信息系統中最為簡單的一種形式，它是由一臺或多臺互不連接的計算機設備構成，是支持電算化會計信息系統軟件運行的硬件基礎。在這種工作方式下，電算化會計信息系統只能完成簡單的會計電算化工作，數據的共享程度差。採用單機環境工作方式的會計電算化系統，對硬件環境的要求相對簡單，只需要一臺或數臺配置符合會計電算化軟件運行要求的計算機及其相關配套輸入輸出設備即可。單機環境工作方式的會計電算化系統僅僅用於規模較小、數據關係簡單的經濟組織，完成的僅僅是有關核算方面的任務。

b. 局域網環境工作方式。

局域網（Local Area Network，LAN）是在一個局部的地理範圍內，將各種計算機、外部設備和數據庫等互相連接起來組成的計算機通信網。它可以通過數據通信網或專用數據電路，與遠方的局域網、數據庫或處理中心相連接，構成一個大範圍的信息處理系統。借助局域網，企業可以將信息組成一個有機的整體，在完成業務數據記錄和採集的同時，實現財務數據的同步處理，從而提高數據的處理效率，並實現業務和財務處理的協同。採用局域網環境工作方式的會計電算化系統，對硬件環境的要求較高，需要性能優良的網路服務器、工作站及相關網路通信設備，電算化會計信息系統處理的手段和內容都有很大的改進，企業內部信息共享程度大大提高。

c. 互聯網環境工作方式。

互聯網（Internet），是指將兩臺或兩臺以上的計算機終端、客戶端、服務器端通過計算機信息技術的手段互相聯繫起來，使人們能與千里之外的朋友相互發送郵件、共同完成一項工作、共同娛樂等。通過互聯網，可以實現數據的遠程處理、控制和共享。借助互聯網，企業可以將跨區域的不同組織或同一組織中的跨區域部門聯繫在一起。電算化會計信息系統可以從更大範圍內篩選和處理所需要的數據，並將有效信息快速及時地傳遞給信息管理中心，從而實現數據的遠程處理、信息的遠程訪問和管理的遠程決策與控制，從而提高管理的水平。採用互聯網環境工作方式的電算化會計信息系統，對硬件環境的設備和安全性要求較高。

(2) 軟件環境。

軟件環境是電算化會計信息系統實施的核心條件，是開展會計電算化工作的前提，主要包括操作系統、數據庫、會計電算化應用軟件。

a. 操作系統。

操作系統（Operating System，OS）是控制其他程序運行，管理系統資源並為用戶提供操作界面的系統軟件的集合。它是一個龐大的管理控制程序，主要包括五個方面的管理功能：進程與處理機管理、作業管理、存儲管理、設備管理和文件管理。常見的操作系統有 DOS、OS/2、UNIX、XENIX、LINUX、Windows、Netware 等。根據電算化會計信息系統對操作系統的要求，目前通常採用 Windows XP、Windows 7 及以上版本的操作系統。

b. 數據庫。

數據庫（Database）是按照數據結構來組織、存儲和管理數據的倉庫，這些數據是結構化的，無有害的或不必要的冗餘，並為多種應用服務。數據的存儲獨立於使用它的程序。對數據庫插入新數據，修改和檢索原有數據均能按一種公用的和可控製的方式進行。電算化會計信息系統使用的數據庫正處於小型數據庫向大型數據庫過渡的階段。大型數據庫存儲容量大、數據的容錯性和一致性好，能夠較好地支持網路化的運行環境，但大型數據庫操作和管理難度大、成本高，如 SQL Sever、Sysbase 等。相比較而言，小型數據庫存儲容量小、數據處理能力差，但易於掌握、管理，投資成本較小，適合於小型用戶，如 Access、Foxpro 等。

c. 應用軟件。

應用軟件是電算化會計信息系統實施的基本操作環境，它通過設置相應的會計電算化應用模塊來完成相應的會計電算化功能。會計電算化的核心工作是建立計算機環境下的電算化會計信息系統，而電算化會計信息系統的重要組成部分是支持會計核算和管理工作的電算化會計應用軟件。電算化會計應用軟件是電算化會計信息系統的核心部分，電算化會計應用軟件的好壞對電算化會計信息系統實施的成敗起著關鍵性的作用。電算化會計應用軟件的取得方式通常有購買商品化軟件、定點開發（包括自行開發、委託開發和聯合開發）、二次開發。目前流行的國產會計電算化應用軟件有用友軟件、金蝶軟件、管家婆軟件等。

(3) 會計電算化人員素質環境。

人員素質是關係會計電算化系統實施成敗的關鍵，因為電算化會計信息系統實施後，能否按照既定的目標運行主要取決於人員的素質（包括人員的操作水平、專業技能、責任心等）。實施電算化會計信息系統後，對會計人員的知識結構的要求發生了根本性的變化，不但要求人員精通會計專業知識，而且要求他們熟悉計算機軟件、硬件及網路的相關知識。今後的會計人員必須是既熟悉會計知識又能熟練操作電子計算機的複合型人才。電算化會計信息系統的實施對人員素質的要求的變化又必然影響到會計機構的組織成員，電算化會計信息系統實施後會計機構的組織成員主要由企業的計算機專業人員和會計人員共同組成。

電算化會計信息系統

（4）製度環境。

製度環境是指一系列與電算化會計信息系統實施有關的法律、法規和人們在長期交往中自發形成的行為規範，它是通過選擇製度安排來限制人們在進行會計電算化工作中對自身利益的追求。企業實施電算化會計信息系統，是對傳統手工會計系統的再造，必然會影響和衝擊原有觀念和行為方式，原有的管理體制必然也會發生變化，因此，建立和實施與電算化會計信息系統相適應的法律、法規和行為規範體系，不僅是會計電算化的需要，也是加強管理，充分發揮會計管理職能的需要。通過製度環境的建設，企業可以為電算化會計信息系統的實施提供有效的製度保障。

3.2.3 會計電算化系統的實施步驟

企業電算化會計信息系統的實施，也就是企業建立電算化會計信息系統的整個過程，是一項復雜的系統工程。主要包括以下步驟：

（1）確定系統目標。

大型電算化會計信息系統的實施是一個較為復雜的系統工程，它是在企業戰略整體規劃目標的指引下，通過分析和整理來確定系統實施的目標和規模。企業要根據企業發展的總目標和管理信息系統的總目標，明確電算化會計信息系統實施的總目標。系統在實施前一定要做到目標明確。系統在實施後，必須保證達到管理目標的要求，從而根據管理目標確定系統的規模，並且要對實現這一目標的可行性、成本效益做出合理的估算。

（2）編制實施方案。

在明確目標和規模的基礎上，根據企業實際情況確定電算化會計信息系統的總體結構，劃分各子系統，並確認它們之間的聯繫；確定電算化會計信息系統實施工作目標實現的階段和步驟，以及建立各子系統的先後順序；確定會計電算化管理體制及組織機構方案，以及資金來源與預算等內容。

（3）用戶需求分析。

在電算化會計信息系統實施過程中，必須以用戶的基本需求為導向，因此，必須進行必要的用戶需求分析。用戶需求分析是建立在用戶業務調查的基礎上，可以通過直接走訪、實地考察、問卷調查等方式與不同層次的使用者進行交流，瞭解用戶的業務流程，確定用戶的基本需求。

（4）重組業務流程。

重組業務流程強調以業務流程為改造對象和中心、以關心客戶的需求和滿意度為目標、對現有的業務流程進行根本的再思考和徹底的再設計。結合用戶需求，利用先進的信息技術和現代的管理手段，對原有業務流程進行調整和優化，以實現技術上的功能集成和管理上的職能集成。

（5）用戶培訓。

用戶培訓包括三個層次：初級培訓、中級培訓和高級培訓。初級培訓主要針對操作人員，要求學習和掌握系統的基本操作。中級培訓主要以系統維護人員和部門骨幹為主，主要學習系統工作原理、數據結構和工作流程，要求掌握系統維護、安全管理、

數據庫管理、系統規劃與控製有關的知識。高層培訓以部門經理和高級管理人員為主，主要學習財務軟件的分析與設計。

（6）整理初始數據。

初始數據是系統運行的基本資料，主要包括各種參數的設置、編碼規則、初始數據；確定數據來源和原始數據的提供者、提供方式；制定具體的核算方法、處理過程；驗證初始數據的準確性、完整性，防止實施過程中出現數據遺漏和錯誤的情況，降低系統實施風險。

（7）系統試運行。

系統完成後，可以通過模擬用戶的實際環境，輸入用戶的實際數據，來考察系統的運行狀況，看是否達到既定目標和滿足用戶要求。根據運行情況，針對性地對制定方案進行修訂和驗證。本步驟的主要作用是發現問題和查找問題。

（8）軟件安裝與調試。

按照用戶的要求，將開發出來的系統軟件安裝到用戶的計算機內，並進行必要的軟件調試，使軟件達到可使用狀態。在軟件安裝過程中，要嚴格按照流程進行，防止意外情況發生。在軟件調試過程中，要綜合考慮多種情況，保證軟件的安裝質量。

（9）系統運行與信息反饋。

按照系統運行管理與維護要求，用戶要嚴格按照操作手冊中規定的流程進行操作。在實際工作中，要進一步驗證系統的各項性能，發現問題要及時記錄，提出改進方案，並將信息反饋到有關部門。

第 4 章　電算化會計信息系統的管理與維護

計算機技術和信息網路傳輸技術應用於會計領域，在對會計技術革新的同時，也給電算化會計信息系統的管理與維護帶來了前所未有的挑戰。計算機與網路技術使電算化會計信息系統管理與維護環境、管理與維護方式發生了根本性變化，強化電算化會計信息系統的管理與維護，能夠減少企業因採用新技術所帶來危害，在提高系統效率的同時，保證會計信息的質量。

4.1　電算化會計信息系統管理

會計電算化是會計工作的發展方向，是促進會計工作規範化和提高企業經濟效益的重要手段和有效措施。為了促進會計電算化工作規範化和提高企業經濟效益，必須加強電算化會計信息系統的管理和維護工作。通過對電算化會計信息系統的管理和維護，能夠保證電算化會計信息系統的正常運轉，實現電算化會計信息系統的實施目標。

4.1.1　宏觀管理

電算化會計信息系統的宏觀管理是指國家各級財政部門、業務主管部門對全國或本地區、本系統、本行業電算化會計信息系統實施工作實行的綜合管理，即：財政部管理全國的電算化會計信息系統實施工作，地方各級財政部門管理本地區的電算化會計信息系統實施工作。

宏觀管理的主要內容是：

（1）制定電算化會計信息系統發展規劃。

電算化會計信息系統發展規劃就是電算化會計信息系統實施工作的各級管理部門根據經濟發展情況和電子技術新趨勢，聯繫電算化會計信息系統實施工作的現狀及會計工作的客觀要求，制定國家、地區或部門的電算化會計信息系統實施工作目標、發展方向和規範要求等，以指導、推動、促進電算化會計信息系統實施工作健康順利發展，它是電算化會計信息系統實施的宏觀管理的重要內容之一。

按照劃定的部門，電算化會計信息系統發展規劃可分為國家電算化會計信息系統發展規劃、行業電算化會計信息系統發展規劃和地區電算化會計信息系統發展規劃等。行業和地區的電算化會計信息系統發展規劃是在國家電算化會計信息系統發展規劃指

導下，根據地區和部門各自的特點與要求來制定，以規劃、組織、協調指導本地區或本部門的電算化會計信息系統實施工作。按規劃的時間長短來分，又可分為長期規劃、中期規劃和短期規劃。長期規劃一般對今後很長一段時間內的電算化會計信息系統實施工作做出計劃，指出發展方向，屬於戰略性目標和方針；中期規劃則是根據遠景發展規劃的要求，制定的階段性規劃；短期規劃則為貫徹落實和完成中期規劃中所提出目標和任務而制訂的一系列目標措施和要求，如年度工作計劃等。

不同行業、不同地區和不同的發展階段，電算化會計信息系統發展規劃的內容一般是不同的。規劃的目的是為指導、推動電算化會計信息系統實施工作的健康發展。因此規劃中首先要描述本地區（或部門）電算化會計信息系統應用現狀、工作開展的深度、廣度以及影響電算化會計信息系統實施工作開展的一些主要問題等。其次要對本地區（或部門）的電算化會計信息系統實施工作提出奮鬥目標。最後，還要有一些相應的政策、措施和要求，以保證規劃目標實現。對於不同行業、地區和時期，這些政策、措施、要求也是不同的。電算化會計信息系統發展規劃的制定及貫徹落實，有助於促進電算化會計信息系統實施工作順利健康發展，提高計算機應用的經濟效益和社會效益。

制定電算化會計信息系統發展規劃的依據，一是社會經濟和管理要求，二是會計工作的基礎，三是人、財、物等條件。不同的發展階段要制訂不同的規劃，以推動促進這項工作的順利發展。如果本部門的電算化會計信息系統實施工作剛剛開始，規劃就可以在應用廣度上提出具體要求，同時組織研製通用會計核算軟件等。如果本部門（地區）的大多數單位都已開展電算化會計信息系統實施工作，但一般都是以單項開發為主，全部核算工作實現電算化的單位還不多，並且實用性較差，大都為雙軌運行，在這種情況下，規劃的重點就應放在應用水平的提高上，在系統性、實用性方面提出一些具體要求。如果會計核算基本電算化，規劃重點就要放在財會管理電算化上。財會管理電算化也可從廣度、深度兩個方面來考慮，不同時期制訂不同的發展規劃。

（2）加強電算化會計信息系統管理製度建設。

建立健全電算化會計信息系統管理製度，是電算化會計信息系統實施工作順利發展的重要保證。電算化會計信息系統製度建設也是電算化會計信息系統宏觀管理的重要內容之一。各級財政部門應當加強電算化會計信息系統管理製度建設，對商品化會計核算軟件評審、會計核算軟件的基本功能、會計核算軟件開發的基本程序、實行電算化會計信息系統後的會計檔案管理、基層單位開展電算化會計信息系統的基本要求、電算化會計信息系統知識培訓等一系列問題，應逐步建立規章製度，以規範電算化會計信息系統的管理工作，指導基層單位電算化會計信息系統實施工作的順利開展，逐步實現電算化會計信息系統管理的法制化。

到目前為止，財政部先後制定了許多電算化會計信息系統的管理製度，它們分別是：1989 年 12 月發布的《會計核算軟件管理的幾項規定（試行）》；1990 年 7 月發布的《會計核算軟件評審問題的補充規定（試行）》和財政部會計事務管理司 1991 年 4 月頒發的《關於加強對通過財政部評審的商品化會計核算軟件管理的通知》等。隨著

電算化會計信息系統的發展，財政部於1994年5月4日發布了《關於大力發展中國會計電算化事業的意見》，於1994年6月30日制定發布了《會計電算化管理辦法》《商品化會計核算軟件評審規則》和《會計核算軟件基本功能規範》，於1995年4月27日發布了《會計電算化知識培訓管理辦法（試行）》，於1996年6月10日發布《會計電算化工作規範》。許多地方財政部門也根據上述規定的精神，制定了本地區電算化會計信息系統的管理辦法，對會計核算軟件的開發、會計核算軟件的評審、會計核算軟件的使用、以計算機替代手工記帳的審批、會計電算化後的會計資料生成與管理、商品化會計核算軟件評審後的管理等做出了具體規定。

（3）加強電算化會計信息系統軟件的管理。

電算化會計信息系統軟件是一種比較特殊的技術產品，關係到財務會計製度的貫徹執行和會計信息的合法、安全、準確、可靠。因此，無論是電算化會計信息系統軟件開展研製單位還是電算化會計信息系統軟件使用單位都希望有一個權威機構來證明或認可。

財政部門主管會計工作，由財政部門對會計核算軟件的合法性進行評審比較方便、權威、科學。因此，《會計電算化管理辦法》要求，在中國境內銷售的商品化電算化會計信息系統軟件應當經過財政部門評審。評審工作由省、自治區、直轄市財政廳（局）或者財政部組織進行。計劃單列市財政局經財政部批准，也可以組織商品化電算化會計信息系統軟件的評審。只有通過評審取得《商品化會計核算軟件評審合格證》的電算化會計信息系統軟件才可以在中國市場上銷售。

根據《商品化會計核算軟件評審規則》的規定，對商品化電算化會計信息系統軟件的評審，主要審查軟件的功能是否符合會計基本原理和中國法律、法規、規章的情況，檢測軟件的主要技術性能，對財務會計分析功能和相關信息處理的功能以及軟件開發經銷單位的售後服務能力適當予以評價。

電算化會計信息系統軟件通過評審只能說明達到了基本要求，要把軟件使用好，還需要對財會人員進行培訓，並提供維護報務。因此，加強商品化會計核算軟件評審後的各項管理，督促軟件開展單位做好維護工作，是非常重要的。

評審後的管理，首先要督促軟件銷售單位做好售後服務工作，配備與銷售規模相適應的售後服務人員，健全培訓體系，掌握用戶使用軟件的動態情況。其次要監督軟件開發銷售單位按評審意見進行廣告宣傳。為此，《商品化會計核算軟件評審規則》中對此做出了明確規定。

（4）加強電算化會計信息系統人才培養。

電算化會計信息系統人才缺乏是制約中國電算化會計信息系統實施工作發展的關鍵環節。只有通過正規、系統的培訓，培養出大批既懂計算機又熟悉會計業務知識水平的人才，才能加快電算化會計信息系統實施進程和提高會計電算化水平。因此，電算化會計信息系統人才的培養必須納入正軌，應嚴格按照財政部《會計電算化知識培訓管理辦法》的要求進行。培訓可分為操作人員、系統維護人員、程序設計人員和系統設計人員初級、中級、高級三個層次進行，從基本知識培訓抓起，逐步提高。通過

初級培訓，使廣大會計人員能夠掌握計算機和會計核算軟件的基本操作技能；通過中級培訓，使一部分會計人員能夠對會計軟件進行一般維護或對軟件參數進行設置，為會計軟件開發提供業務支持；通過高級培訓，使一少部分會計人員能夠進行軟件的系統分析、開發與維護。

（5）推進電算化會計信息系統理論研究工作。

電算化會計信息系統的發展，離不開電算化會計信息系統理論研究的指導，必須針對電算化會計信息系統的應用問題開展多方面的研究，許多問題都需要進一步研究和探討。例如，電算化會計信息系統的發展趨勢，電算化會計信息系統的平臺建設，電算化會計信息系統的規範實施流程，電算化會計信息系統的集成化發展，會計軟件的開發與測試，電算化會計信息系統人才培養，電算化審計研究，會計決策支持系統研究，會計系統與管理信息系統，等等。

4.1.2 微觀管理

電算化會計信息系統微觀管理是指各基層單位在國家會計電算化管理製度、標準和規範的指導下開展本單位的電算化會計信息系統實施工作，主要包括會計電算化崗位責任制、操作管理、安全管理和檔案管理。

（1）崗位責任制。

建立電算化會計信息系統崗位責任制，是對原有的會計人員崗位分化和再組合，所進行修訂、補充和完善崗位責任制，以便適應電算化會計信息系統實施的新情況，進一步更好地明確會計人員崗位責任，發揮會計人員的積極性和創造性。會計電算化工作的崗位一般分為電算主管、軟件操作、審核記帳、電算維護、數據分析和檔案管理。

a. 電算主管。

電算主管又稱系統管理員，主要負責協調整個電算化會計信息系統的運行工作。電算主管的主要責任是：擬定電算化會計信息系統中長期發展規劃，制定電算化會計信息系統日常管理製度；建立電算化會計信息系統的核算體系；負責電算化會計信息系統的日常管理工作，保證和監督系統的有效、安全和正常運轉；做好系統運行情況的總結，提出更新軟件或修改軟件的需求報告。

b. 軟件操作員。

軟件操作員是指有權進入當前運行的電算化會計信息系統的全部或部分功能的人員。軟件操作員負責輸入記帳憑證和原始憑證等會計數據，輸出記帳憑證、會計帳簿、報表和進行會計數據備份。軟件操作員的主要責任是：具體負責本單位電算化會計信息系統軟件的日常數據匯集、輸入、處理、輸出、打印和儲存，保證會計數據、會計信息的及時性、準確性和完整性；嚴格遵守會計電算化有關製度，發現故障應及時報告電算主管，並做好故障記錄。

c. 審核記帳員。

審核記帳員負責對輸入計算機的會計數據（記帳憑證和原始憑證等）進行審核，

操作會計核算軟件登記機內帳簿,對打印輸出的帳簿、報表進行確認。崗位要求具備會計和計算機知識,達到電算化會計信息系統初級知識培訓的水平,可由會計主管兼任。審核記帳員的主要責任是:具體負責各種會計數據的審核工作和記帳工作。

d. 電算維護員。

電算維護員負責保證計算機硬件和軟件的正常運行,管理計算機機內數據,主要責任是:負責電算化會計信息系統硬件、軟件的安裝和調試工作;制訂和維護規劃方案和日常維護工作計劃;嚴格執行機房管理製度;負責保證計算機軟件和硬件的正常運行。崗位要求具備計算機和會計知識,經過電算化會計信息系統中級知識培訓。

e. 數據分析員。

負責對機內的會計數據進行分析,要求具備計算機和會計知識,達到電算化會計信息系統中級知識培訓的水平。採用大中小型計算機和計算機網路會計軟件的單位,需設立此崗位,由會計主管兼任,主要負責會計預測、計劃、分析以及其他會計業務的操作工作。

f. 檔案管理員。

電算化會計信息系統運行的目標是為企業管理提供財務信息。檔案管理員應按照有關規章製度保管這些信息和系統本身的資料。檔案管理員的主要責任是:負責以磁盤、磁帶或激光盤等介質存儲的程序文件和數據文件的檔案管理工作,保證檔案文件的完整性和一致性;定期或不定期進行檢查和備份工作,防止磁盤損壞沒有及時備份而丟失文件;以磁盤、磁帶或激光盤等介質存儲的程序文件和數據文件保管的會計檔案,要注意完善防盜、防磁、防熱、防輻射等措施。

(2) 操作管理。

企業實行電算化會計信息系統以後,會計人員必須操作計算機才能進行相應的工作,如果操作不正確可能造成系統內數據的破壞和丟失,從而影響系統的正常運行。因此,必須通過對系統操作的管理,保證系統的正常運行,完成會計電算化的工作,保證會計信息的安全和完整。

操作管理的主要內容包括:

a. 明確規定電算化會計信息系統軟件操作的內容和權限,對操作密碼要嚴格管理,杜絕未經授權人員的操作;

b. 預防已輸入計算機的原始憑證和記帳憑證等會計數據未經審核就錄入計算機機內帳簿;

c. 操作人員停止操作時,軟件應及時鎖定或退出電算化會計信息系統軟件,防止其他人非法操作;

d. 根據本企業的實際情況,由專人負責保存操作記錄,包括操作人、操作時間、操作內容和故障情況等。

(3) 安全管理。

由於電算化會計信息系統是會計學、電子信息學的綜合運用,會計傳統的核算環境、信息載體、管理模式、安全控製體系均發生了變化,而且隨著電子計算機、信息

技術的飛速發展，電算化會計信息系統安全問題是面臨的挑戰之一。如何提高會計處理的及時性、準確性、確保會計電算化的安全，充分發揮會計參與企事業單位管理決策的作用，已成為影響電算化會計信息系統實施的重要問題。

a. 硬件安全管理。

保證計算機安全運行和機房設備安全是實施電算化會計信息系統的基本條件，管理人員要經常對有關設備進行檢查、保養，發現硬件故障時，要及時做好故障分析和處理，要保持機房和計算機設備的整潔，防止意外事故的發生。

b. 軟件安全管理。

要通過數據處理與存儲控制、操作權限和密碼控制、數據加密控制等措施，保證數據的安全性和完整性；要通過日誌管理、軟件和硬件的相應控制技術，防止數據的洩露和非法修改，保證數據的真實性；要經常性地進行數據備份，防止因數據存儲故障導致數據丟失。

c. 環境安全管理。

計算機環境安全是電算化會計信息系統正常運行的核心和關鍵。常見的環境安全包括電源的控制和管理、機房空調的設置和管理、防火、防水、防塵、防濕閉塞的安裝和管理，對系統電壓、溫度、濕度等的監測和管理。

d. 計算機病毒防治管理。

計算機病毒是普通用戶能直接感受到和接觸最多的一種信息安全威脅，每年因計算機病毒而造成的損失非常大，據估計，在美國每年因計算機病毒造成的損失高達數千億美元。為防止計算機病毒的入侵，應禁止使用未經檢測的磁盤，安裝殺毒軟件並定期查殺病毒。

（4）檔案管理。

檔案管理是非常重要的會計基礎工作，必須加強領導和管理。電算化會計信息系統檔案管理的主要內容包括：

a. 電算化會計信息系統檔案包括存儲在計算機硬盤或其他介質中的會計數據以及打印出來的書面會計信息資料，包括記帳憑證、會計帳簿和會計報表等；

b. 電算化會計信息系統檔案管理是重要的會計基礎工作，要嚴格按照財政部有關規定的要求進行專人管理；

c. 對電算化會計信息系統檔案要做好防磁、防火、防潮和防塵工作，重要的檔案應複製多份，存放在不同地點；

d. 採用磁性介質保存的會計檔案，要定期檢查、複製，防止由於磁性介質損壞而造成會計檔案的丟失；

e. 電算化會計信息系統全套軟件文檔資料和程序也要視同會計電算化檔案進行保管，保管期截止到軟件停止作用或有重大更改之後的 5 年。

4.2 電算化會計信息系統維護

為了清除系統運行中發生的故障和錯誤，軟、硬件維護人員要對系統進行必要的修改與完善；為了使系統適應用戶環境的變化，滿足新提出的需要，也要對原系統做些局部的更新，這些工作稱為系統維護。系統維護的任務是改正軟件系統在使用過程中發現的隱含錯誤，擴充在使用過程中用戶提出的新的功能及性能要求，其目的是維護軟件系統的「正常運作」。這階段的文檔是軟件問題報告和軟件修改報告，它記錄發現軟件錯誤的情況以及修改軟件的過程。

4.2.1 系統維護的內容

系統維護是面向系統中各個構成因素的，按照系統維護對象的不同，系統維護的內容可分為：系統應用程序維護、數據維護、代碼維護、硬件設備維護、機構和人員的變動。

（1）系統應用程序維護。

系統的業務處理過程是通過應用程序的運行而實現的，一旦程序發生問題或業務發生變化，就必然地引起程序的修改和調整，因此系統維護的主要活動是對程序進行維護。

（2）數據維護。

業務處理對數據的需求是不斷發生變化的，除了系統中主體業務數據的定期正常更新外，還有許多數據需要進行不定期的更新，或隨環境或業務的變化而進行調整，另外還有數據內容的增加、數據結構的調整。此外，數據的備份與恢復等，都是數據維護的工作內容。

（3）代碼維護。

隨著系統應用範圍的擴大，應用環境的變化，系統中的各種代碼都需要進行一定程度的增加、修改、刪除，以及設置新的代碼。

（4）硬件設備維護。

主要是指對主機及外設的日常維護和管理，如機器部件的清洗、潤滑、設備故障的檢修、易損部件的更換等，這些工作都應由專人負責，定期進行，以保證系統正常有效地工作。

（5）機構和人員的變動。

電算化會計信息系統是人機交互系統，人工處理也佔有重要地位，人的作用占主導地位。為了使信息系統的流程更加合理，有時涉及機構和人員的變動。這種變化往往也會影響對設備和程序的維護工作。

4.2.2 系統維護的類型

系統維護的重點是系統應用軟件的維護工作，按照軟件維護的不同性質劃分為4

種類型：糾錯性維護、適應性維護、完善性維護、預防性維護。

(1) 糾錯性維護。

由於系統測試不可能揭露系統存在的所有錯誤，因此在系統投入運行後的頻繁的實際應用過程中，就有可能暴露出系統內隱藏的錯誤。診斷和修正系統中遺留的錯誤，就是糾錯性維護。糾錯性維護是在系統運行中發生異常或故障時進行的，這種錯誤往往是遇到了從未用過的輸入數據組合或是在與其他部分接口處產生的，因此只是在某些特定的情況下發生。有些系統運行多年以後才暴露出在系統開發中遺留的問題，這是不足為奇的。

(2) 適應性維護。

適應性維護是為了使系統適應環境的變化而進行的維護工作。一方面，計算機科學技術迅速發展，硬件的更新週期越來越短，新的操作系統和原來操作系統的新版本不斷推出，外部設備和其他系統部件經常有所增加和修改，這就必然要求會計電算化系統能夠適應新的軟硬件環境，以提高系統的性能和運行效率；另一方面，電算化會計信息系統的使用壽命在延長，超過了最初開發這個系統時應用環境的壽命，即應用對象也在不斷發生變化，機構的調整、管理體制的改變、數據與信息需求的變更等都將導致系統不能適應新的應用環境。如代碼改變、數據結構變化、數據格式以及輸入/輸出方式的變化、數據存儲介質的變化等，都將直接影響系統的正常工作。因此有必要對系統進行調整，使之適應應用對象的變化，滿足用戶的需求。

(3) 完善性維護。

在系統的使用過程中，用戶往往要求擴充原有系統的功能，增加一些在軟件需求規範書中沒有規定的功能與性能特徵，以及改進處理效率和編寫程序。例如，有時可將幾個小程序合併成一個單一的運行良好的程序，從而提高處理效率；增加數據輸出的圖形方式；增加聯機在線幫助功能；調整用戶界面等。儘管這些要求在原來系統開發的需求規格說明書中並沒有，但用戶要求在原有系統基礎上進一步改善和提高，並且隨著用戶對系統的使用和熟悉，這種要求可能不斷提出。為了滿足這些要求而進行的系統維護工作就是完善性維護。

(4) 預防性維護。

系統維護工作不應總是被動地等待用戶提出要求後才進行，應進行主動的預防性維護，即選擇那些還有較長使用壽命，目前尚能正常運行，但可能將要發生變化或調整的系統進行維護，目的是通過預防性維護為未來的修改與調整奠定更好的基礎。例如，將目前能應用的報表功能改成通用報表生成功能，以應付今後報表內容和格式可能的變化。

4.2.3 系統維護的程序

電算化會計信息系統的維護程序主要包括用戶提交維護申請報告、維護要求評價、編制維護報告、制定維護計劃、系統維護和測試等，如圖 4-1 所示。

圖 4-1 系統維護的程序

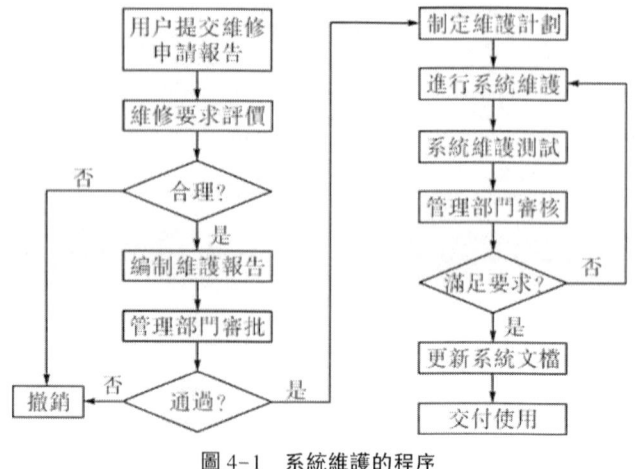

4.3 電算化會計信息系統內部控製

4.3.1 概述

（1）內部控製的概念和內涵。

內部控製，是指一個單位為了實現其經營目標，保護資產的安全完整，保證會計信息資料的正確可靠，確保經營方針的貫徹執行，保證經營活動的經濟性、效率性和效果性而在單位內部採取的自我調整、約束、規劃、評價和控製的一系列方法、手續與措施的總稱。因此，內部控製是指經濟單位和各個組織在經濟活動中建立的一種相互製約的業務組織形式和職責分工製度，它的目的在於改善經營管理、提高經濟效益，它是適應經濟管理的需要而產生的，是隨著經濟的發展而逐步完善的。最早的內部控製主要著眼於保護財產的安全完整、會計信息資料的正確可靠，側重於從錢物分管、嚴格手續、加強復核方面進行控製。隨著商品經濟的發展和生產規模的擴大，經濟活動日趨復雜化，才逐步發展成近代的內部控製系統。

根據控製的對象不同，內部控製可分為內部管理控製和內部會計控製。內部管理控製主要是採用財務會計以外的方法對管理系統進行的控製。內部管理控製涉及組織機構的設置，以及經營效率、管理方針的執行和與財務記錄有間接聯繫的各種方法和程序。這些方法和程序一般包括統計分析、質量控製、生產控製、員工培訓計劃、管理組織機構和組織人事控製等各方面。內部會計控製是企業內部控製的核心，包括保護資產安全、保證帳目和財務報告真實性和完整性的方法、程序和組織規劃。它通過會計工作和利用會計信息對企業生產經營活動進行指揮、調節、控製，以保證實現企業效益最大化的目標。

（2）電算化會計信息系統對內部控製的影響。

在電算化會計信息系統應用條件下，企業內部控製的目標和原則並沒有大的變化，

但傳統的會計系統、組織機構、會計核算及內部控製製度發生了很大的變化，新的控製手段和技術改變了會計內部控製的工作重點、方法和措施。電算化會計信息系統對內部控製的影響主要表現在以下幾方面：

a. 對內部控製的內容和形式的影響。

在傳統的手工系統下，控製的內容主要針對經濟事項本身的交易，對於一項經濟業務的每個環節都要經過某些具有相應權限人員的審核和簽章，控製的方式主要是通過人員的職務相分離、職權不相容的內部牽制製度來實現的。而在電算化系統下，業務處理全部以電算化系統為主，出現了計算機的安全及維護、系統管理及操作員的製度職責、計算機病毒防治等新內容。另外，電算化功能的高度集中導致了職責的集中，業務人員可利用特殊的授權文件或口令，獲得某種權利或運行特定程序進行業務處理，由此引起失控而造成損失。

b. 對內部控製對象的影響。

在電算化會計信息系統下，由於會計信息的核算及處理的主體發生了變化，內部控製的對象也發生了變化。內部控製對象原來為會計處理程序及會計工作的相容性等，會計資料由不同的責任人分別記錄在憑證、帳簿上以備查驗，是以對人的控製為主。在會計電算化系統下，會計數據一般集中由計算機數據處理部門進行處理，而財務人員往往只負責原始數據的收集、審核和編碼，並對計算機輸出的各種會計報表進行分析。這樣，內部控製對象轉變為對人與計算機二者為主的控製。

c. 對內部控製實現方式的影響。

手工會計系統的內部控製是以人工控製來實現的。電算化會計信息系統的內部控製則具有人工控製與程序控製相結合的特點。電算化會計信息系統的許多應用程序中包含了內部控製功能，這些程序化的內部控製的有效性取決於應用程序。如果程序發生差錯，由於人們對程序的依賴性以及程序運行的重復性，增加了差錯反覆發生的可能性，使得失效控製長期不被發現，從而使系統在特定方面發生錯誤或違規行為的可能性加大。

d. 對會計數據和信息控製的影響。

手工會計系統中嚴格的憑證製度，在電算化會計信息系統中逐漸減少或消失，憑證所起到的控製功能弱化，使部分交易幾乎沒有「痕跡」，給控製帶來一定的難度。在電算化會計信息系統下，原先會計業務處理過程的憑證、匯總表、分類表等書面檔案資料被計算機自動生成的會計信息以電磁信號的形式存儲在磁性介質中（如光盤、硬盤等），是肉眼不可見的，很容易被刪除或篡改而不會留下痕跡；另外，電磁介質易受損壞，加大了會計信息丟失或毀壞的危險。

e. 對計算機網路控製的影響。

網路技術無疑是目前 IT 發展的方向，電算化會計信息系統也不可避免受到其深遠的影響，特別是 Internet 在財務軟件中的應用對電算化會計信息系統的影響將是革命性的。目前財務軟件的網路功能主要包括遠程報帳、遠程報表、遠程審計、網上支付、網上催帳、網上報稅、網上採購、網上銷售、網上銀行等，實現這些功能就必須有相應的控製，從而形成電算化會計信息系統內部控製的新問題。

(3) 電算化會計信息系統內部控製的意義。

會計系統的有效運行離不開一個健全、有效的內部控製機制。內部控製是單位為提高會計信息質量，保證資產的安全和完整，確保有關法律法規與規章製度的貫徹執行而制定並實施的一系列控製方法、措施和程序。內部控製製度在會計電算化環境下，更具有舉足輕重的作用。只有建立健全電算化會計信息系統應用環境下的內部控製，才能提高會計的分析決策能力，為管理者提供所需的經濟信息，更好地實現其管理和決策的職能；才能防止浪費和舞弊行為，保護財產物資的安全性和完整性；才能建立科學的崗位責任制，協調各部門的工作，強化管理，提高管理水平及管理人員素質；才能利於審計及其他部門開展工作，推動現代審計的發展；才能提高會計工作質量，增強各種信息輸出和財務報告的可信度、可靠性；才能使諸如《會計法》《企業會計準則》《會計電算化工作規範》等得以貫徹執行；也才能確保會計電算化環境下各單位經濟活動能夠正常、安全、有效地進行。所以，健全和完善內部控製製度是建立現代企業製度的內在要求，也是提高企業競爭能力的重要途徑。

電算化會計信息系統內部控製的意義具體表現在以下幾方面：

a. 保護資產和資源的安全。

如果一個單位經常出現資產被盜或資源流失的現象，就足以說明該單位缺乏有效的內部控製製度。因此，建立健全的內部控製製度，採取必要的控製措施，既可防止貪污腐敗行為發生，又可保護企業資產和資源的安全完整。

b. 保證會計信息的準確、完整和可靠。

保證會計信息的準確可靠，不僅是企業改善內部經營管理的需要，也是企業外部有關部門的需要。建立適當的內部控製製度，可以為決策者提供準確可靠的會計信息，進而提高決策的正確性。

c. 有效地考核、評價各部門的工作業績。

制定必要的內部控製製度，明確職責分工，一方面有利於該部門或企業各項方針政策的貫徹執行，另一方面也為考核和評價各部門甚至每個職工的工作業績提供依據。這不僅有利於進一步調動各方面的積極性，做到獎罰分明，而且也為主管人員用時調整和改進各項工作提供依據。

d. 促進經濟效益的提高。

根據企業或事業單位總體目標建立的包括組織結構、方法程序和內部審計在內的內部控製，其最終目的在於促進企業或事業單位的經營管理活動的合理化，改善經營管理，提高經濟效益。

4.3.2 內部控製的設計原則

電算化會計信息系統內部控製的設計原則主要包括有效性原則、全面性原則、相互牽制原則、成本效益原則、領導重視原則、遵循有關法律法規及切合企業實際的原則。

(1) 有效性原則。

設計電算化會計信息系統內部控製製度 的就是規範管理行為，保證企業經營

目標的實現。電算化會計信息系統內控製度的設計必須以「有效」為前提，內部會計控製製度應當約束企業內部涉及會計工作的所有人員，任何個人都不得擁有超越內部會計控製的權利，如不能因為企業的規模小，讓管理者個人行為隨意影響企業會計工作的有序進行等，盡量做到內控環節不宜過長而又環環相扣，使人操作起來切實有效；必須有利於控製和檢查，具有瞭解控製製度執行情況的手段和途徑，同時要根據執行情況和管理需要不斷完善，以保證內控製度更加適應管理需要，提高工作質量，提升工作效果。

（2）全面性原則。

內部會計控製應當涵蓋企業內部涉及會計工作的各項經濟業務及相關崗位，並針對業務處理過程中的關鍵控製點，落實到決策、執行、監督、反饋等環節，如憑證控製、實物資產控製等。除此之外還應嚴格貫徹帳、錢、物分管，任何一項經濟業務都要按照既定的程序和手續辦理，多人經手，共同負責，努力克服貨幣資金、財產物資及有關帳簿的管理混亂現象，防止企業資產的流失。特別是企業的現金和銀行存款業務，每日終了，應及時計算當日收入、支出合計數和結存數，逐日逐筆進行日記帳登記；月份終了，日記帳餘額必須與有關總帳餘額核對相符，做到日清月結。同時，對財產物資進行定期或不定期清查，隨時反應帳面數與實存數，保證帳實相符。這樣能夠防止貪污盜竊行為的發生，保障企業財產的安全。

（3）相互牽制原則。

牽制原則即一項完整的經濟業務活動，必須經過具有互相制約關係的兩個或兩個以上的控製環節方能完成。在橫向關係上，至少由彼此獨立的兩個部門或人員辦理以使該部門或人員的工作受另一個部門或人員的監督。在縱向關係上，至少經過互不隸屬的兩個或兩個以上的崗位或環節，以使下級受上級監督，上級受下級牽制。另外各部門或人員必須相互配合，各崗位和環節都應協調同步。例如，應避免一個人對某一項業務可以單獨處理或有絕對控製權，而必須經過其他人或部門的審查、核對，以最大限度地減少錯誤和舞弊等現象的發生。協調配合原則是相互牽制原則的深化補充。貫徹這一原則，尤其要避免只管牽制而不顧辦事效率的機械做法，而必須做到既相互牽制又相互協調，從而在保證質量、提高效率的前提下完成經營任務。內部控製應當保證單位內部機構、崗位及其職責權限的合理設置和分工，堅持不相容職務相互分離，確保不同人員和崗位之間權責分明、相互制約、相互監督。當然，中小企業由於人員有限，不可能像大企業那樣設置各種相互牽制的崗位，但可以根據需要，採取相互復核、定期檢查或指定專人審核的辦法。

（4）成本效益原則。

企業內部會計控製的任何分工、審核、制衡，都必須考慮是否符合成本效益原則，如果分工和制衡的成本高於其效益，則不應當採用該項控製。斷定一項控製是否有效，應當站在企業整體利益的角度上考慮。儘管一些控製方法會影響工作效率，但對整個企業來講，如果不採用，可能對企業造成更大的損失，所以仍應實施該項控製。雖然內部會計控製面向企業內部的各項經濟業務、各個部門和各個崗位，但這樣並非意味著控製點越多越好，控製點的設置必須考慮到成本與效益之間的關係，力爭以合理的

成本達到最佳的控製效果。

(5) 領導重視原則。

這裡提出領導重視，絕不是空談，因為內部控製的成敗很大程度上決定於領導的重視和執行程度。從某種程度上來說，加強內部控製，實際上是加強對企業實際經營管理者的控製。但有些管理者對內部控製很不重視，不領導組織建立企業內部控製製度，導致企業缺乏明確的內部控製程序和標準；有的雖然建立了內部控製製度，但內容上很不健全，較重視供產銷環節的控製而忽視內部控製結構的整體協調，較重視對實物的控製而忽視對人員的控製；經濟往來疏於管理，造成資產不清、債權債務不實。

(6) 遵循有關法律法規及切合企業實際的原則。

企業內控製度設計要遵循國家統一的規定，要充分考慮企業自身的生產經營特點和要求，使其具有較強的可操作性。凡是可由企業自主選擇的財務事項，企業應根據國家統一規定並結合企業自身的生產規模、經營方式、組織形式等方面的實際情況做出具體規定。有的企業業務量較小，會計核算只能採用集中核算方式，即會計機構統一辦理。在職責劃分上應注意不相容職務的分離，如出納與稽核的分離，出納與總帳、明細帳的分離。

4.3.3 電算化會計信息系統內部控製的內容

企業的內部控製是為了保證業務活動的有效進行，保護資產等的安全和完整，保證各項信息及資料真實、合法、完整，而制定和實施的政策與程序。會計電算化內部控製與企業內部控製的目標是一致的，但從控製對象、控製範圍和控製方法上都有變化。會計電算化內部控製內容包括一般控製、應用控製和內部審計控製三大類。

(1) 一般控製。

亦稱管理控製，是面向整個電算化會計信息系統而進行的控製，指的是對電算化會計信息系統的組織、開發、應用環境及系統與文檔安全等方面進行的控製，它主要包括組織控製、系統開發與維護控製、系統工作環境控製、系統安全控製和文檔控製等。

a. 組織控製。

所謂組織控製就是將系統中不相容的職責進行分離，通過相互稽核、相互監督和相互制約的機制來減少錯誤和舞弊的可能，保證會計信息真實、可靠，其目標是減少發生錯誤和舞弊的可能性，其基本要求是職責分離，其主要內容包括數據處理部門與使用部門的職責相互分離，數據處理部門內部的職責分離和數據處理部門之外有檢查和控製其活動的部門或領導等。企業實行電算化會計信息系統後，應對原有的組織機構進行調整，以適應計算機系統要求。會計工作崗位可分為基本會計崗位和電算化會計崗位。基本會計崗位與原手工系統基本保持不變。電算化崗位一般可分為系統管理、系統操作、憑證審核、系統維護等，這些崗位也可以由基本會計崗位的會計人員來兼任，但必須對職權不相容的崗位進行明確分工，不得兼任，同時各崗位人員要保持相對穩定。

b. 系統開發與維護控製。

系統開發控製是為了保證計算機電算化會計信息系統開發質量而在開發過程中合理設置的控製。因為系統開發一般要經歷系統分析、系統設計、程序設計、系統測試和系統維護等階段，相應地，系統開發的控製措施主要包括系統分析控製、系統設計控製、程序設計控製、系統測試控製、系統試運行控製和系統運行控製等。系統的維護控製指的是日常為保障系統正常運行而對系統軟硬件進行的安全維護、修正、更新、擴展和備份等方面的工作，也包括掌握網路服務器以及數據庫的超級口令，對網路運行狀態和數據處理結果的監控，保障系統在安全的環境下運行。系統的硬件設備和軟件性能的高低、質量的優劣、性能處理的強弱，直接關係到會計電算化信息系統處理過程的準確和可靠性。健全硬件的檢查和軟件系統維護製度，加強系統的維護控製，能夠為企業的電算化會計信息系統運行創造良好的環境。

c. 硬件及系統軟件控製。

硬件控製，又稱設備控製，是由計算機生產廠家在計算機設備中實現的控製功能或技術手段。它一般包括奇偶校驗、重復處理校驗、回波校驗、設備校驗和有效性校驗等。系統軟件控製是利用系統軟件如操作系統、數據庫管理系統而實現的控製。它一般包括錯誤處理，程序保護，文件保護和系統接觸控製等功能。電算化會計信息系統不論是自行開發還是購買商品化軟件，必須符合國家和有關部門的標準和規範，系統軟件使用實行「一審二測三使用」的原則。在使用會計軟件前首先必須向管理部門申請審批；其次對通過審批的會計軟件進行測試檢驗，檢測所採用的會計軟件是否符合會計製度要求；最後檢查系統各功能模塊的設計是否合理和適用，程序的設計是否可靠，生成的會計信息是否合法、是否滿足管理、決策需要，系統是否具有可審計性等等。軟件的實用化、規範化、合法化，是加強電算化會計信息系統內部控製的基礎和保證。

d. 系統安全控製。

它是為保證計算機系統資源的實物安全，保障系統正常運轉而採取的各種控製措施。它一般包括硬件安全控製、軟件與數據的安全控製、環境安全控製和防病毒防「黑客」襲擊控製等。硬件安全控製主要通過制定計算機和設備使用製度、健全硬件檢查與維修製度及營造良好機房環境等實現。軟件與數據的安全控製包括軟件的設計控製、數據的自動核對、校驗、備份等。電算化會計信息系統軟件設計時要有身分辨認機制，以便對不同權限的人進行選擇性登錄。電算化會計信息系統軟件可以利用數字簽名技術明確電子憑證的責任人，為無紙化憑證奠定基礎。電算化會計信息系統軟件能在網路傳輸時以密文形式發送以保持數據的完整性和保密性，並通過網路會計軟件的端口保護技術來保證遠程處理的安全。電算化會計信息系統是處於網路這個特殊環境下的，所以網路環境是否安全對會計信息的安全性有很大的影響。電算化會計信息系統要求對操作系統的安全進行控製，對防火牆的安全進行控製，對網路通信和傳輸安全進行安全控製，對網路硬件的安全進行控製，對網路物理通道的安全進行控製。同時，為了保證會計電算化的安全，還必須安裝防病毒軟件，加強對病毒和黑客的防範。

e. 系統文檔控製。

系統文檔包括計算機電算化會計信息系統中的憑證、帳簿、報表及有關軟件技術文件，如系統可行性報告、系統分析與設計說明書、程序流程圖、系統調試與測試分析報告和操作手冊等。這些資料對系統及其控製都做了詳盡的描述，因此要建立文檔管理及安全保密製度。如文檔應由專人保管，只有經批准的人才能接觸系統文檔資料等。同時，要定期備份系統中的磁盤文檔，防止意外事故使文檔遭受破壞；要按照規定保管好貯存在磁帶、磁盤、光盤等介質上的會計檔案。

（2）應用控製。

應用控製是指對計算機電算化會計信息系統中具體的數據處理功能的控製。它一般包括輸入控製、處理控製和輸出控製三個方面，它們都由計算機程序來控製。

a. 輸入控製。

除對操作人員明確職責以外，還應當用計算機程序來控製，目的是控製有意無意的憑證插入或遺漏。在程序設計時，機內憑證由計算機自動連續順序編號，輸入憑證由人工編制，兩者互相核對。數據輸入的正確性和可靠性是保證會計信息準確性的最主要環節。數據處理的準確性完全依賴數據輸入的準確性，所以對系統的初始化數據輸入和日常操作過程都必須規範化，職責明確化。數據輸入不僅要重視會計審核崗位工作，還應進一步加強復核審查工作，加強復核崗位設置，做到會計工作處理環節事前控製，盡量避免人為因素造成的錯誤。採用校驗碼控製、合計數控製、平衡校驗、符號校驗等方法對輸入數據進行驗證，層層把關，最大限度減少和消除人為操作失誤，達到從源頭杜絕錯誤發生（事前控製），保證會計信息質量的準確性、完整性和可靠性。對計算機業務的刪除和修改設置責任控製，已錄入的憑單非操作本人無權進行修改和刪除；錄入的憑單經復核後，錄入人無權私自進行修改；對會計數據必須進行修改的，設置痕跡控製、日誌控製；記帳後的憑證不提供修改功能……這些都能很好地避免非法篡改、刪除和舞弊違法行為的發生。

b. 處理控製。

處理控製是對計算機系統進行的內部數據處理活動的控製。為保證數據輸入或運行的真實性、準確性，處理控製完全由計算機程序來自動完成。一般情況下，數據處理程序包括單項處理和批處理。數據處理不但要注意會計帳務處理過程中帳、證、表之間的數據對應關係，而且要預防數據的重復或漏算。要鑑別部門、項目、科目等代碼設置的有效性，檢查輸入記錄和文件記錄數據及其他功能設計的合理性。要使會計系統能夠按照設計的程序控製和要求運行，保證數據處理的準確性。

c. 輸出控製。

數據的輸出控製也稱反饋控製，它是為了保證系統輸出會計信息的準確、完整而進行的控製。電算化會計信息系統的數據輸出應嚴格管理，在設置時，增設若干控製點。數據輸出分為兩類：打印紙質輸出和以磁性介質輸出。但兩類數據輸出都必須由有輸出權限的人在授權範圍內進行。與計算機會計系統有關的數據資料應及時輸出存檔，存檔資料及時輸出打印保存。一般來說，各類帳簿紙質輸出與輸出的憑證和原始

憑據核對，以保證數據輸入和數據輸出的一致性和完整性。包括憑證、帳簿和報表的編號是否連續，內容是否完整，數據是否對應、真實。通過對各類帳簿的核對不僅可以及時發現存在的漏洞，查找分析問題的根源，還能夠防止利用計算機進行舞弊的行為。磁性介質保存必須以系統源數據為依據進行備份，選擇優質的磁性介質或光盤及時備份，重要數據要雙重備份，建立數據備份和恢復製度。完善電算化會計信息系統對數據的輸出控製，做到有打印日誌控製、預覽控製、打印記錄控製和權限責任控製。

(3) 內部審計控製。

內部審計既是內部控製的不可缺少的組成部分，也是強化內部監督的製度安排。隨著電算化會計信息系統的全面推廣，建立電算化會計信息系統內部控製製度，加強電算化會計信息系統內部審計，具有十分重要的意義。

a. 逐步完善電算化會計信息系統審計。

目前，儘管越來越多的企業已實現了會計電算化，但對電算化會計信息系統進行監督的審計系統還不完善。各單位應不斷完善審計技術，開發電算化會計信息系統審計技術，在電算化系統內部設置審計接口，嚴格控製使用權限，建立適合本單位特點的審計系統，以計算機輔助審計，逐步實現審計電算化，達到會計和審計同步發展，相互配合、相互制約，提高企業的財務管理水平，逐步完善會計電算化系統的內部控製功能。

b. 完善內部審計監督與評價。

電算化會計信息系統的應用，使得內部審計除了常規的手工審計外，還需加強電算化信息各環節的審查和監督，執行監督檢查權，防止差錯和漏洞，參與系統控製功能的研究與設計。一是審查系統硬件設備和機房等環境設施，使其能夠支持系統的各項功能安全運行。二是對系統軟件的質量和適用性進行審察，實行先審後用。三是檢查電算化會計信息系統內部控製製度是否健全及具體實施的情況。四是對日常會計業務、運行工作情況進行監督檢查，包括會計人員組織和崗位設置是否符合內部牽制的原則；各項經濟業務的審批程序是否健全，原始憑證是否符合要求，系統處理程序是否規範；審查電算化會計信息系統內的數據和業務發生時的原始數據與輸出的書面資料數據是否一致；審查會計檔案數據的存貯和保存方式是否安全。

充分利用內部審計機構所具備的職能，建立嚴格的內審評價製度，在對電算化會計信息系統的調查、觀察、詢問和進一步測試檢查的基礎上，對存在問題做出恰當的評價，並對內部控製過程中的問題及時做出反應，提出改進措施，重點是對主要環節採取的改正措施。通過內部審計、評價、分析能夠及時發現和解決問題，能夠防止串通舞弊、規避風險、保護高校資產安全、提高高校管理水平。完善電算化會計信息系統內部控製製度，實現電算化會計信息系統內部控製目標。

c. 強化內部審計隊伍建設。

內部審計效能的發揮與審計隊伍的素質有很大關係，因此應該重視審計隊伍的建設。企業實施電算化會計信息系統後，內部審計工作的重心要轉移到對「內部控製製度」的模式上來，這就要求應更加強對內部審計隊伍的建設。提高審計效率，還要不

斷地優化審計人員的知識結構，提高審計人員的素質。審計人員應不斷豐富自己的業務知識，提高業務水平，還要掌握和運用電算化審計手段，具有科學管理手段，改變傳統的審計觀念，熟悉財經法律、法規和規章製度以及電算化核算規範，適應新時代的要求。審計人員只有整體素質提高了，才能擔當起會計電算化審計監督的重任，加強和完善電算化會計信息系統控製。

第 5 章 電算化會計信息系統實務管理

電算化會計信息系統軟件可以採用購買商品化軟件、自行開發、委託開發等方式獲得。由於中國商品化電算化會計信息系統軟件的應用已經從嘗試、完善發展到如今的普及，熟悉和掌握常用商品化電算化會計信息系統軟件的功能和操作已經成為現代會計工作的基礎。常用的電算化會計信息系統軟件有用友、金蝶、浪潮、SAP 等，雖然各具特色，但總體目標和基本功能一致。本書以用友 ERP-U8 軟件為基礎進行實務教學。

5.1 系統的基本功能

作為中國企業最佳的會計電算化應用平臺，用友 ERP-U8 傳承了「精細管理，敏捷經營」的設計理念，符合「效用、風險、成本」的客戶價值標準，代表了「標準、行業、個性」的成功應用模式。它涵蓋了會計核算、財務管理、工資管理、固定資產管理、往來帳款管理、供應鏈管理等多個應用領域，蘊涵了豐富的先進管理模式，充分體現了各行業最佳的業務實踐，能完全滿足行業的深層次管理需求。用友 ERP-U8 由財務系統、購銷存管理系統、決策支持系統、行業集團管理系統等多個系統構成，每個系統間相互聯繫、數據共享，從而可以實現業務、財務一體化的管理目的。

用友 ERP-U8 是一款集成化會計電算化軟件，包括多個子系統，其主要功能模塊包括總帳管理子系統、報表管理子系統、工資管理子系統、固定資產管理子系統、應收款管理子系統、應付款管理子系統、採購管理子系統、銷售管理子系統、庫存管理子系統、存貨核算子系統、財務分析及企業應用集成等（如圖 5-1）。

（1）總帳管理。

總帳管理是適用於各類企業進行憑證處理、帳簿管理、個人往來款管理、部門管理、項目核算和出納管理的子系統。該子系統的主要功能是：

①由用戶根據需要建立財務應用環境。包括自由定義科目代碼長度、科目級次，增加、刪除或修改會計科目，自定義憑證類別、憑證格式，進行部門、個人、客戶、供應商的輔助核算等。

②嚴密的製單控製。製單時提供資金赤字控製、支票控製、預算控製、外幣折算誤差控製，提供查看科目最新餘額功能，自動計算借貸方差額。

③細緻的權限控製。包括部門輔助核算的製單、查詢權限，憑證類別製單、查詢權限，客戶、供應商、項目、個人的製單、查詢權限，憑證製單的金額權限等。

④提供常用憑證和憑證紅字對沖功能。

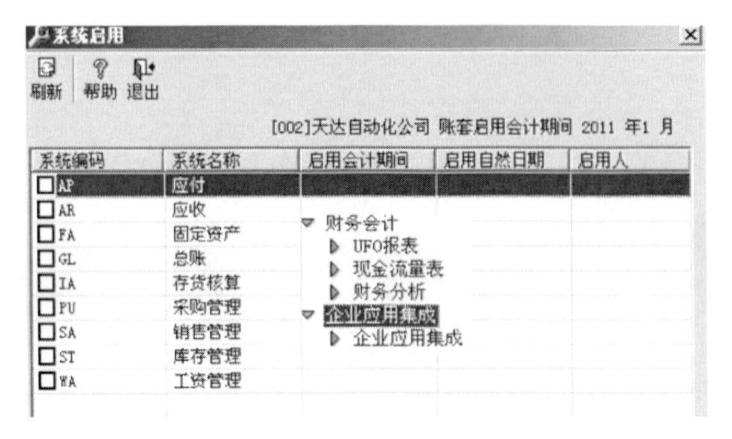

圖 5-1　ERP-U8 的主要功能模塊

⑤查詢功能。提供明細帳、總帳、憑證、原始單據聯查功能，提供查詢帳簿功能，並可查詢包含未記帳憑證的各種帳表。

⑥自動完成月末分攤、計提、對應轉帳、銷售成本、匯兌損益、期間損益結轉等業務，靈活的自定義轉帳功能可滿足各類業務的轉帳需要。

（2）工資管理。

工資管理是適用於各類企業進行工資核算、工資發放、工資費用分攤、工資統計、分析和個人所得稅核算的子系統。它與總帳系統聯合使用，可以將工資憑證傳遞到總帳中；與成本系統聯合使用，可以為成本系統提供人工費用資料。其主要功能是：

①支持「計件工資」核算模式，支持網上銀行。

②支持多套工資核算，自定義工資套核算幣種。

③支持工資數據上報與收集，提供處理個人所得稅、銀行代發功能。

④支持個人所得稅自動計算申報功能。

⑤月末自動完成工資分攤、計提、轉帳業務。

⑥明細的工資統計、分析報表業務處理。

（3）固定資產管理。

固定資產管理是適用於各類企業進行設備管理、折舊計提的子系統，可用於進行固定資產總值、累計折舊數據的動態管理，協助設備管理部門做好固定資產實體的各項指標的管理、分析工作。其主要功能是：

①可處理各種資產變動業務，包括原值變動、部門轉移、使用狀況變動、使用年限調整、折舊方法調整、淨殘值（率）調整、工作總量調整、累計折舊調整、資產類別調整等。

②提供對固定資產的評估功能，包括對原值、累計折舊、使用年限、淨殘值率、折舊方法等的評估。

③提供自動計提折舊功能，並按分配表自動生成記帳憑證。

④提供「固定資產卡片聯查圖片」功能，在固定資產卡片中能聯查掃描或數碼相機生成的資產圖片，以便管理得更具體、更直觀。

⑤固定資產多部門使用、分攤的處理功能。一個資產選擇多個「使用部門」，並且當資產為多部門使用時，累計折舊可以在多部門間按設置的比例分攤。

⑥提供「固定資產到期提示表」，用於顯示當前期間使用年限已到期的固定資產信息，以及即將到期的資產信息。

（4）應收款管理。

應收款管理子系統著重實現企業對應收款所進行的核算與管理，以發票、費用單、其他應收單等原始單據為依據，記錄銷售業務以及其他業務所形成的應收款項，處理應收款項的收回與壞帳、轉帳等業務，同時提供票據處理功能，實現對承兌匯票的管理。其主要功能是：

①發票和應收單的錄入、客戶信用的控製、客戶收款的處理、現金折扣的處理、單據核銷的處理、壞帳的處理、客戶利息的處理等業務處理功能。

②提供應收款帳齡分析、欠款分析、回款分析等統計分析，提供資金流入預測功能。

③提供應收票據的管理，處理應收票據的核算與追蹤功能。

④提供各種預警，幫助用戶及時進行到期帳款的催收，以防止發生壞帳，信用額度的控製有助於用戶隨時瞭解客戶的信用情況。

⑤提供功能權限的控製、數據權限的控製來提高系統應用的準確性和安全性。

⑥提供票據的跟蹤管理，用戶可以隨時對票據的計息、背書、貼現、轉出等操作進行監控。

（5）應付款管理。

應付款管理子系統著重實現企業對應付款進行的核算與管理，以發票、費用單等原始單據為依據，記錄採購及其他業務所形成的往來款項，處理應付款項的支付、轉帳等業務，同時提供票據處理功能，實現對承兌匯票的管理。其主要功能是：

①提供發票和應付單的錄入、提供向供應商付款的處理、及時獲取現金折扣的處理、單據核銷處理等業務處理功能。

②提供應付款帳齡分析、欠款分析等統計分析，提供資金流出預算功能。

③提供應付票據的管理，處理應付票據的核算與追蹤功能，提供兩種匯兌損益的方式，即外幣餘額結清時計算和月末計算兩種方式。

④提供票據的跟蹤管理，可以隨時對票據的計息、結算等操作進行監控。

⑤提供結算單的批量審核、自動核銷功能，並能與網上銀行進行數據的交互。

⑥提供總公司和分銷處之間數據的導入、導出及其服務功能，為企業提供完整的遠程數據通信方案。

（6）UFO 報表管理。

UFO 是一個靈活的報表生成工具，用戶可以自由定義各種財務報表、管理匯總表、統計分析表。它可以通過取數公式從數據庫中挖掘數據，也可以定義表頁與表頁以及不同表格之間的數據勾稽運算、製作圖文混排的報表。其主要功能是：

①多種財務報表模板。提供 21 個行業的財務報表模板，可輕鬆生成復雜報表，並提供自定義模板功能。

②強大的數據透視功能。數據採集、匯總及獨有的數據透視功能，可將幾百張報

電算化會計信息系統

表數據按條件取到同一頁面顯示，以方便數據對比分析。

③強大的數據處理功能。一個報表能同時容納 99,999 張表頁，每張表頁可容納 9,999 行和 255 列。

④開放的報表系統。可直接打開和保存成多種格式的文件，如文本、dBASE、Access 數據庫、Excel 和 Lotus 1-2-3 電子表格，並提供同其他財務軟件報表引入和引出的接口。

⑤報表數據接口。提供了對用友 ERP 其他業務模塊的取數函數與統計函數。它可以獨立運行，也可以內嵌在其他軟件中運行，並按照定義的指標從用友 ERP 中取數並完成報表的顯示、保存和打印。

5.2 系統的基本操作與操作流程

5.2.1 基本操作

（1）使用功能按鈕操作（表 5-1）。

表 5-1　　　　　　　　　　常用的功能按鈕

圖標	圖標名稱	圖標	圖標名稱	圖標	圖標名稱
	設置		保存		全消
	打印		另存		全選
	批打		放棄		製單、憑證
	預覽		作廢		查詢
	輸出		審核		過濾
	增加		棄審		定位
	修改		批審		排序
	刪除		批棄		單據
	增行		查審		刷新
	刪行		關閉		欄目、格式
	插行		打開		計算、分攤
	切換		批關		結算、現結
	摘要		批開		小計
	複製		記帳		匯總
	幫助		退出		日曆

（2）使用鼠標右鍵操作。

為了便於用戶進行快捷操作，系統還提供了豐富的右鍵快捷操作功能。只要用戶點擊鼠標右鍵，系統就會彈出與當前位置有關的快捷菜單。

（3）使用功能鍵操作（表5-2）。

表5-2　　　　　　　　　　　　常用的功能鍵及作用

功能鍵	作用
<Alt>+菜單字母	用來選擇菜單，激活菜單上的指定菜單項
<Tab>	在對話框中各個選項之間或在錄入的數據項間正向轉換
<Shift+Tab>	在對話框中各個選項之間或在錄入的數據項間逆向轉換
<Esc>	輸入時，放棄已輸入內容；在對話框時等同於取消按鈕
<PageUp>	數據處理時，到上一屏
<PageDown>	數據處理時，到下一屏
<Home>	數據處理時，到本行的開始
<End>	數據處理時，到本行的末尾
<←Backspace>	刪除當前光標前一個字符
<Del>	輸入時，刪除當前光標所在字符。如果輸入項被全部選中則刪除輸入項全部內容
Enter	對話框的確認鍵，數據錄入的回車鍵（錄完一數據項後進入下一數據項可按Enter也可按Tab鍵）

（4）使用快捷鍵操作（見表5-3）。

表5-3　　　　　　　　　　　　常用的快捷鍵及作用

快捷鍵	作用	快捷鍵	作用
F1	幫助	PageUp	上一個/張
F2	參照	ALT+PageUp	第一個/張
F3	查詢	PageDown	下一個/張
Ctrl+F3	定位	ALT+PageDown	末一個/張
F5	增加	Ctrl+I	增行
F6	保存	Ctrl+D	刪行
F7	會計日曆	Ctrl+X	剪切
F8	成批修改	Ctrl+C	複製
F9	計算器	Ctrl+V	粘貼
F10	激活菜單	Ctrl+P	打印
F11	記事本	Ctrl+F4	退出當前窗口

表5-3(續)

快捷鍵	作用	快捷鍵	作用
F12	顯示命令窗	ALT+F4	退出系統
delete	刪除		

5.2.2 操作流程

用友 ERP-U8 的系統操作流程（如圖 5-2 所示）可分為五個層次。第一個層次是「以系統管理員 Admin 的身分註冊進入系統管理」→「新建帳套並設定帳套主管」→「增加角色、用戶並設置權限」→「以帳套主管身分登錄並設置帳套參數」。第二個層次是「進入企業門戶」→「系統啟用、基礎設置、建立基礎檔案」→「啟動各子系統」→「錄入期初餘額」。第三個層次是「日常業務處理」→「月末結帳」。第四個層次是「數據備份」→「打印各種帳簿」。第五個層次是「建立下一年度帳」→「調整帳套數據、基礎信息、期初餘額」。

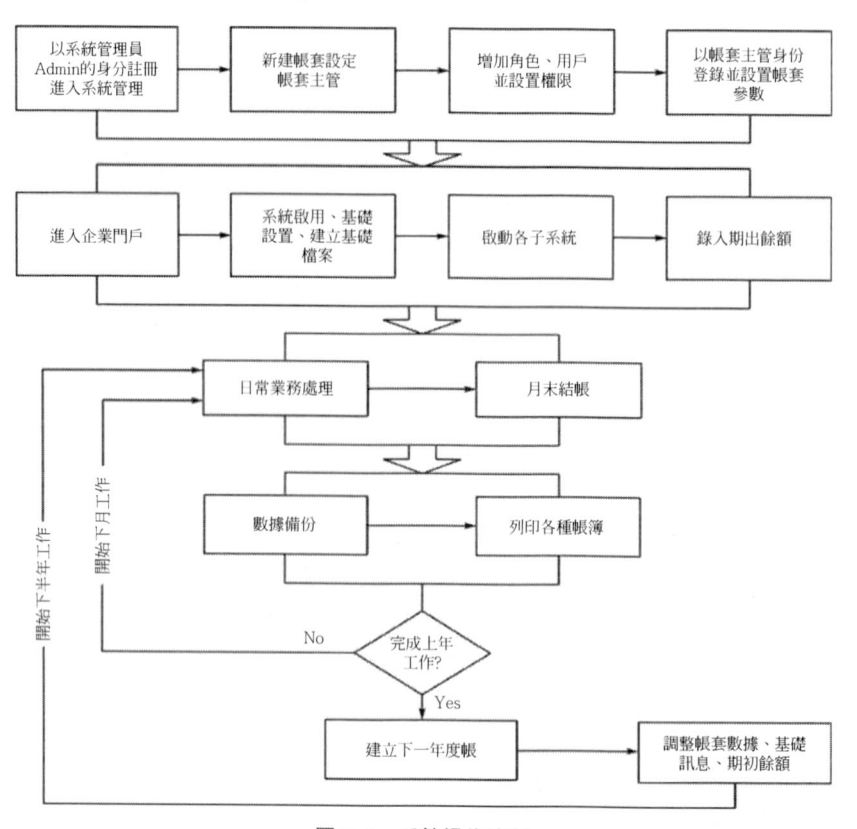

圖 5-2　系統操作流程

5.3 系統管理

用友 ERP-U8 普及版會計電算化軟件由多個模塊組成，各個模塊之間能夠相互聯繫和進行數據共享，對於企業的資金流、物流、信息流的統一管理和實時反應提供了有效的方法和分析工具。這就要求這些模塊具備公用的基礎信息，擁有相同的帳套和年度帳，操作員和操作權限集中管理並且進行角色的集中權限管理，業務數據共用一個數據庫。為了實現一體化管理，系統需要對帳套進行建立、修改、刪除和備份，對操作員進行建立，對角色進行劃分和權限分配。

5.3.1 系統管理的主要功能

系統管理是一個一體化操作管理平臺，它可以對企業信息化管理人員進行方便的管理，及時的監控，並隨時掌握企業的信息系統狀態。系統管理的使用對象為企業的信息管理人員（即系統管理員 Admin）或帳套主管。系統管理是對用友 ERP-U8 管理軟件的各個子系統進行統一的操作管理和數據維護，它的主要功能是：

（1）對帳套進行統一管理。系統管理可以實現帳套的建立、修改、引入和輸出以及刪除等；

（2）對操作員及其功能權限實行統一管理。用友 ERP-U8 會計電算化系統設立了強有力的安全保障機制，通過系統管理可以實現用戶的增加、角色的設置和權限的設置等；

（3）自動備份數據的管理。系統管理允許設置自動備份計劃，系統根據這些設置定期進行自動備份處理，實現帳套數據的自動備份；

（4）對年度帳的管理。系統管理通過建立年度帳、引入年度帳、輸出年度帳、結轉上年數據、清空年度數據等，來管理年度帳。

5.3.2 系統管理的啓動

系統允許以系統管理員 Admin 和帳套主管兩種身分註冊進入系統管理。系統管理員負責整個系統的總體控製和維護工作，可以管理該系統中所有的帳套。以系統管理員身分註冊進入，可以進行帳套管理和操作員設置及其權限管理。帳套主管針對某個帳套的權限最大，負責所選帳套的維護工作，其擁有帳套操作的所有權限：日常業務、基礎數據維護、報表查詢等，登陸系統管理後可以對操作員進行授權，建立年度帳套和結轉年初數。以帳套主管的身分註冊進入，可以進行帳套信息的修改和所含年度帳的管理（包括年度帳的創建、清空、引入、輸出以及各子系統的年末結轉），以及操作員權限的設置。

【操作向導】

➢「開始」→「程序」→「用友 ERP-U8」→「系統服務」→「系統管理」命令，進入「系統管理」窗口（如圖 5-3）。

電算化會計信息系統

> 「系統」→「註冊」命令，打開註冊對話框。
> 在「用戶名」文本框中輸入 admin（如圖 5-3）。
> 單擊「確定」按鈕，以系統管理員身分進入「系統管理」窗口。

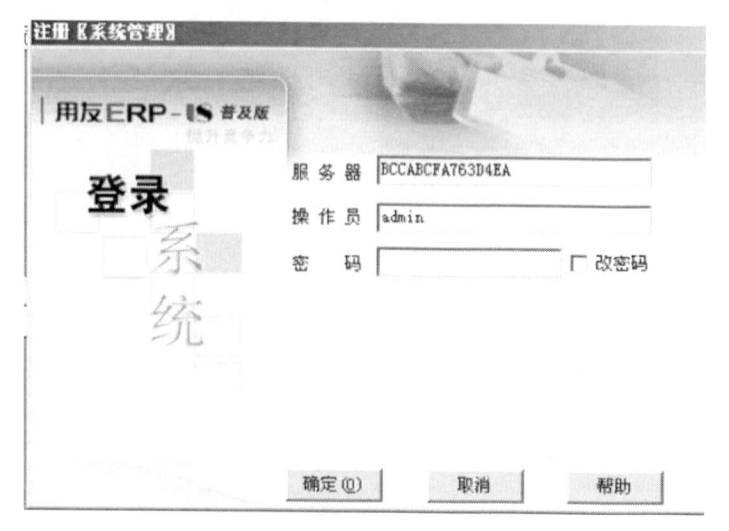

圖 5-3　系統管理員 Admin 登錄界面

5.3.3　帳套管理

帳套是由一組相互關聯的數據組成，是建立在計算機系統中的一個完整的帳簿體系。每一個企業或每一個核算部門的數據在系統內部都體現為一個帳套。在用友 ERP-U8 系統中，可以為多個企業或企業內部的多個獨立核算的部門分別建立帳套，且各帳套之間相互獨立，數據互不影響，使軟件得到最大程度的利用。系統允許建立 1~999 個帳套。系統帳套管理功能包括「建立帳套」「修改帳套」「引入帳套」「輸出帳套」「刪除帳套」。

（1）建立帳套。

建立帳套包括「輸入帳套信息」「輸入單位信息」「設置核算類型」「設置基礎信息」「設置編碼方案」「確定數據精度」。

■ 輸入帳套信息

【操作向導】

> 以系統管理員身分登錄「系統管理」窗口，執行「帳套」→「建立」命令，打開「創建帳套」對話框，輸入帳套號、帳套名稱，選擇帳套路徑，啟用會計期，進行會計期間設置，如圖 5-4 所示。

✓ 帳套號：新建帳套的編號，用來區分不同帳套數據的標示，必須唯一。用戶可輸入 001-999 之間的數字，而且不能是已存帳套中的帳套號。

✓ 帳套名稱：即新建帳套的名稱，用來標示新建帳套的信息，可輸入核算單位簡

稱，系統運行時，帳套名稱將顯示在界面最下行。

✓ 帳套路徑：帳套在計算機中的存放位置。
✓ 會計期間：指會計月份的起始日期和結帳日期。
✓ 啟用會計期：規定企業用計算機進行業務處理的起點，一旦啟用不可更改。
✓ 會計期間設置：因為企業的實際核算期間可能和正常的自然日期不一致，所以系統提供此功能進行設置。用戶在輸入「啟用會計期」後，用鼠標點擊「會計期間設置」按鈕，彈出會計期間設置界面。系統根據「啟用會計期」的設置，自動將啟用月份以前的日期標示為不可修改的部分；而將啟用月份以後的日期（僅限於各月的截止日期，至於各月的初始日期則隨上月截止日期的變動而變動）標示為可以修改的部分。用戶可以任意設置。

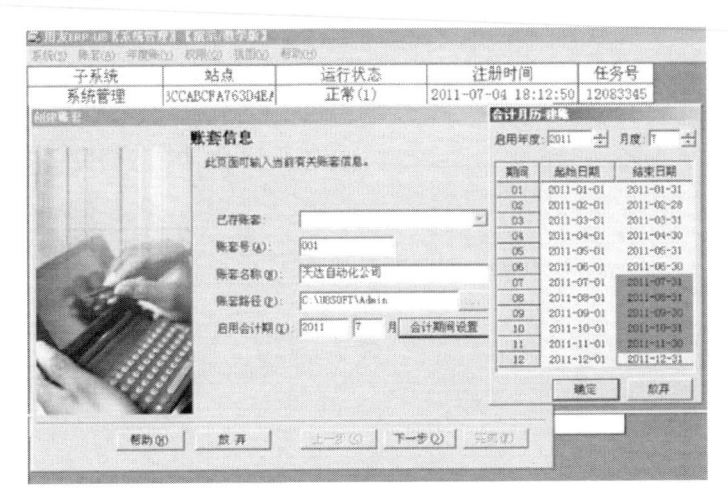

圖 5-4　輸入帳套信息界面

■ 輸入單位信息

【操作向導】

➢ 在「創建帳套——帳套信息」對話框，單擊「下一步」按鈕，打開「單位信息」對話框，輸入單位名稱、單位簡稱、單位地址、法人代表等，如圖 5-5 所示。

✓ 單位名稱：用戶單位的全稱，必須輸入，打印發票時使用。其他可根據情況輸入。

電算化會計信息系統

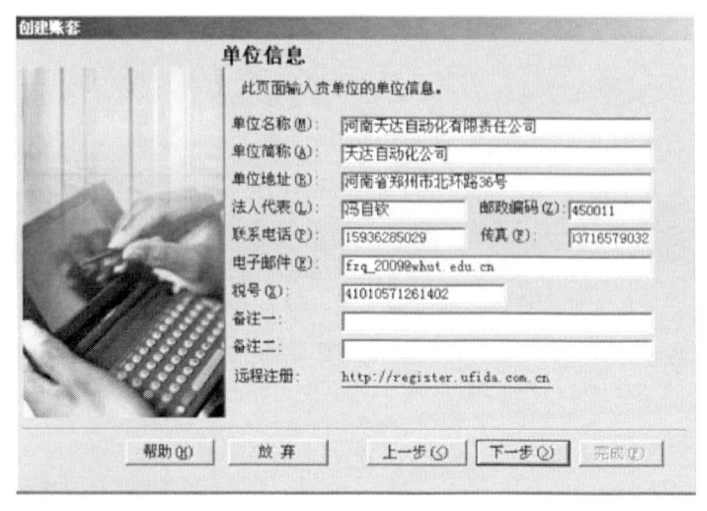

圖 5-5 輸入單位信息界面

（2）設置核算類型。

【操作向導】

➢ 在「創建帳套——單位信息」對話框，單擊「下一步」按鈕，打開「創建帳套——核算類型」對話框，輸入核算類型，包括本幣代碼、本幣名稱、行業性質、帳套主管、按行業性質預置科目等，如圖 5-6 所示。

✓ 本幣代碼：記帳本位幣代碼，人民幣為 RMB。

✓ 企業類型：分工業和商業兩種。

✓ 行業性質：表明企業所執行的會計製度，如新會計製度科目。

✓ 按行業性質預置科目：選擇該項則按行業性質提供一級和二級科目。

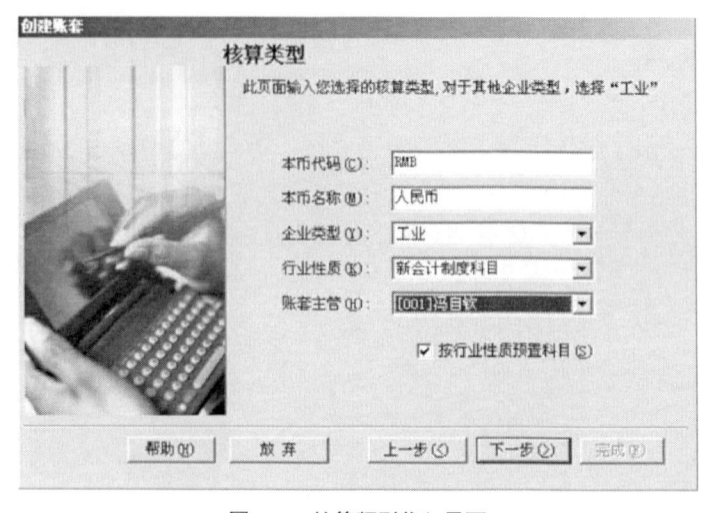

圖 5-6 核算類型錄入界面

70

■ 設置基礎信息

【操作向導】

➢ 在「創建帳套——核算類型」對話框，單擊「下一步」按鈕，打開「創建帳套——基礎信息」對話框，選中「存貨是否分類」「客戶是否分類」「供應商是否分類」「有無外幣核算」復選框，如圖5-7所示。

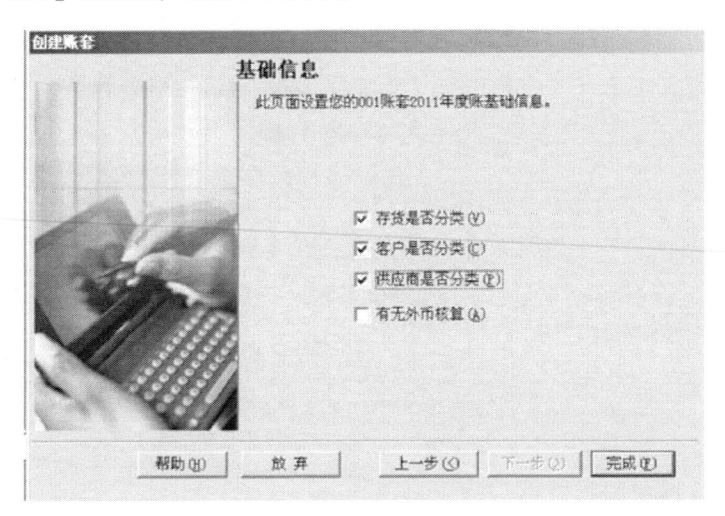

圖5-7 基礎信息錄入界面

■ 設置編碼方案

【操作向導】

➢ 在「創建帳套——基礎信息」對話框，單擊「下一步」按鈕，系統彈出「可以創建帳套了嗎」對話框，單擊「是」，打開「分類編碼方案」對話框，設置和修改科目編碼級次、客戶和供應商分類編碼級次、部門編碼級次等，如圖5-8所示。

✓ 編碼方案的設置取決於核算單位經濟業務的復雜程度以及核算與統計要求。

圖5-8 分類編碼方案設置界面圖

■ 確定數據精度

【操作向導】

➢ 在「分類編碼方案」對話框，單擊「確認」按鈕，打開「數據精度定義」對話框，如圖5-9所示，根據企業資料確認所有小數位，單擊「確認」後出現「現在進行系統啟用的設置」對話框，單擊「否」完成帳套的建立，如圖5-10所示。

圖5-9 數據精度定義界面

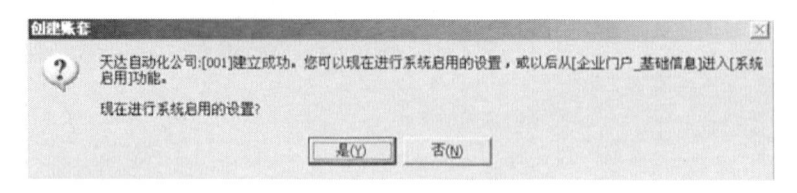

圖5-10 系統啟用提示界面

（3）修改帳套。

當系統管理員建完帳套和帳套主管建完年度帳後，在未使用相關信息的基礎上，需要對某些信息進行調整，以便使信息更真實準確地反應企業的相關內容時，可以進行適當的調整。只有帳套主管可以修改其具有權限的年度帳套中的信息，系統管理員無權修改。

【操作向導】

➢ 以帳套主管身分註冊，選擇相應帳套，進入「系統管理」窗口，執行「帳套」→「修改」命令，如圖5-11所示。

系統註冊進入後，可以和不可以修改的信息主要有：

✓ 帳套信息：帳套名稱。
✓ 單位信息：所有信息。
✓ 核算信息：不允許修改。
✓ 基礎設置信息：不允許修改。
✓ 對於帳套分類信息和數據精度信息：修改全部信息。

第 5 章　電算化會計信息系統實務管理

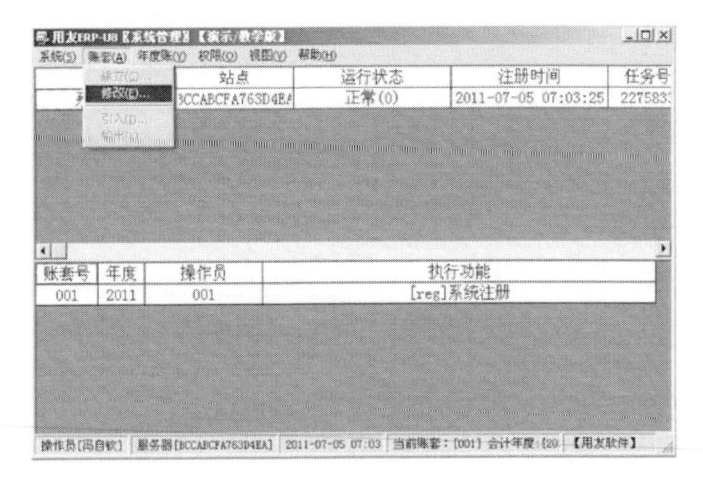

圖 5-11　修改帳套界面

（4）引入帳套。

引入帳套功能是指將系統外某帳套數據引入本系統中。該功能的增加將有利於集團公司的操作，子公司的帳套數據可以定期被引入母公司系統中，以便進行有關帳套數據的分析和合併工作。

【操作向導】

➢ 以系統管理員身分登錄「系統管理」窗口，執行「帳套」→「引入」命令，打開「引入帳套數據」對話框，選擇要輸出的帳套，單擊「打開」按鈕，如圖 5-12 所示。

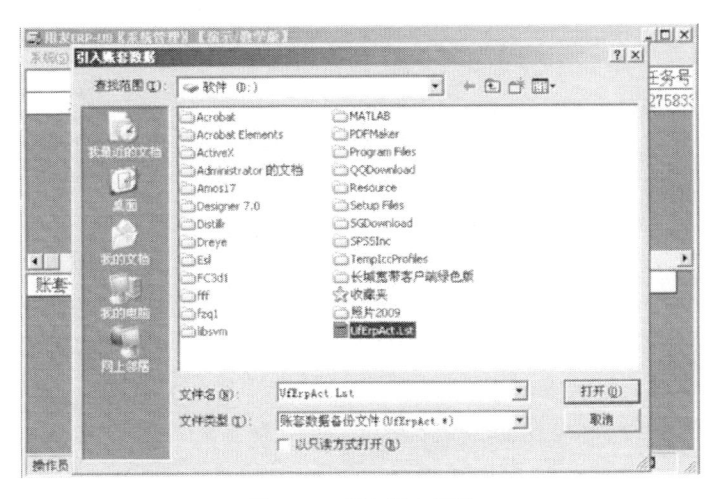

圖 5-12　引入帳套界面

（5）輸出帳套。

輸出帳套功能是指將所選的帳套數據進行備份輸出。對於企業系統管理員來講，

73

電算化會計信息系統

定時地將企業數據備份出來存儲到不同的介質上（如常見的軟盤、光盤、網路磁盤等），對數據的安全性是非常重要的。如果企業由於不可預知的原因（如地震、火災、計算機病毒、人為的誤操作等），需要對數據進行恢復，此時備份數據就可以將企業的損失降到最小。當然，對於異地管理的公司，此種方法還可以解決審計和數據匯總的問題。各個企業應根據自身實際情況加以應用。

【操作向導】

➢ 以系統管理員身分登錄「系統管理」窗口，執行「帳套」→「輸出」命令，打開「帳套輸出」對話框，選擇要輸出的帳套，單擊「確認」按鈕，如圖5-13所示。

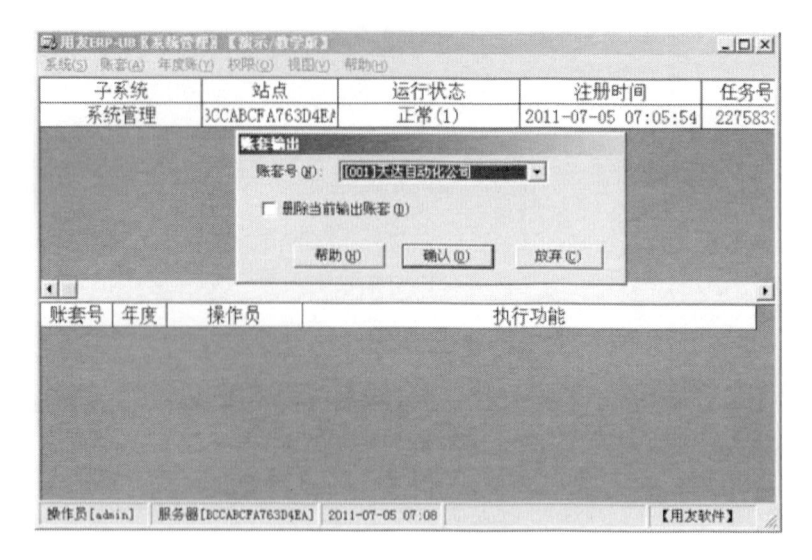

圖 5-13　輸出帳套界面

(6) 帳套刪除。

此功能是根據客戶的要求，將所希望的帳套從系統中刪除。此功能可以一次將該帳套下的所有數據徹底刪除。

【操作向導】

➢ 以系統管理員身分登錄「系統管理」窗口，執行「帳套」→「輸出」命令，打開「帳套輸出」對話框，選擇要輸出的帳套，並選中「刪除當前輸出帳套」，單擊「確認」按鈕。此時系統提示「真要刪除該帳套嗎？」，確認後系統刪除該帳套，取消操作則不刪除當前輸出帳套，如圖5-14所示。

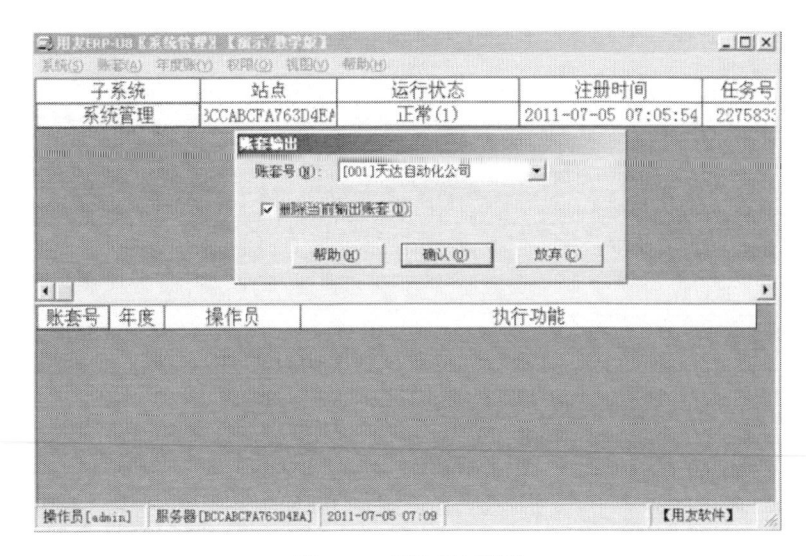

圖 5-14　刪除帳套界面

5.3.4　系統權限管理

為了保證系統及數據的安全與保密，系統管理模塊提供了操作員及操作權限的集中管理功能。通過對系統操作人員的角色定位和權限劃分，一方面可以避免與業務無關的人員進入系統，另一方面可以對系統所包含的各個子系統的操作進行協調，以保證子系統各負其責，流程順暢。操作權限的集中管理包括角色和用戶的增加、刪除、修改和功能權限的分配。只有以系統管理員 Admin 身分註冊進入系統管理，才能進行功能權限分配。

（1）角色設置。

為了加強會計電算化內部控製，系統管理中設計了按角色進行分工管理，以提高控製的廣度、深度和靈活性。角色是指在企業管理中擁有某一類職能的組織，它可以是實際的部門，也可以是由擁有同一類職能的人構成的虛擬組織。例如：實際工作中常見的會計和出納角色。在設置角色後，可以定義角色的權限，如果用戶歸屬此角色，則其相應具有角色的權限。按照角色進行管理的優點是能方便控製操作員權限，可以依據職能統一進行權限的劃分。本功能可以進行帳套中角色的增加、刪除、修改等維護工作。角色的個數不受限制，一個角色可以擁有多個用戶，一個用戶也可以分屬於不同的角色。用戶和角色的設置不分先後順序，用戶可以根據自己的需要先後設置。

■ 增加角色

【操作向導】

➤ 以系統管理員身分登錄「系統管理」窗口，執行「權限」→「角色」命令，打開「角色管理」對話框，單擊「增加」按鈕，進入「增加角色」界面，輸入角色編

碼、角色名稱等，單擊「增加」按鈕，保存新增設置，如圖 5-15 所示。

圖 5-15　增加角色界面

■ 修改角色

【操作向導】

➢ 以系統管理員身分登錄「系統管理」窗口，執行「權限」→「角色」命令，打開「角色管理」對話框，選中要修改的角色，單擊「修改」按鈕，進入「角色編輯」界面，對當前的角色進行編輯，完成後單擊「修改」按鈕，保存修改設置，如圖 5-16 所示。

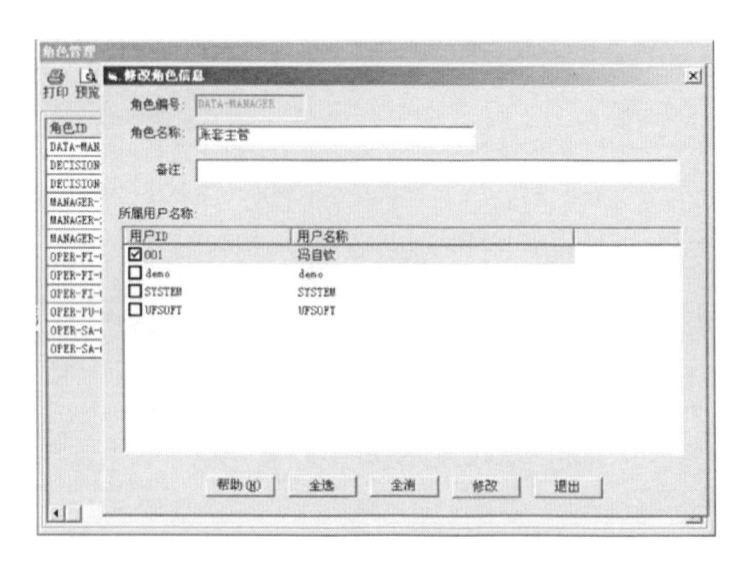

圖 5-16　修改角色界面

■ 刪除角色

【操作向導】

➢ 以系統管理員身分登錄「系統管理」窗口，執行「權限」→「角色」命令，打開「角色管理」對話框，選中要刪除的角色，系統彈出確認對話框，單擊「是」按鈕，如圖 5-17 所示。

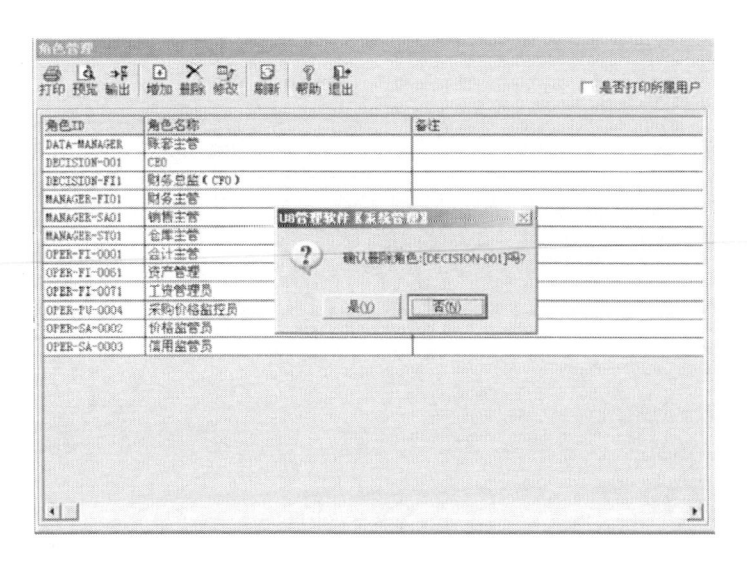

圖 5-17 刪除角色界面

（2）用戶設置。

為了保證系統及數據的安全與保密，系統管理提供了用戶設置功能，由系統管理員對用戶進行設置。用戶是指有權登錄系統，對系統進行操作的人員。每次註冊登錄系統，都要進行用戶身分的合法性檢查，防止越權操作和非法操作。只有設置了具體的用戶之後，才能進行相應的操作。本功能主要完成本帳套用戶的增加、刪除、修改等工作。

■ 增加用戶

【操作向導】

➢ 以系統管理員身分登錄「系統管理」窗口，執行「權限」→「用戶」命令，打開「用戶管理」對話框。單擊「增加」按鈕，打開「增加用戶」對話框，輸入「編號」「姓名」「口令」「所屬部門」。單擊「增加」按鈕確認，如圖 5-18 所示。

電算化會計信息系統

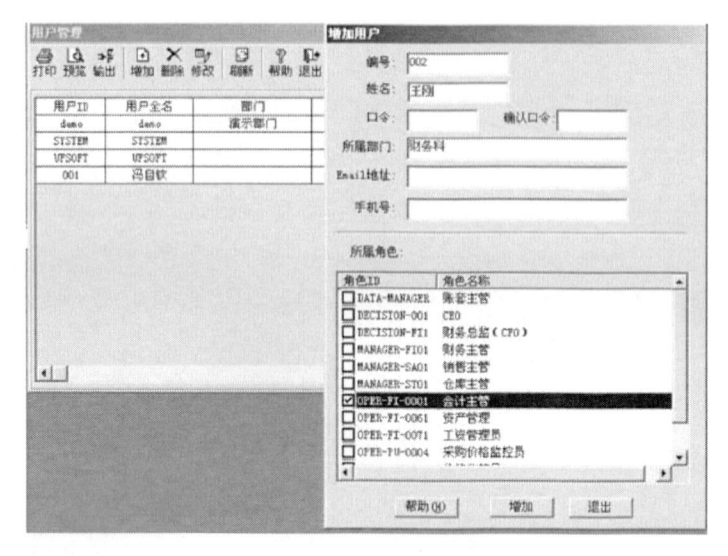

圖 5-18　用戶設置界面

■ 修改用戶

【操作向導】

➤ 以系統管理員身分登錄「系統管理」窗口，執行「權限」→「用戶」命令，打開「用戶管理」對話框。選中需要修改的用戶，單擊「修改」按鈕，打開「修改用戶」對話框進行相應的修改。完成後單擊「修改」按鈕確認，如圖 5-19 所示。

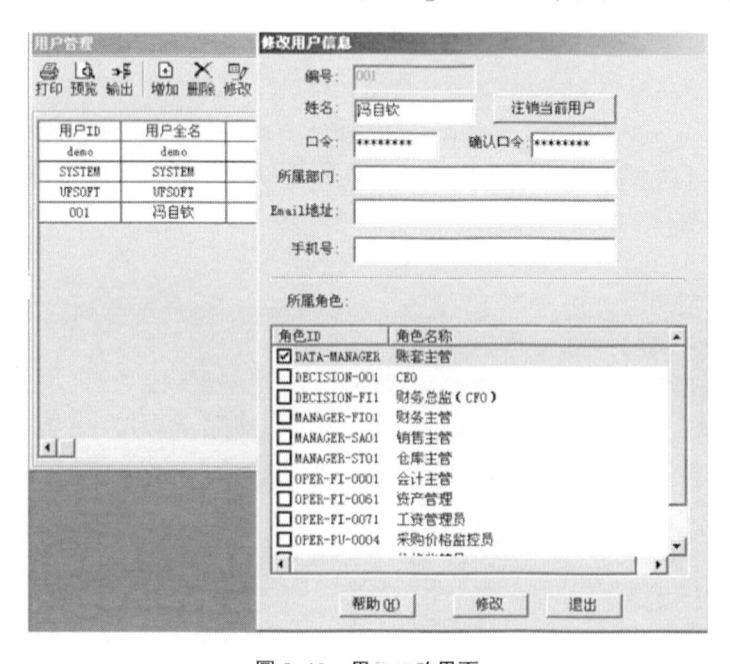

圖 5-19　用戶修改界面

■ 刪除用戶

【操作向導】

➢ 以系統管理員身分登錄「系統管理」窗口，執行「權限」→「用戶」命令，打開「用戶管理」對話框。選中需要刪除的用戶，單擊「刪除」按鈕，系統提示「確認刪除用戶嗎?」，單擊「是」按鈕，如圖 5-20 所示。

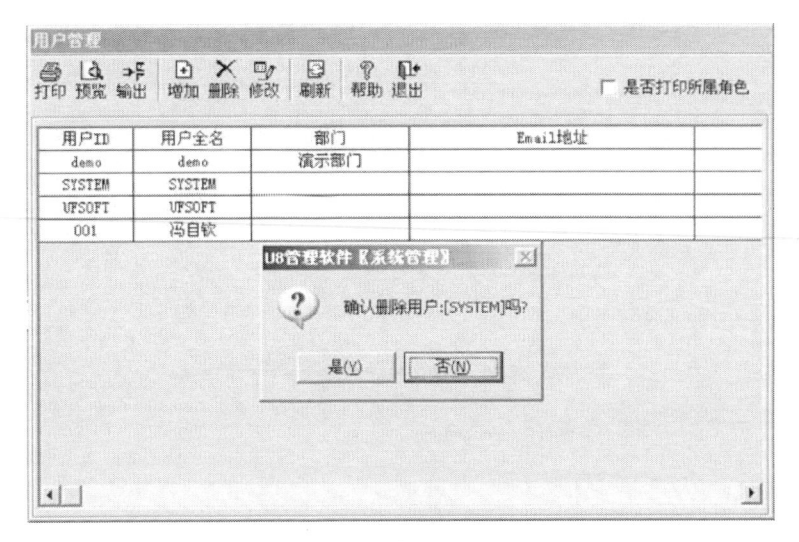

圖 5-20　刪除用戶界面

（3）權限設置。

用友 ERP-U8 提供集中權限管理功能，所有子系統的權限全部歸集到系統管理和基礎設置中，它可以實現三個層次的權限管理：功能級權限管理，該權限將提供劃分更為細緻的功能級權限管理功能，包括功能權限查看和分配；數據級權限管理，該權限可以通過兩個方面進行權限控製，一個是字段級權限控製，另一個是記錄級權限控製；金額級權限管理，該權限主要用於完善內部金額控製，實現對具體金額數量劃分級別，對不同崗位和職位的操作員進行金額級別控製，限制他們製單時可以使用的金額數量，不涉及內部控製的不在管理範圍內。功能級權限管理在系統管理中進行設置，數量級權限管理和金額級權限管理在「企業門戶」→「基礎信息」→「數據權限」中進行分配。數據級權限和金額級權限的設置，必須在功能級權限分配之後才能進行。

■ 權限的修改

【操作向導】

➢ 以系統管理員身分登錄「系統管理」窗口，執行「權限」→「權限」命令，打開「操作員權限」對話框。選中需要修改權限的用戶，單擊「修改」按鈕，打開「增加和調整權限」對話框，進行相應的設置，單擊「確定」按鈕，如圖 5-21 所示。

電算化會計信息系統

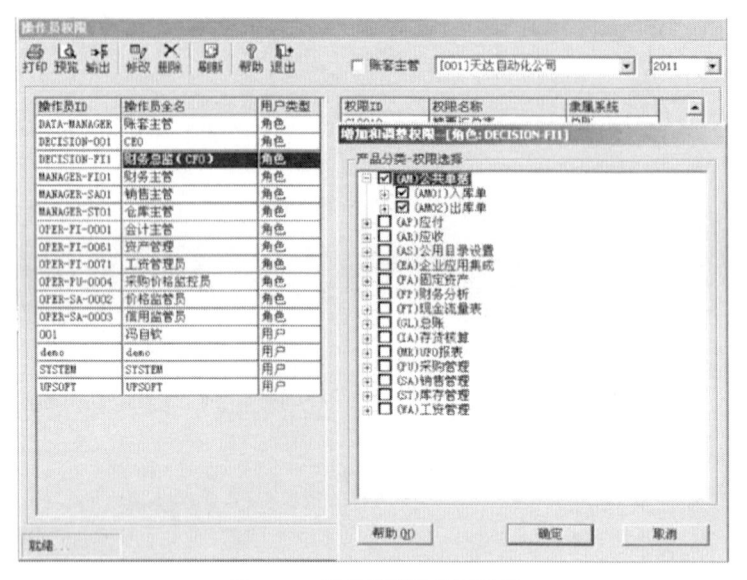

圖 5-21　操作員權限設置界面

■ 權限的刪除

【操作嚮導】

➢ 以系統管理員身分登錄「系統管理」窗口，執行「權限」→「權限」命令，打開「操作員權限」對話框。選中需要刪除權限的用戶，單擊「刪除」按鈕，系統提示「刪除該用戶的所有權限嗎？」，點擊「是」即可刪除該操作員的所有權限。如果只刪除該操作員的部分權限，首先選中需要刪除權限的用戶，再選中需要刪除的權限，點擊「刪除」，系統提示「刪除該權限嗎？」，單擊「是」按鈕即可刪除該權限，如圖 5-22 所示。

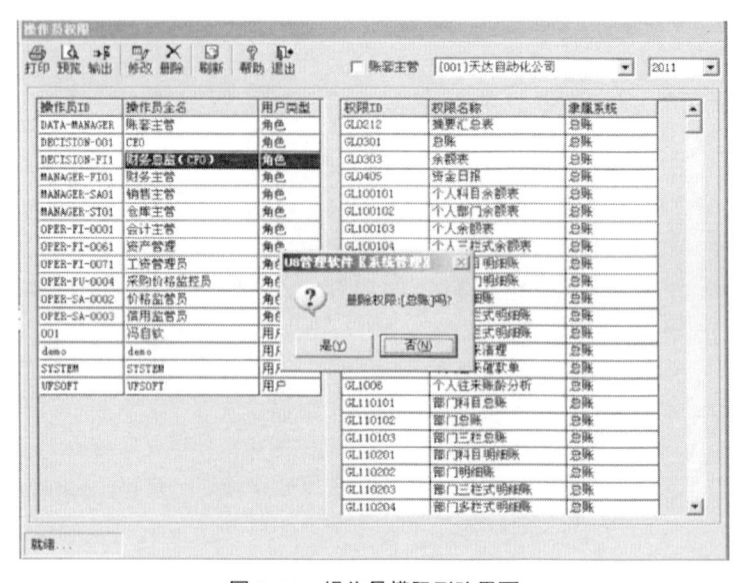

圖 5-22　操作員權限刪除界面

■ 權限明細表（表 5-4）

表 5-4　　　　　　　　　系統管理員和帳套主管權限明細表

主要功能	基本操作	系統管理員	帳套主管
帳套操作	新帳套建立	√	×
	年度帳建立	×	√
	修改帳套	×	√
	帳套數據刪除	√	×
	帳套數據輸出	√	×
	設置帳套數據輸出計劃	√	×
	帳套數據恢復	√	×
權限管理	角色管理操作	√	×
	用戶管理操作	√	×
	權限管理操作	√	×
年度帳管理	年度帳建立	×	√
	年度帳數據刪除	×	√
	年度帳數據輸出	×	√
	設置年度數據輸出計劃	√	√
	年度帳數據恢復	×	√
	結轉上年數據	×	√
	清空年度數據	×	√
其他操作	升級數據庫	√	×
	清除異常任務	√	×
	清除單據鎖定	√	×
	上機日誌	√	×
	視圖	√	√

5.3.5　年度帳管理

在用友 ERP-U8 管理系統中，每個帳套裡都存放有企業或企業內部某個獨立部門不同年度的數據，稱為年度帳。這樣，就可以對不同核算單位、不同時期的數據更加方便地進行操作。年度帳管理包括年度帳的建立、清空、引入、輸出和結轉上年數據等內容。

（1）建立年度帳。

在系統中，用戶不僅可以建多個帳套，且每一個帳套中可以存放不同年度的會計數據。這樣一來，系統的結構清晰、含義明確、可操作性強，對不同核算單位、不同

電算化會計信息系統

時期數據的操作只需通過設置相應的系統路徑即可進行，而且由於系統自動保存了不同會計年度的歷史數據，對利用歷史數據的查詢和比較分析也顯得特別方便。年度帳的建立是在已有上年度帳套的基礎上，通過年度帳建立，自動將上個年度帳的基本檔案信息結轉到新的年度帳中。對於上年餘額等信息需要在年度帳結轉操作完成後，由上年自動轉入下年的新年度帳中。

【操作向導】

➢ 以帳套主管的身分註冊登錄系統管理，選定需要進行建立的新年度帳套和上年的時間，進入系統管理界面。例如：需要建立 999 演示帳套的 2003 年新年度帳，此時就要註冊 999 帳套的 2002 年年度帳。執行「年度帳」「建立」命令，打開「建立年度帳」對話框，選擇帳套和會計年度，點擊「確定」。

✓ 年度帳與帳套的區別：帳套是年度帳的上一級，帳套是由年度帳組成。首先有帳套然後採用年度帳，一個帳套可以擁有多個年度的年度帳。

（2）引入年度帳。

年度帳的引入操作與帳套的引入操作基本一致，不同之處在於引入的是年度數據備份文件（由系統引出的年度帳的備份文件，前綴名統一為 uferpyer）。

【操作向導】

➢ 以系統管理員身分登錄「系統管理」窗口，執行「年度帳」→「引入」命令，打開「引入年度數據」對話框，選擇要引入的年度帳文件，單擊「打開」按鈕，如圖 5-23 所示。

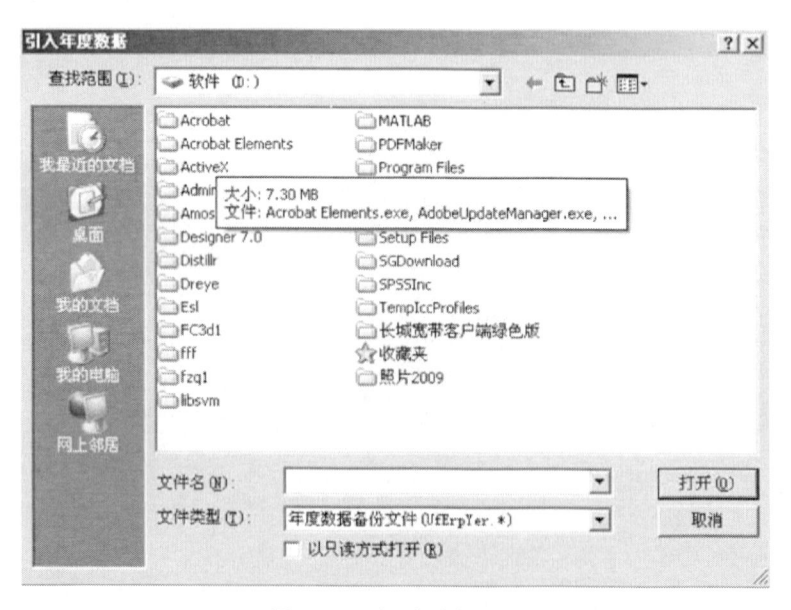

圖 5-23　引入年度帳界面

（3）年度帳的備份與恢復。

年度帳的備份與恢復和帳套的備份與恢復作用相同。年度帳的輸出方式對於有多

個異地單位的客戶集中管理是有好處的。例如：某單位總部在北京，其上海分公司每月需要將最新的數據傳輸到北京。此時第一次只需上海將帳套備份，然後傳輸到北京進行恢復備份，以後再需要傳輸數據時只需要將年度帳進行備份後恢復備份即可。這種方式使得以後傳輸只傳輸年度帳即可，其好處是傳輸的數據量小，便於傳輸，提高效率並降低費用。

【操作向導】

➢ 以帳套主管的身分註冊登錄系統管理，執行「年度帳」→「輸出」命令，系統彈出「輸出年度數據」界面，在「選擇年度」處列示出需要輸出的當前註冊帳套年度帳的年份（不可修改項），點擊「確認」進行輸出。此時系統會進行輸出的工作，在進行輸出過程中系統有一個進度條，任務完成後，系統會提示輸出的路徑（此處系統只允許選擇本地的磁盤路徑，例如：c：\ backup 下等），如圖 5-24、圖 5-25 所示。

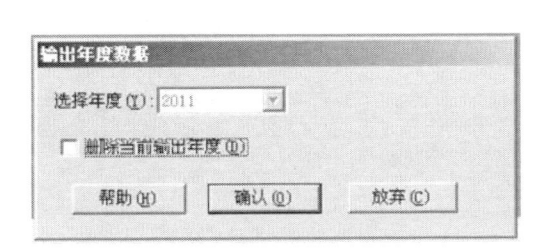

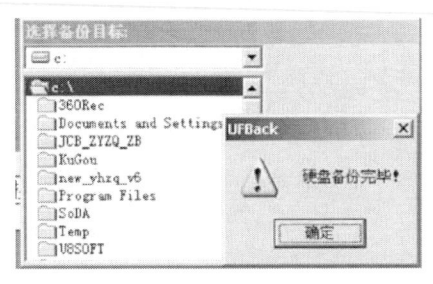

圖 5-24　輸出年度帳界面　　　　圖 5-25　年度帳備份完畢界面

（4）結轉上年數據。

一般情況下，企業是持續經營的，因此企業的會計工作是一個連續性的工作。每到年末，啟用新年度帳時，就需要將上年度中的相關帳戶的餘額及其他信息結轉到新年度帳中。

【操作向導】

➢ 以帳套主管的身分註冊登錄系統管理，執行「年度帳」→「結轉上年數據」命令。

結轉順序注意事項：

✓ 在結轉上年數據之前，首先要建立新年度帳。

✓ 建立新年度帳後，可以執行供銷鏈產品、固定資產、工資系統的結轉上年數據的工作。

✓ 如果同時使用了採購系統、銷售系統和應收應付系統，那麼只有在供銷鏈產品執行完結轉上年數據後，應收應付系統才能執行；如果只使用了應收應付系統而沒有使用採購系統、銷售系統，則可以根據需要直接執行應收應付系統的結轉工作即可。

✓ 如果在使用總帳系統時，使用了工資系統、固定資產系統、存貨核算系統、應收應付系統，那麼只有這些系統執行完結轉工作後，才能執行結轉；否則可以根據需要直接執行總帳系統的結轉工作即可。

(5) 清空年度數據。

有時，用戶會發現某年度帳中錯誤太多，或不希望將上年度的餘額或其他信息全部轉到下一年度，這時候，便可使用清空年度數據的功能。「清空」並不是指將年度帳的數據全部清空，而還是要保留一些基礎信息、系統預置的科目、報表等等。保留這些信息主要是為了方便用戶使用清空後的年度帳重新做帳。

【操作向導】

➢ 以帳套主管的身分註冊登錄系統管理，執行「年度帳」→「清空年度數據」命令，選擇會計年度後，點擊「確認」按鈕，系統顯示「確認清空年度數據庫麼?」對話框，單擊「是」，清空完畢後系統顯示「清空年度數據庫成功」對話框，單擊「確定」即可，如圖5-26所示。

圖5-26 清空年度數據庫成功界面

第 6 章　電算化會計信息系統帳務處理

本章主要介紹用友 ERP-U8 的功能模塊、操作流程、初始設置、日常處理和期末處理。要求掌握帳務處理子系統的工作原理和基本操作；掌握帳務處理的初始設置、日常操作、出納管理及期末業務處理等；能夠處理日常的會計核算業務和掌握輔助核算方法。

6.1　帳務處理子系統的功能和操作流程

帳務處理是企業會計業務中最重要的基礎性工作，帳務處理系統是整個會計電算化信息系統的核心，它以憑證為原始數據，通過對憑證的填制和處理，完成記帳、結轉、銀行對帳、帳簿管理、結帳等工作。帳務處理系統既可獨立運行，又可與其他系統協同運行，它把各子系統有機地結合在一起，形成一個完整的電算化會計信息系統，以綜合反應企業的整體經濟活動。

6.1.1　帳務處理系統的基本功能

帳務處理子系統主要設計了「設置」「憑證」「出納」「帳表」「綜合輔助帳」和「期末」幾個功能模塊。「設置」模塊包括「期初餘額」「選項」「總帳套打工具」和「帳簿清理」。「憑證」模塊包括「填制憑證」「出納簽字」「主管簽字」「審核憑證」「查詢憑證」「打印憑證」「科目匯總」「摘要匯總表」「現金流量憑證查詢」「記帳」「常用憑證」。「出納」模塊包括「現金日記帳」「銀行日記帳」「資金日報」「帳簿打印」「支票登記簿」「銀行對帳」「長期末達帳項審計」。「帳表」模塊包括「我的帳表」「科目帳」「客戶往來輔助帳」「供應商往來輔助帳」「個人往來帳」「部門輔助帳」「項目輔助帳」「現金流量表」「帳簿打印」。「綜合輔助帳」模塊包括「科目輔助明細帳」「科目輔助匯總表」。「期末」模塊包括「轉帳定義」「轉帳生成」「對帳」「結帳」。如圖 6-1 所示。

■ 憑證管理

憑證管理主要完成以下功能：

➢ 通過嚴密的製單控制保證製單的正確性。提供資金及往來赤字控制、支票控制、預算控制、外幣折算誤差控制以及查看最新餘額等功能，加強對發生業務的及時管理和控制。

電算化會計信息系統

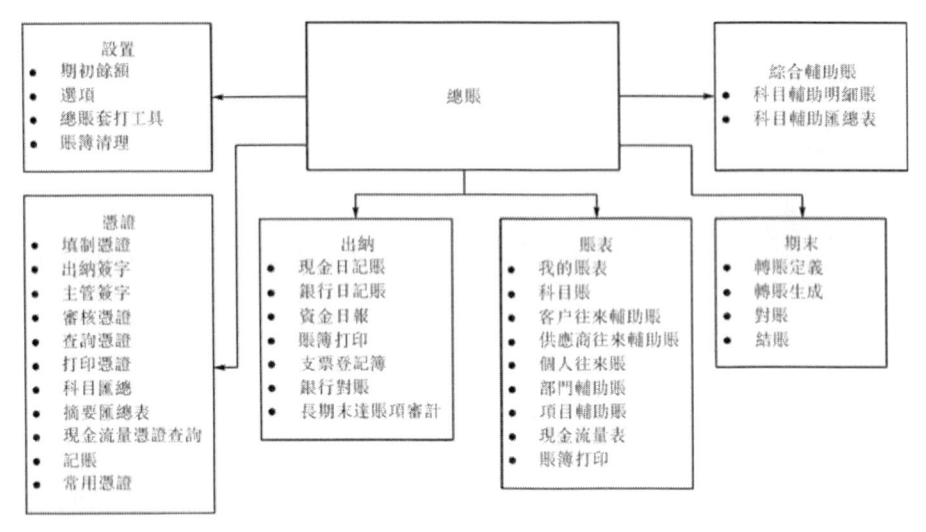

```
┌─────────────┐         ┌─────────┐         ┌──────────────┐
│    設置     │         │         │         │  綜合輔助賬  │
│ • 期初餘額  │◄───────►│  總賬   │◄───────►│• 科目輔助明細賬│
│ • 選項      │         │         │         │• 科目輔助匯總表│
│ • 總賬套打工具│       └─────────┘         └──────────────┘
│ • 賬簿清理  │              │
└─────────────┘              │
      ▲              ┌───────┼───────┬───────────┐
      │              ▼       ▼       ▼           ▼
┌─────────────┐ ┌─────────┐ ┌─────────┐ ┌─────────────┐
│    憑證     │ │  出納   │ │  賬表   │ │    期末     │
│• 填制憑證   │ │• 現金日記賬│ │• 我的賬表│ │• 轉賬定義   │
│• 出納簽字   │ │• 銀行日記賬│ │• 科目賬 │ │• 轉賬生成   │
│• 主管簽字   │ │• 資金日報 │ │• 客戶往來輔助賬│ │• 對賬   │
│• 審核憑證   │ │• 賬簿打印 │ │• 供應商往來輔助賬│ │• 結賬 │
│• 查詢憑證   │ │• 支票登記簿│ │• 個人往來輔助賬│ └─────────────┘
│• 打印憑證   │ │• 銀行對賬 │ │• 部門輔助賬│
│• 科目匯總   │ │• 長期未達賬項審計│ │• 項目輔助賬│
│• 摘要匯總表 │ └─────────┘ │• 現金流量表│
│• 現金流量憑證查詢│         │• 賬簿打印│
│• 記賬       │             └─────────┘
│• 常用憑證   │
└─────────────┘
```

圖 6-1　總帳管理基本模塊和功能

✓ 可隨時調用常用憑證、常用摘要，自動生成紅字衝銷憑證，更加快速準確地錄入憑證。

✓ 增加憑證及科目的自定義項定義及錄入，提高憑證錄入內容的自由度。

✓ 可完成憑證審核及記帳，可隨時查詢及打印記帳憑證、憑證匯總表。

✓ 憑證填制權限可控製到科目，憑證審核權限可控製到操作員。

✓ 標準憑證格式的引入和引出，可完成不同機器中總帳系統憑證的傳遞。按規定格式引入其他系統或其他機器上的總帳系統中的憑證和按規定格式引出總帳系統中的憑證，能夠按規定格式將相同版本帳套中的憑證複製到其他帳套中。

■ 標準帳表管理

標準帳表管理主要完成以下功能：

✓ 可隨時提供總帳、餘額表、序時帳、明細帳、多欄帳、日記帳、日報表等多種標準帳表，可查詢包含未記帳憑證的最新數據，能夠查詢上級科目總帳數據及末級科目明細數據的月份綜合明細帳。

✓ 提供「我的帳簿」可保存常用查詢條件的功能，加快查詢速度。

✓ 任意設置多欄欄目，能夠實現各種輸出格式。自由定義各欄目的輸出方式與內容，能夠滿足不同層次的管理需要。

✓ 提供總帳、明細帳、憑證、原始單據相互聯查、溯源功能。

✓ 明細帳的查詢權限可以控製到科目。

✓ 提供欄目打印寬度、帳頁每頁打印行數等參數的設置，以及明細帳可按總帳科目打印帳本的功能。各類正式帳簿提供套打功能。

■ 出納管理

出納管理主要完成以下功能：

✓ 提供出納簽字功能，加強出納憑證的管理。

✓ 提供銀行對帳單引入、錄入、查詢功能。

✓ 為出納人員提供一個集成辦公環境，加強對現金及銀行存款的管理。完成銀行日記帳、現金日記帳，提供銀行對帳功能，隨時查詢銀行餘額調節表。

■ 月末處理

月末處理主要完成以下功能：

✓ 自動完成月末分攤、計提、轉帳、銷售成本、匯兌損益、期間損益結轉等業務。

✓ 可進行試算平衡、對帳、結帳等工作。

✓ 靈活的自定義轉帳功能、各種取數公式可滿足各類業務的轉帳工作。

（2）輔助管理功能

■ 個人借款管理

個人借款管理主要完成以下功能：

✓ 主要進行個人借款、還款管理工作，及時地控製個人借款，完成清欠工作。

✓ 提供個人借款明細帳、催款單、餘額表、帳齡分析報告及自動清理核銷已清帳等功能。

■ 部門核算

部門核算主要完成以下功能：

✓ 主要為了考核部門費用收支情況，及時控製各部門費用的支出，為部門考核提供依據。

✓ 提供各級部門總帳、明細帳的查詢功能，進行部門收支分析。

■ 項目管理

項目管理主要完成以下功能：

✓ 用於生產成本、在建工程等業務的核算，以項目為中心為使用者提供各項目的成本、費用、收入等匯總與明細情況以及項目計劃執行報告等，也可用於核算科研課題、專項工程、產成品成本等。

✓ 提供項目總帳、明細帳及項目統計表的查詢。

■ 往來管理

往來管理主要完成以下功能：

✓ 主要進行客戶和供應商往來款項的發生、清欠管理工作，及時掌握往來款項的情況。

✓ 提供往來款的總帳、明細帳、催款單、往來帳清理、帳齡分析報告等功能。

6.1.2 帳務處理子系統的操作流程

總帳管理的操作流程如圖 6-2 所示，包括系統初始化、日常處理和期末處理三部分。系統初始化主要包括設置系統參數、定義外幣及匯率、建立會計科目、設置憑證類別、定義結算方式、設置項目目錄、錄入期初餘額。日常處理包括：憑證管理、出納管理、帳表管理、綜合輔助帳管理。期末處理包括：轉帳定義、轉帳生成、對帳和結帳。

電算化會計信息系統

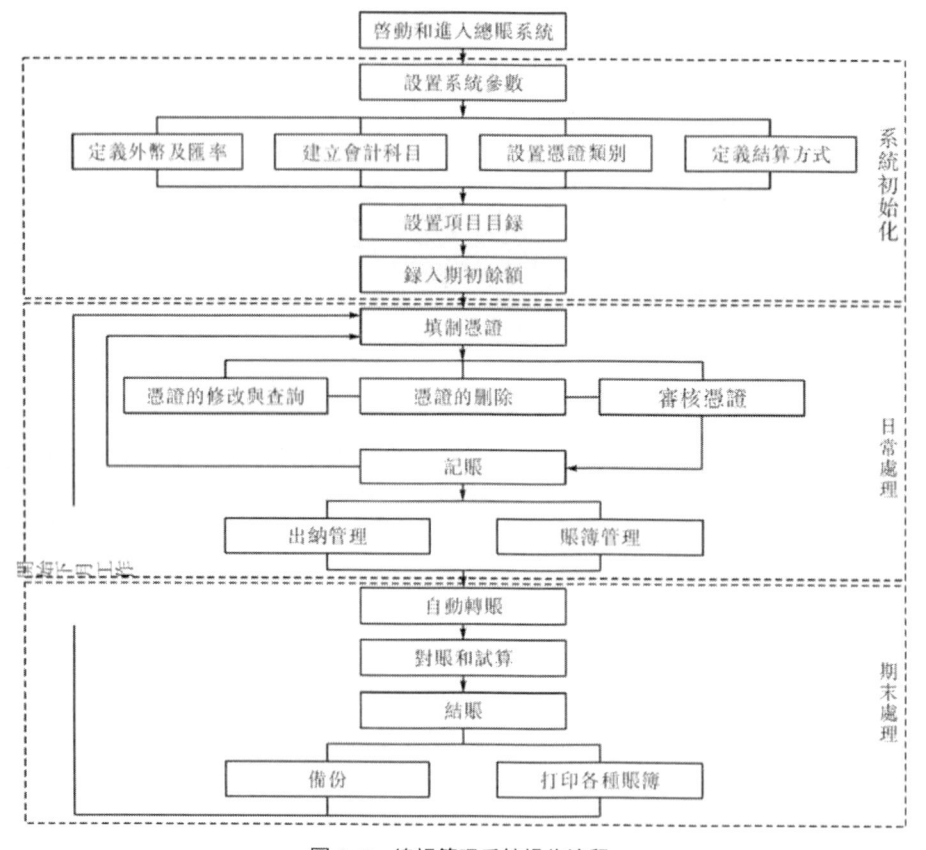

圖 6-2 總帳管理系統操作流程

6.2 帳務處理子系統初始化

系統初始化主要包括設置系統參數、定義外幣及匯率、建立會計科目、設置憑證類別、定義結算方式、設置項目目錄、錄入期初餘額，下文將分別介紹。

6.2.1 設置系統參數

系統在建立新帳套以後，由於具體情況的需要或業務的變更，可能會使帳套信息與核算內容不符，可以通過此功能進行憑證、帳簿等選項的調整和查看。系統參數的設置包括憑證、帳簿、會計日曆及其他四項內容。憑證參數包括製單控製、憑證控製、憑證編號方式、外幣核算、預算控製、合併憑證顯示打印。帳簿參數包括打印位數寬度、明細帳（日記帳、多欄帳）打印方式、憑證帳簿套打、憑證及正式帳每頁打印行數等。會計日曆主要是啟用會計年度和啟用日期。其他選項卡包括帳套的相關信息、部門、個人和項目排列方式、本位幣等。用戶可根據實際需要進行相應的設置。

【操作向導】

➢ 在總帳系統中，執行「設置」→「選項」命令，打開「選項」對話框，單擊「編輯」按鈕，進行「憑證」「帳簿」「會計日曆」等的設置，完成後單擊「確定」按鈕，如圖 6-3、圖 6-4 所示。

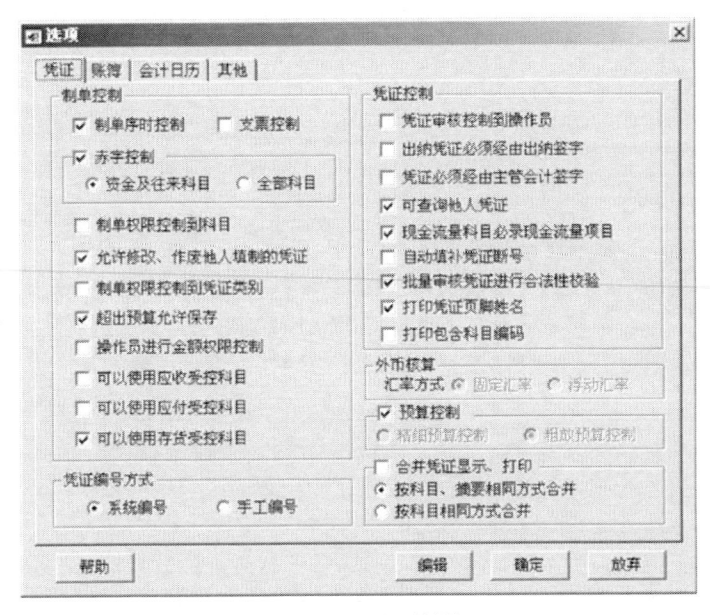

圖 6-3　憑證選項對話框

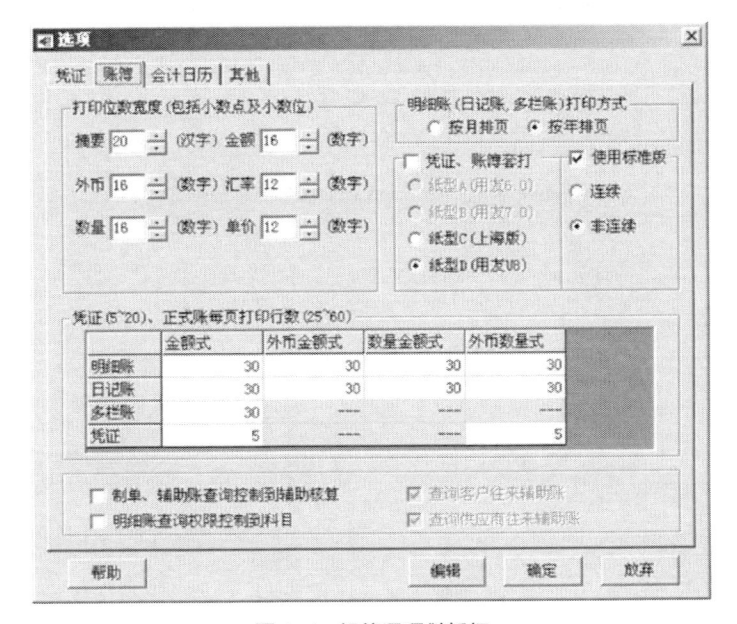

圖 6-4　帳簿選項對話框

✓ 製單序時控製：選擇此項+「系統編號」，製單時憑證編號必須按日期順序排列，即製單序時。

✓ 支票控製：若選擇此項，在製單時使用銀行科目編制憑證時，系統針對票據管理的結算方式進行登記，如果錄入支票號在支票登記簿中已存，系統提供登記支票報銷的功能；否則，系統提供登記支票登記簿的功能。

✓ 赤字控製：若選擇了此項，在製單時，當「資金及往來科目」或「全部科目」的最新餘額出現負數時，系統將予以提示。

✓ 製單權限控製到科目：選擇此項，則在製單時，操作員只能使用具有相應製單權限的科目製單。

✓ 允許修改、作廢他人填制的憑證：若選擇了此項，在製單時可修改或作廢別人填制的憑證，否則不能修改。

✓ 製單權限控製到憑證類別：選擇此項，則在製單時，只顯示此操作員有權限的憑證類別。同時在憑證類別參照中按人員的權限過濾出有權限的憑證類別。

✓ 操作員進行金額權限控製：選擇此項，可以對不同級別的人員進行金額大小的控製。

✓ 自動填補憑證斷號：如果選擇憑證編號方式為系統編號，則在新增憑證時，系統按憑證類別自動查詢本月的第一個斷號默認為本次新增憑證的憑證號。如無斷號則為新號，與原編號規則一致。

✓ 批量審核憑證進行合法性校驗：批量審核憑證時針對憑證進行二次審核，提高憑證輸入的正確率，合法性校驗與保存憑證時的合法性校驗相同。

6.2.2 定義外幣及匯率

➢ 在企業應用平臺「設置」選項卡中，執行「基礎檔案」→「財務」→「外幣設置」命令，打開「外幣設置」對話框，單擊「增加」按鈕，輸入幣符、幣名、折算方式等，單擊「確認」按鈕，如圖6-5所示。

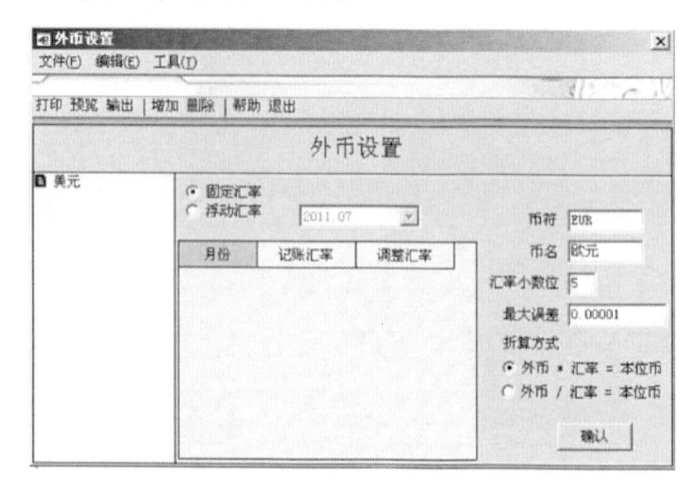

圖6-5 外幣設置對話框

6.2.3 建立會計科目

會計科目是對會計對象具體內容分門別類進行核算所規定的項目，是填制會計憑證、登記會計帳簿、編制會計報表的基礎。會計科目設置的完整性和層次深度直接影響著會計電算化的過程實施和會計核算的詳細、準確程度。因此，會計科目設置的完整性、詳細程度對於整個財務電算化系統尤其重要，系統應在創建科目、科目屬性描述、帳戶分類上為用戶提供盡可能的方便和校驗保障。本功能完成對會計科目的設立和管理，用戶可以根據業務的需要方便地增加、插入、修改、查詢、打印會計科目。

【操作向導】

➢ 在企業應用平臺「設置」選項卡中，執行「基礎檔案」→「財務」→「會計科目」命令，打開「會計科目」窗口。

➢ 增加科目時：單擊「增加」打開「新增會計科目」對話框，編輯「科目編碼」「科目名稱」「科目類型」等，單擊「確定」按鈕，如圖 6-6 所示。

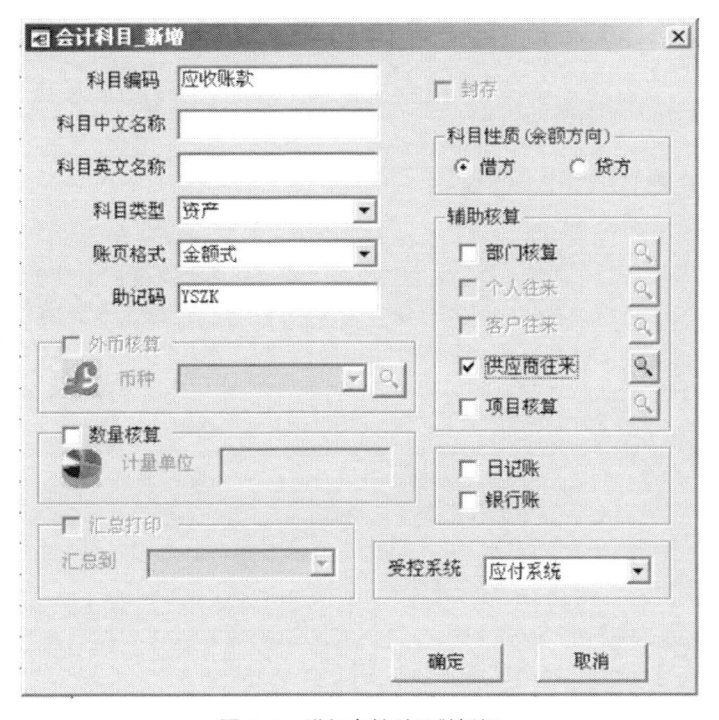

圖 6-6 增加會計科目對話框

➢ 修改科目時：選中要修改的科目，單擊「修改」，打開「會計科目_修改」對話框，進行相應修改後，單擊「確定」按鈕，如圖 6-7 所示。

➢ 刪除科目時：選中要刪除的科目，單擊「刪除」，彈出「刪除記錄」對話框，單擊「確定」按鈕。

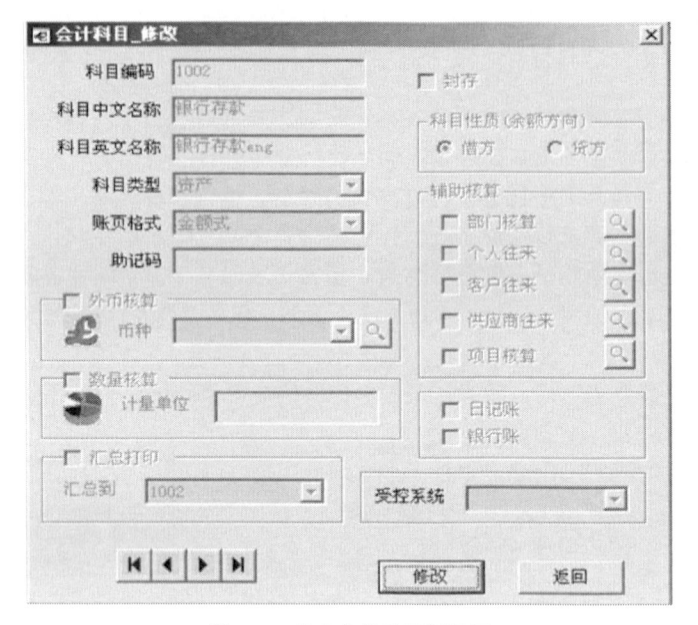

圖 6-7　修改會計科目對話框

6.2.4　設置憑證類別

憑證類別提供五種分類設置，即記帳憑證、收款+付款+轉帳憑證、現金+銀行+轉帳憑證、現金收款+現金付款+銀行收款+銀行付款+轉帳憑證、自定義類別。用戶可根據需要選擇，選擇完後，仍可進行修改。當選擇了分類方式後，則進入憑證類別設置，系統將按照所選的分類方式對憑證類別進行預置。

某些類別的憑證在製單時對科目有一定限制，系統提供了七種限制類型：
(1) 借方必有：製單時，此類憑證借方至少有一個限制科目。
(2) 貸方必有：製單時，此類憑證貸方至少有一個限制科目。
(3) 憑證必有：製單時，此類憑證無論借方還是貸方至少有一個限制科目。
(4) 憑證必無：製單時，此類憑證無論借方還是貸方不可有一個限制科目。
(5) 無限制：製單時，此類憑證可使用所有合法的科目。
(6) 借方必無：借方的科目必須不包含限制科目。
(7) 貸方必無：貸方的科目必須不包含限制科目。

例如：若將憑證分為收、付、轉三種常用憑證類別，設置限制類型與限制科目如表 6-1 所示：

表 6-1　　　　　　　　　　收付轉類型憑證限制科目

憑證類別	限制類型	限制科目	含義
收款憑證	借方必有	1001、1002	當操作員填制收款憑證時，借方必須有 1001 或 1002 至少一個科目，如果沒有，則為不合法憑證，不能保存。

第 6 章　電算化會計信息系統帳務處理

表6-1(續)

憑證類別	限制類型	限制科目	含義
付款憑證	貸方必有	1001、1002	當操作員填制付款憑證時，借方必須有1001或1002至少一個科目，如果沒有，則為不合法憑證，不能保存。
轉帳憑證	借貸必無	1001、1002	當操作員填制付款憑證時，借貸雙方都不能出現1001或1002科目，如果出現，則為不合法憑證，不能保存。

【操作向導】

➢ 在企業應用平臺「設置」選項卡中，執行「基礎檔案」→「財務」→「憑證類別」命令，打開「憑證類別預置」對話框，選擇分類方式，單擊「確定」按鈕，如圖 6-8、圖 6-9 所示。

圖 6-8　憑證類別預置對話框

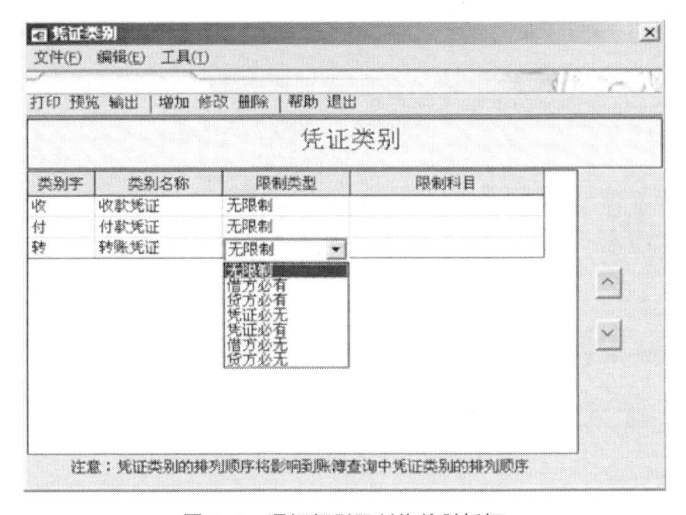

圖 6-9　憑證類別限制條件對話框

6.2.5 定義結算方式

收付結算是企業在經營活動過程中與往來單位發生業務後所涉及的債權債務關係清償。定義結算方式提供了付款條件、結算方式和開戶銀行三種設置功能。付款條件也叫現金折扣，是指企業為了鼓勵客戶付款而允諾在一定期限內給予的折扣優待，通常可表示為「5/10, 2/20, n/30」，意思是客戶在 10 天內付款，可得到 5% 的折扣，在 20 天內付款，可得到 2% 的折扣，在 30 天內付款，則須按照全額支付；在 30 天以後付款，則還要支付延期付款利息或違約金。結算方式主要包括現金結算、支票結算和其他方式，其中支票結算又可分為現金支票和轉帳支票。開戶銀行主要用於維護及查詢使用單位的開戶銀行信息。

【操作向導】

➢ 結算方式：在企業應用平臺「設置」選項卡中，執行「基礎檔案」→「收付結算」→「結算方式」命令，打開「結算方式」對話框，進行相應設置，如圖 6-10 所示。

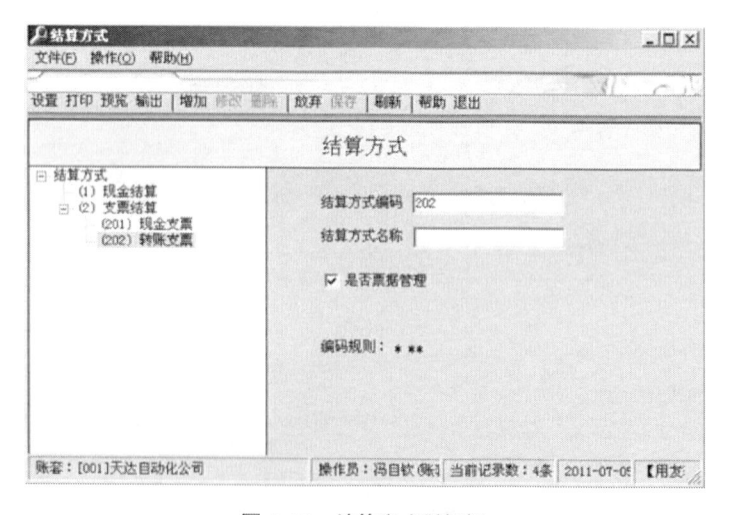

圖 6-10 結算方式對話框

➢ 付款條件：在企業應用平臺「設置」選項卡中，執行「基礎檔案」→「收付結算」→「付款條件」命令，打開「付款條件」對話框，進行相應設置，如圖 6-11 所示。

➢ 開戶銀行：在企業應用平臺「設置」選項卡中，執行「基礎檔案」→「收付結算」→「開戶銀行」命令，打開「開戶銀行」對話框，進行相應設置。

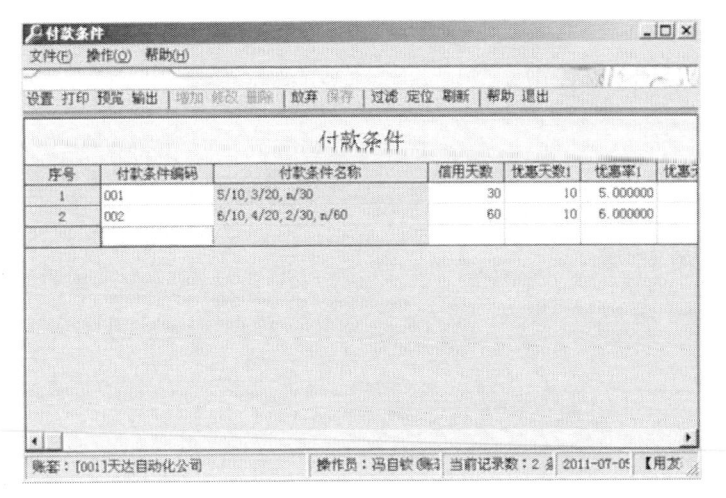

第 6 章　電算化會計信息系統帳務處理

圖 6-11　付款條件對話框

6.2.6　設置項目目錄

企業在實際業務處理中會對多種類型的項目進行核算和管理，例如在建工程、對外投資、技術改造項目、項目成本管理、合同等。設置項目目錄功能可以將具有相同特性的一類項目定義成一個項目大類，它包括多個項目，也可以對這些項目進行分類管理。設置項目目錄包括新增項目大類和設置項目檔案兩部分，新增項目大類包括選擇新增項目類別、定義項目級次和定義項目欄目，項目檔案設置包括增加或修改項目大類、設置項目核算科目、設置項目欄目、項目分類定義和項目目錄維護，如圖 6-12 所示。

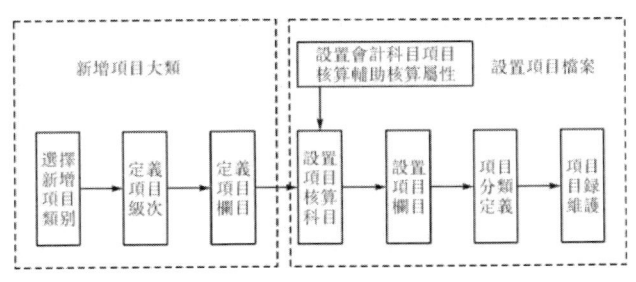

圖 6-12　設置項目目錄流程

【操作向導】

➤ 在企業應用平臺「設置」選項卡中，執行「基礎檔案」→「財務」→「項目目錄」命令，打開「項目檔案」窗口，可進行定義項目大類、指定核算科目、定義項目分類和定義項目目錄等，然後點擊「確定」，如圖 6-13、圖 6-14 所示。

95

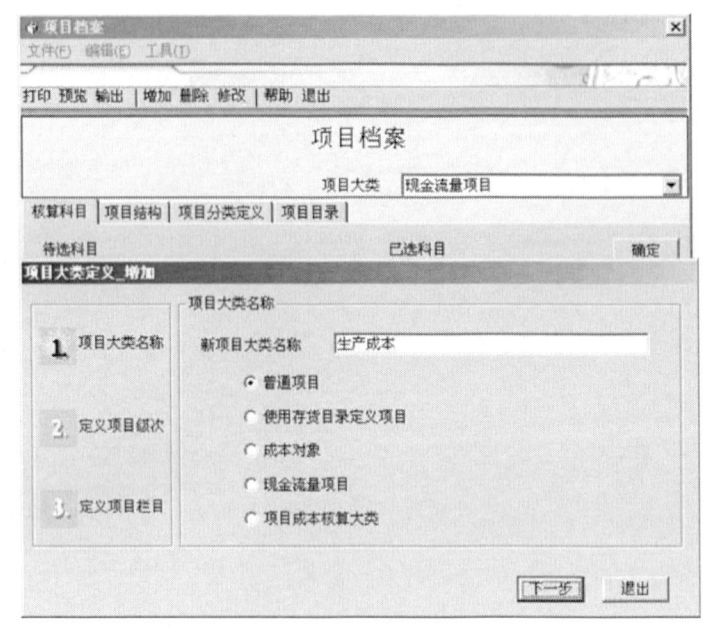

圖 6-13 項目大類定義界面

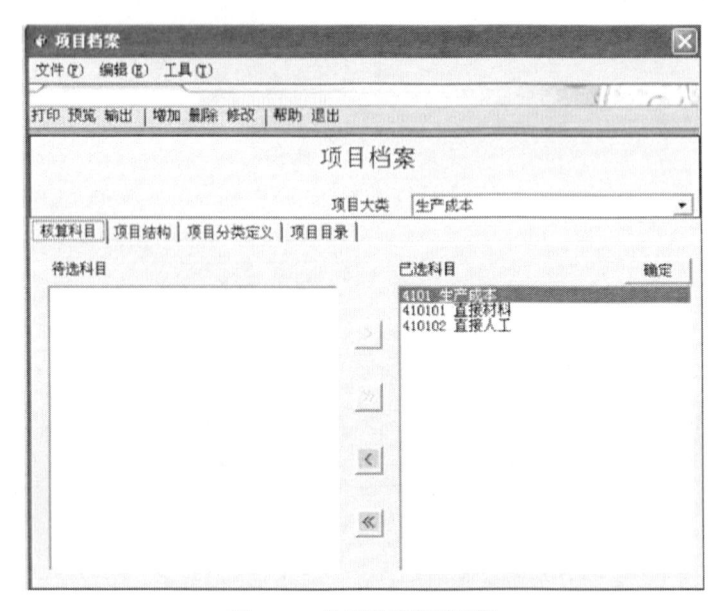

圖 6-14 核算科目選擇界面

6.2.7 錄入期初餘額

在開始使用總帳系統時，需要將經過整理的期初餘額錄入到總帳系統中。如果是年初建帳，則可直接錄入各帳戶的年初餘額，如果是年中建帳，則應先將各帳戶啟用

時的餘額和年初到啟用時的借貸方累計發生額計算清楚，錄入總帳系統，系統將自動計算年初餘額。如果科目設置了某種輔助核算，那麼還應錄入輔助項目的期初餘額。輔助項目的期初餘額不能直接輸入，系統會自動為該科目開設輔助帳頁，在帳頁中錄入輔助期初餘額，輸入完畢後，系統自動將累計結果傳遞給總帳。

【操作向導】

➢ 在總帳系統中執行「設置」→「期初餘額」命令，打開「期初餘額輸入」窗口，輸入各科目的相應期初餘額，末級科目「期初餘額」欄直接輸入期初數據，上級科目的餘額由系統自動匯總計算，並進行「刷新」「試算」「對帳」操作。

➢ 設置了輔助核算科目的底色為黃色，雙擊需要輸入數據的輔助核算科目「期初餘額」欄，打開相應的輔助帳窗口，按明細輸入每筆業務的金額。輸入完成後，單擊「退出」按鈕，輔助帳餘額自動帶回總帳。

➢ 期初餘額錄入完畢後，應進行試算平衡，其操作為：在「期初餘額錄入」窗口中單擊「試算」按鈕，打開「期初試算平衡表」對話框。如果試算結果平衡，單擊「確認」按鈕。如果試算結果不平衡，需對數據進行檢查修改，並重新進行試算，如圖 6-15 所示。

✓ 如果期初試算結果不平衡，不能進行記帳，也可以填制憑證、審核憑證。憑證一經記帳，則不能再輸入或修改期初餘額，也不能執行「結轉上年餘額功能」。

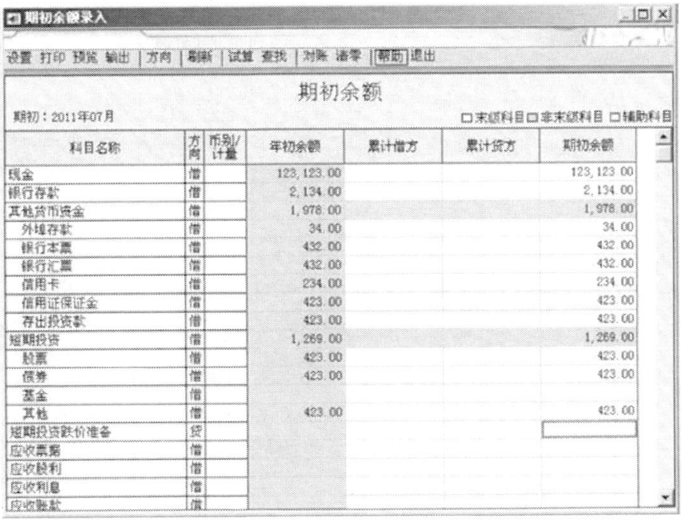

科目名称	方向	币别/计量	年初余额	累计借方	累计贷方	期初余额
现金	借		123,123.00			123,123.00
银行存款	借		2,134.00			2,134.00
其他货币资金	借		1,978.00			1,978.00
外埠存款	借		34.00			34.00
银行本票	借		432.00			432.00
银行汇票	借		432.00			432.00
信用卡	借		234.00			234.00
信用证保证金	借		423.00			423.00
存出投资款	借		423.00			423.00
短期投资	借		1,269.00			1,269.00
股票	借		423.00			423.00
债券	借		423.00			423.00
基金	借					
其他	借		423.00			423.00
短期投资跌价准备	贷					
应收票据	借					
应收股利	借					
应收利息	借					
应收账款	借					

圖 6-15　期初餘額錄入界面

6.3　帳務處理子系統日常處理

在處理總帳管理系統初始化設置完成後，便可以進行日常業務處理。總帳系統日常業務處理主要包括憑證管理、出納管理、帳表管理和綜合輔助帳管理。下面分別進

行介紹。

6.3.1 憑證管理

（1）填制憑證。

記帳憑證是登記帳簿的依據，是系統處理的起點，也是系統數據的最主要來源之一。總帳系統日常處理的最主要工作之一就是憑證管理，它首先從填制記帳憑證開始。在實際工作中，可直接在計算機上根據審核無誤的原始憑證填制記帳憑證（即前臺處理），也可以先由人工製單而後集中輸入（即後臺處理），一般來說業務量不多或基礎較好或使用網路版的用戶可採用前臺處理方式，而在第一年使用或人機並行階段，則比較適合採用後臺處理方式。

在填制憑證時，各會計科目需填制的基本內容有以下幾項：

✓ 憑證類別：即所填制的憑證屬於何種類型。如果在設置憑證類別時設置了憑證的限制類型，在填制憑證時必須符合所選限制類型的要求，否則系統會顯示錯誤。

✓ 憑證編號：如果在總帳系統初始化選項設置中選擇了「系統編號」，系統則根據不同的憑證類別按月自動按順序編號；如果在選項設置中選擇了「手工編號」，則需要手工輸入憑證編號，需要注意的是編號的連續性和唯一性。

✓ 製單日期：填制憑證時，系統會自動顯示當前的操作日期。用戶也可在日曆中進行選擇或直接錄入。如果在選項設置中選擇了「製單序時控制」，用戶所輸入的憑證日期須大於等於該類憑證最後一張憑證的日期，且不能超過計算機系統日期。

✓ 附單據數：指憑證所附的原始單據數量。

✓ 摘要：是對憑證所反應經濟業務內容的概括說明。摘要可以直接輸入，也可以調用常用摘要。不同行的摘要可以相同，也可以不同，但不能為空。每行摘要將隨相應的會計科目在明細帳、日記帳中顯示。

✓ 科目名稱：可以直接輸入科目名稱或代碼，也可單擊參照按鈕選擇相應會計科目。如果輸入的是銀行科目，系統還會要求輸入結算方式、票號、發生日期等信息，以便日後進行銀行對帳；如果輸入的科目有外幣核算，系統會自動顯示已設置的外幣匯率，輸入外幣金額後，系統自動計算出本幣金額；如果輸入的科目有輔助核算標記，則需要輸入相關的輔助信息，如部門、個人、客戶、供應商、項目等。

✓ 金額：即該筆分錄的借方或貸方發生額，金額不能為零，紅字以「-」表示。憑證金額應符合「有借必有貸，借貸必相等」的原則，否則將不能保存。

【操作向導】

➢ 填制憑證：以製單人身分登錄總帳系統，執行「總帳」→「憑證」→「填制憑證」命令，打開「填制憑證」窗口，單擊「增加」，在憑證中輸入相關內容後，單擊「保存」按鈕，如圖6-16所示。

➢ 定義常用憑證：以製單人身分登錄總帳系統，執行「總帳」→「憑證」→「常用憑證」命令，打開「常用憑證」窗口，單擊「增加」，定義常用憑證的主要信息（包括編碼、說明、憑證類別）後，單擊「詳細」按鈕，再進行詳細定義。

➢ 調用常用憑證：在製單時，執行「製單」→「調用常用憑證」命令，輸入編碼或按F2鍵後可調用常用憑證，以提高製單效率。

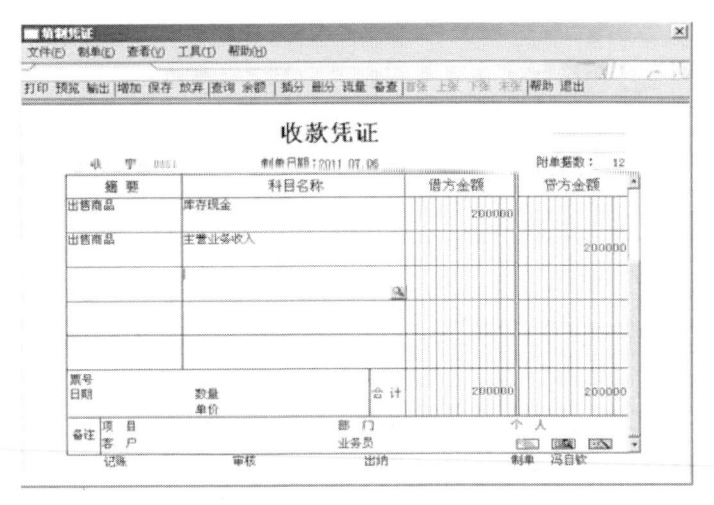

圖 6-16　填制常用憑證界面

(2) 刪除憑證。

當發現已保存的憑證有錯誤，但還沒有記帳，並不打算或不能修改時，可對該憑證打上「作廢」標示（也可以將「作廢」標示去掉），然後通過「整理憑證」將其刪除。作廢的憑證左上角會出現紅色的「作廢」字樣，表示該憑證已作廢。作廢的憑證仍然保留憑證內容及編號，但不能修改和審核，在帳簿查詢時也不顯示該憑證數據。

【操作向導】

➤「作廢/恢復」憑證：以製單人身分登錄總帳系統，執行「總帳」→「憑證」→「填制憑證」命令，打開「填制憑證」窗口，找到需要「作廢/恢復」的憑證，執行「製單」→「作廢/恢復」命令。

➤ 整理憑證：在「填制憑證」窗口，執行「製單」→「整理憑證」，即可將標記有「作廢」標示的憑證刪除，完成刪除後系統會對未記帳憑證重新進行編號，如圖 6-17 所示。

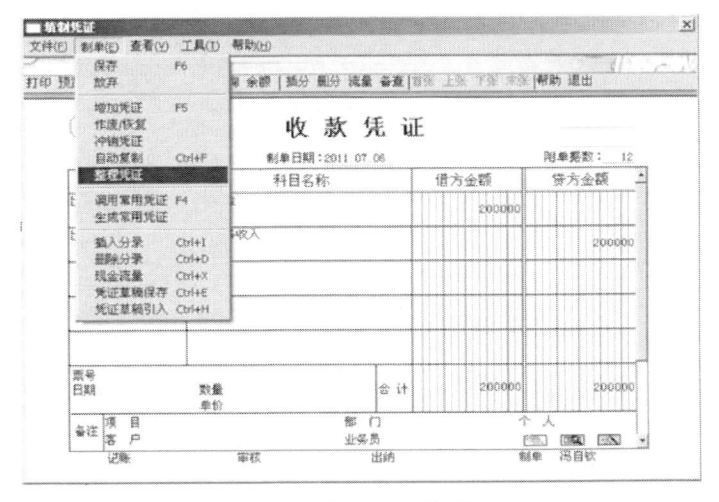

圖 6-17　整理刪除憑證界面

✓ 已作廢的憑證應參與記帳，否則月末無法結轉，但不對已作廢憑證進行數據處理，只視其為一張空憑證，帳簿查詢時，查不到已作廢憑證的數據。

✓ 外部憑證不能在總帳系統中進行作廢處理。

✓ 只能對未記帳的憑證進行整理。如需對已記帳的憑證進行整理，應先恢復到記帳前狀態，再進行整理。

(3) 修改和衝銷憑證。

未審核憑證在填制憑證的窗口進行修改後保存，已審核憑證由審核人員先取消審核，再在填制憑證的窗口進行修改後保存。如果在記帳以後發現憑證錯誤，可採用「紅字衝銷法」和「藍字補記法」進行更正。「紅字衝銷法」又叫「紅字更正法」，是用紅字編制一張與原來錯誤的已記帳憑證完全相同的憑證，記帳後衝銷原憑證，再用藍字編寫一張正確的憑證並進行記帳。

【操作向導】

➢ 在「填制憑證」窗口，執行「製單」→「衝銷憑證」，系統彈出「衝銷憑證」對話框，選擇月份、憑證類別，填入憑證號，單擊「確定」，如圖6-18所示。

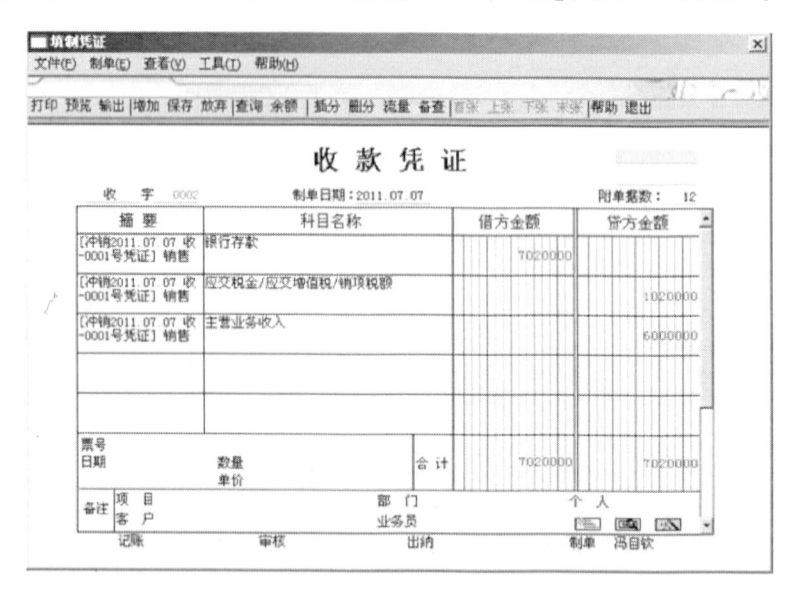

圖6-18　衝銷憑證界面

(4) 出納簽字。

會計製單工作完成之後，如果憑證是出納憑證，且在系統初始設置的「選項」中選擇了「出納憑證必須由出納簽字」項目，則該憑證必須由出納核對簽字。出納憑證涉及企業現金的收入與支出，出納人員可通過出納簽字功能對製單員填制的帶有現金銀行科目的憑證進行檢查核對，主要核對出納憑證的出納科目金額是否正確，審查認為錯誤或有異議的憑證，應交與填制人員修改後再核對。

【操作向導】

➤ 以出納的身分註冊登錄系統，執行「總帳」→「憑證」→「出納簽字」命令，打開「出納簽字」查詢條件對話框，如圖 6-19 所示，在「憑證類別」下拉列表框選擇憑證的類別，在「月份」下拉列表框選擇時間，單擊「確認」按鈕，打開「出納簽字」憑證列表窗口，選中需要出納簽字的憑證，單擊「確定」按鈕（或雙擊該憑證），單擊「簽字」按鈕，憑證底部「出納」處自動顯示出納人員的姓名。

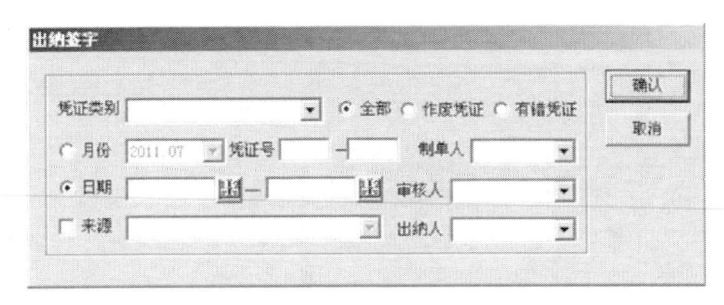

圖 6-19　出納簽字查詢條件對話框

（5）主管簽字。

為了加強企業的集中財務管理，會計核算中心採取主管簽字的管理模式。此模式中，經主管會計簽字後，憑證才能記帳。已簽字的憑證在憑證上顯示為當前操作員姓名加紅色框。簽字人不能與製單人相同。取消簽字必須由簽字人本人取消。

【操作向導】

➤ 以會計主管身分登錄，執行「總帳」→「憑證」→「主管簽字」命令，打開「主管簽字」窗口，如圖 6-20 所示，找到需要審核的憑證，雙擊憑證打開「主管簽字憑證」窗口，單擊「簽字」，即在憑證的右上方打上主管的印章。

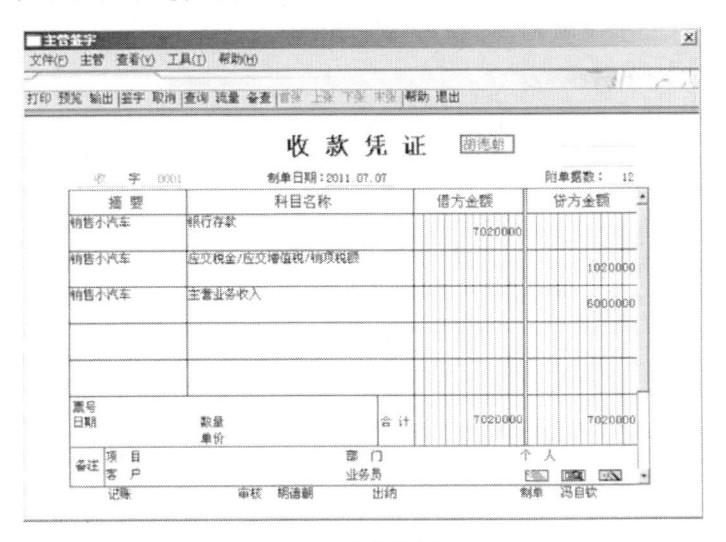

圖 6-20　主管簽字界面

(6) 審核憑證。

審核憑證是指由憑證審核權限的操作員按照會計製度規定,對製單人編制的會計憑證進行合法性檢查,以防止錯誤及舞弊的發生。審核權限的操作員主要審核記帳憑證是否與原始憑證相符、會計分錄是否正確等。審查認為錯誤或有異議的憑證,應交與填制人員修改後再審核。

【操作向導】

➢ 以審核人身分登錄(審核人與製單人不能同為一人),執行「總帳」→「憑證」→「審核憑證」命令,打開「審核憑證」窗口,如圖 6-21 所示,找到需要審核的憑證,單擊「審核」。

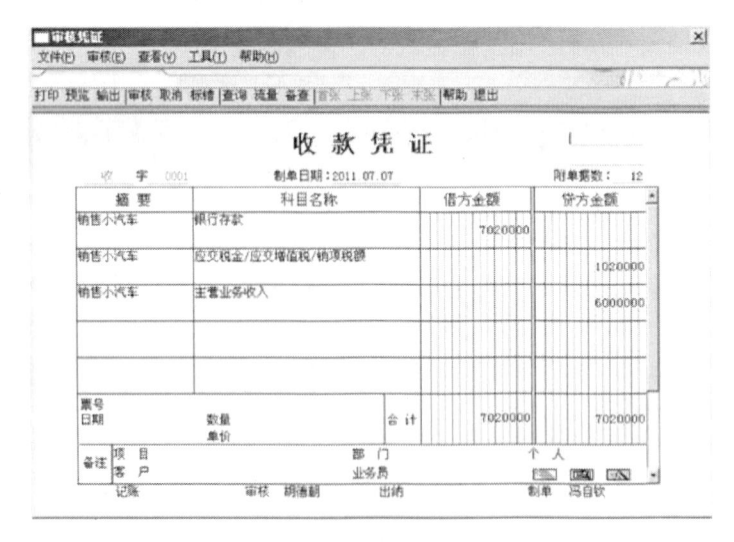

圖 6-21 審核憑證界面

(7) 查詢和打印憑證。

【操作向導】

➢ 執行「總帳」→「憑證」→「查詢憑證」命令,打開「查詢憑證」對話框,如圖 6-22 所示,輸入相應的條件後查詢。

➢ 執行「總帳」→「憑證」→「打印憑證」命令,打開「憑證打印」對話框,如圖 6-23 所示,選擇和輸入相應的條件後打印。

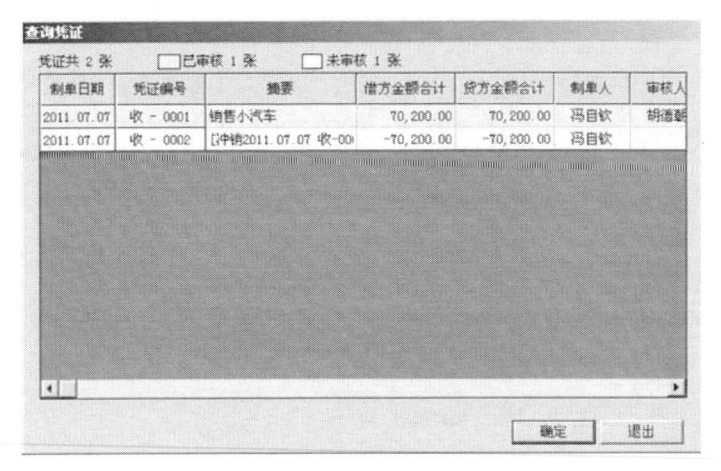

圖 6-22　查詢憑證界面

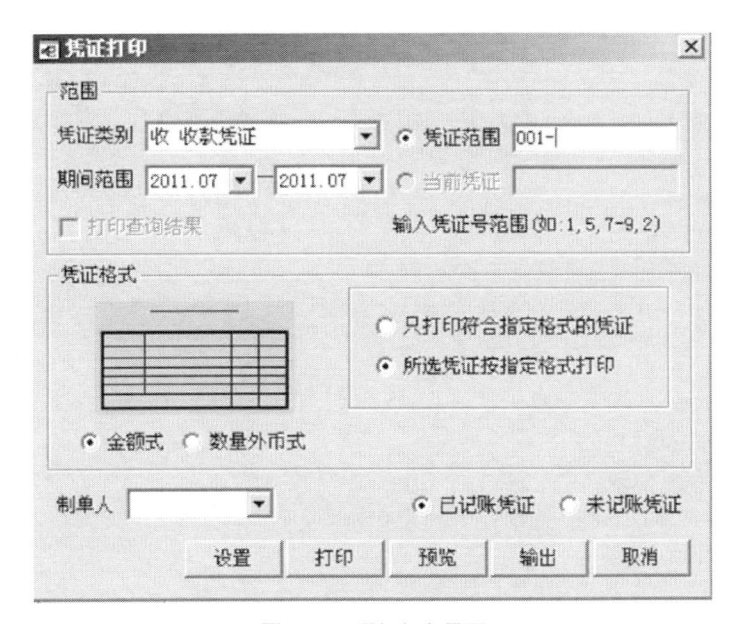

圖 6-23　憑證打印界面

(8) 科目匯總和摘要匯總。

【操作向導】

➢ 執行「總帳」→「憑證」→「科目匯總」命令，打開「已記帳科目匯總」對話框，如圖 6-24 所示，輸入相應的條件後顯示「科目匯總表」。

➢ 執行「總帳」→「憑證」→「摘要匯總表」命令，打開「摘要匯總表查詢條件」對話框，選擇和輸入相應的條件後顯示「摘要匯總表」，如圖 6-25 所示。

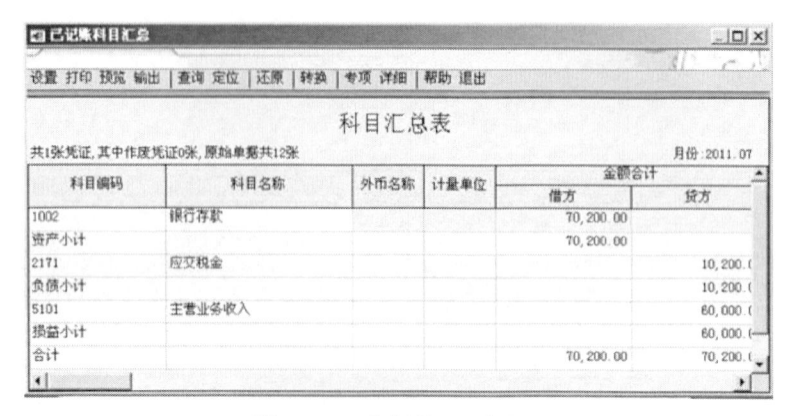

圖 6-24　已記帳科目匯總界面

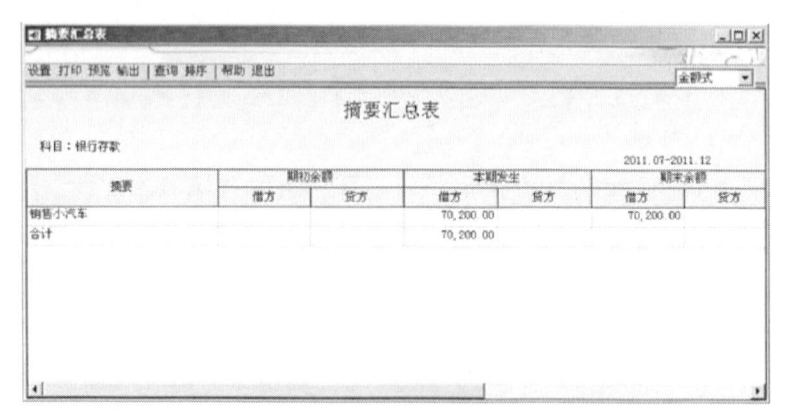

圖 6-25　摘要匯總表界面

(9) 記帳。

記帳憑證經審核簽字後，即可用來登記總帳和明細帳、日記帳、部門帳、往來帳、項目帳以及備查帳等，記帳工作採用向導方式由計算機自動進行數據處理。

【操作向導】

➢ 具有記帳權限的操作員，執行「總帳」→「憑證」→「記帳」命令，打開「記帳」對話框，如圖 6-26 所示，在「記帳範圍」欄輸入要進行記帳的憑證範圍（或選擇全選按鈕），單擊「下一步」，完成「選擇本次記帳範圍」，進入「記帳報告」，系統對選中的憑證進行合法性檢查，如果沒發現不合法憑證，屏幕會顯示所選憑證的匯總表及憑證總數，供用戶進行核對，單擊「下一步」進入記帳界面，點擊「記帳」按鈕，系統開始登錄有關的總帳和明細帳。

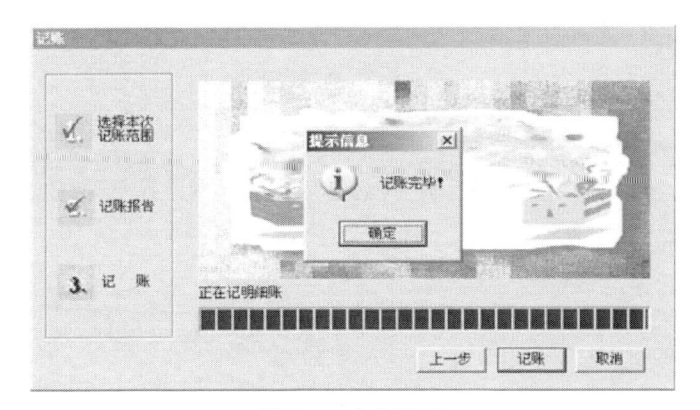

圖 6-26　記帳界面

如果記帳過程中突然斷電或其他原因導致記帳錯誤，可調用取消記帳功能，恢復記帳前狀態。

【操作向導】

➢ 在期末對帳界面，按下 Ctrl+H 鍵，顯示「恢復記帳前狀態功能已被激活」提示信息，單擊「確定」按鈕，退出「對帳」，執行「總帳」→「憑證」→「恢復記帳前狀態」命令，打開「恢復記帳前狀態」對話框，單擊「確定」，顯示輸入主管口令對話框，輸入主管口令後單擊「確定」。

6.3.2　出納管理

（1）現金日記帳。

本功能用於查詢現金日記帳，現金科目必須在「會計科目」功能下的「指定科目」中預先指定。

【操作向導】

➢ 執行「總帳」→「出納」→「現金日記帳」命令，打開「現金日記帳查詢條件」對話框，如圖 6-27 所示，輸入相應的條件後，單擊「確定」。

圖 6-27　現金日記帳查詢界面

電算化會計信息系統

(2) 銀行日記帳。

本功能用於查詢銀行日記帳，銀行科目必須在「會計科目」功能下的「指定科目」中預先指定。

【操作向導】

➤ 執行「總帳」→「出納」→「銀行日記帳」命令，打開「銀行日記帳查詢條件」對話框，如圖6-28所示，輸入相應的條件後，單擊「確定」。

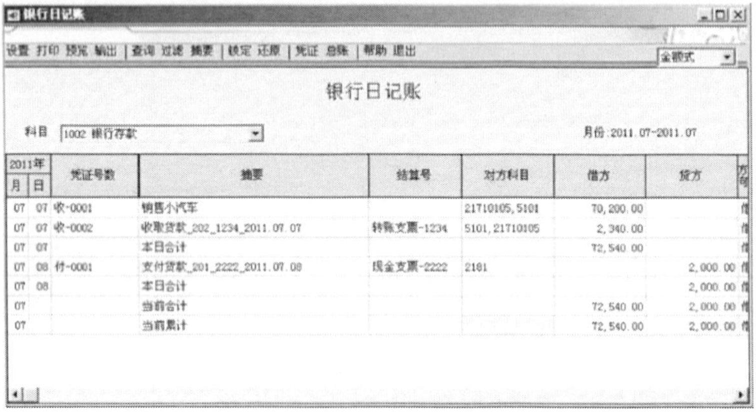

圖6-28　銀行日記帳查詢界面

(3) 資金日報。

資金日報表是反應現金、銀行存款每日發生額及餘額情況的報表，在企業財務管理中占據重要位置。本功能用於查詢輸出現金、銀行存款科目某日的發生額及餘額情況。

【操作向導】

➤ 執行「總帳」→「出納」→「資金日報表」命令，打開「資金日報表查詢條件」對話框，如圖6-29所示，輸入相應的條件後，單擊「確定」。

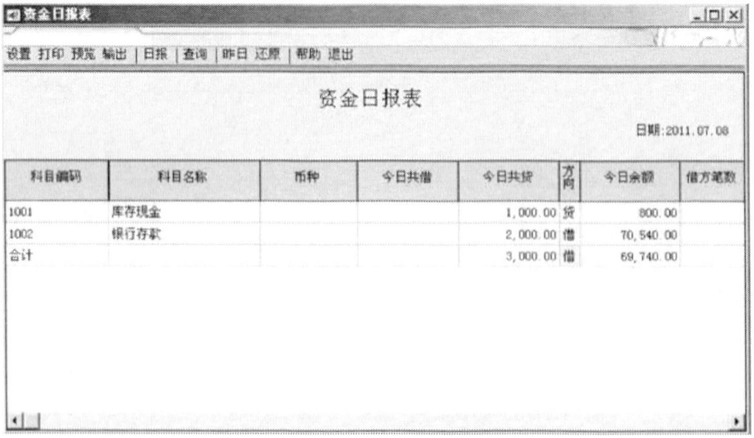

圖6-29　資金日報表查詢界面

(4) 帳簿打印。

包括現金日記帳打印和銀行日記帳打印。

【操作向導】

➢ 執行「總帳」→「出納」→「帳簿打印」→「現金日記帳打印/銀行日記帳」命令，打開「打印條件」對話框，選擇相應的條件後，單擊「打印」。

(5) 支票登記簿。

在手工記帳時，銀行出納員通常建立支票領用登記簿，它用來登記支票領用情況，為此本系統特為銀行出納員提供了「支票登記簿」功能，以供其詳細登記支票領用人、領用日期、支票用途、是否報銷等情況。使用的前提是：結算方式設置「票據結算」標誌；「選項」菜單選擇「支票控製」。

【操作向導】

➢ 執行「總帳」→「出納」→「支票登記簿」命令，打開「銀行科目選擇」對話框，選擇後，單擊「確定」。

(6) 銀行對帳。

銀行對帳是出納人員的一項基本工作。企業通過銀行進行業務結算時，由於帳務處理和入帳時間不一致，往往會出現未達帳項，為了防止記帳發生錯誤，及時瞭解銀行存款的實際餘額，企業通常會定期進行對帳。

【操作向導】

➢ 銀行對帳期初錄入：執行「總帳」→「出納」→「銀行對帳」→「銀行對帳期初錄入」命令，打開「銀行對帳期初錄入」對話框，錄入單位日記帳和銀行對帳單調整前餘額、對帳單期初未達帳項、日記帳期初未達帳項數據，單擊「退出」。

➢ 銀行對帳單：執行「總帳」→「出納」→「銀行對帳」→「銀行對帳單」命令，打開「銀行科目選擇」對話框，確定後進入銀行對帳單錄入窗口，單擊「增加」，並進行相應的錄入和保存。

➢ 銀行對帳：執行「總帳」→「出納」→「銀行對帳」→「銀行對帳單」命令，打開「銀行科目選擇」對話框，確定後進入銀行對帳窗口，單擊「對帳」，打開「自動對帳」窗口，選擇相應條件後，單擊「確定」。

➢ 餘額調節表查詢：執行「總帳」→「出納」→「銀行對帳」→「餘額調節表查詢」命令。

➢ 查詢對帳勾對情況：執行「總帳」→「出納」→「銀行對帳」→「查詢對帳勾對情況」命令，打開「銀行科目選擇」對話框，單擊「確定」。

➢ 核銷銀行帳：執行「總帳」→「出納」→「銀行對帳」→「核銷銀行帳」命令，打開「核銷銀行帳」對話框，單擊「確定」，顯示提示信息，單擊「是」。

6.3.3 帳表管理

提供我的帳表、科目帳、往來輔助帳、現金流量表的查詢、統計分析等功能。

(1) 我的帳表。

提供自定義帳夾功能。

(2) 科目帳。

科目帳通常包括總帳、餘額表、明細帳、序時帳、多欄帳、綜合多欄帳、日記帳、日報表。下面以總帳查詢操作為例進行介紹。總帳查詢不但可以查詢各總帳科目的年初餘額、各月發生額合計和月末餘額，而且還可查詢所有級次明細科目的年初餘額、各月發生額合計和月末餘額。

【操作向導】

➢ 執行「總帳」→「帳表」→「科目帳」→「總帳」命令，打開「總帳查詢條件」對話框，如圖6-30所示，輸入科目範圍，單擊「確定」後，打開總帳窗口。

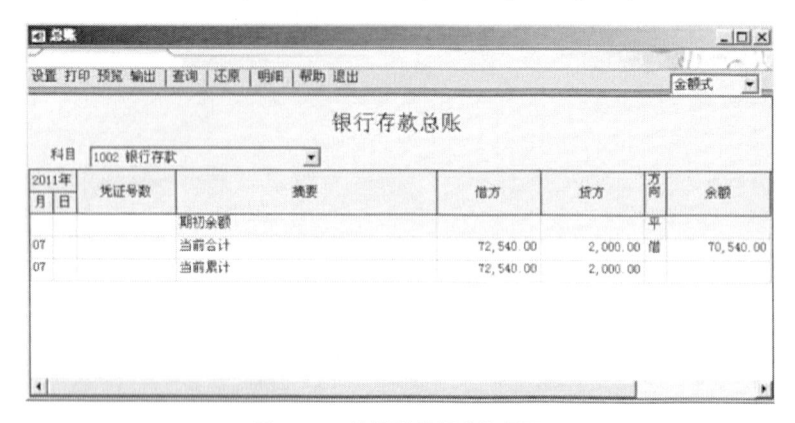

圖 6-30　總帳科目帳查詢界面

(3) 往來輔助帳。

會計軟件在完成企業會計核算的基礎上，還提供了輔助核算與管理功能，主要包括客戶往來輔助帳、供應商往來輔助帳、個人往來帳、部門輔助帳、項目輔助帳等。下面以個人往來帳查詢的具體操作為例子進行說明。個人往來輔助帳的管理主要涉及個人往來輔助帳餘額表、明細帳的查詢、個人往來帳的清理、對帳及帳齡分析等。

【操作向導】

➢ 個人往來餘額表：執行「總帳」→「帳表」→「個人往來餘額表」→「個人科目餘額表」命令，打開「個人往來—科目餘額表」對話框，選擇科目、月份、餘額、統計方向等信息，單擊「確認」按鈕。

➢ 個人往來明細帳：執行「總帳」→「帳表」→「個人往來明細帳」→「個人科目明細帳」命令，打開「個人往來—科目明細帳」對話框，選擇科目、月份、餘額、統計方向等信息，單擊「確認」按鈕。

➢ 個人往來帳清理：執行「總帳」→「帳表」→「個人往來帳清理」命令，打開「個人往來兩清條件」對話框，選擇科目、月份、餘額、統計方向等信息，單擊「確認」按鈕。

➢ 個人往來催款單：執行「總帳」→「帳表」→「個人往來催款單」命令，打開「個人往來催款單」對話框，選擇科目、月份、餘額、統計方向等信息，單擊「確認」按鈕。

➢ 往來帳齡分析：執行「總帳」→「帳表」→「往來帳齡分析」命令，打開「往來帳齡分析」對話框，設置帳齡區間，單擊「確定」。

(4) 現金流量表

【操作向導】

➢ 現金流量明細表：執行「總帳」→「帳表」→「現金流量表」→｜垷金流量明細表」命令，打開「現金流量明細表」對話框。

➢ 現金流量統計表：執行「總帳」→「帳表」→「現金流量表」→「現金流量統計表」命令，打開「現金流量統計表」對話框。

6.3.4 綜合輔助帳管理

(1) 科目輔助明細帳。

【操作向導】

➢ 執行「總帳」→「綜合輔助帳」→「科目輔助明細帳」命令，打開「科目輔助明細帳查詢條件」對話框，如圖 6-31 所示，輸入科目範圍，選擇輔助項、項目大類，單擊「確定」。

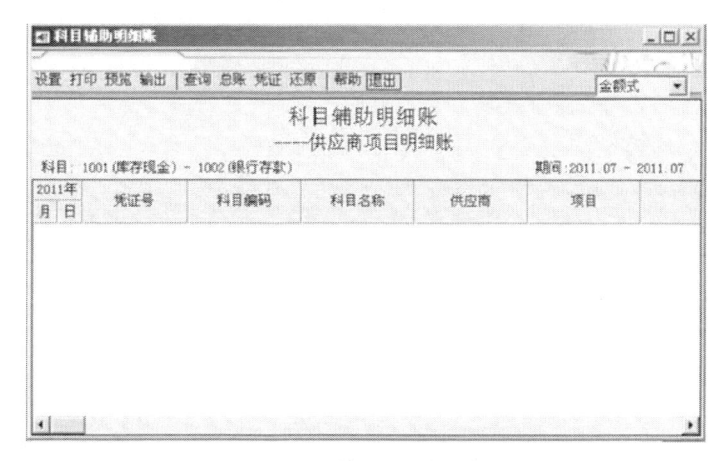

圖 6-31　科目輔助明細帳查詢界面

(2) 科目輔助匯總表。

【操作向導】

➢ 執行「總帳」→「綜合輔助帳」→「科目輔助匯總表」命令，打開「科目輔助匯總表查詢條件」對話框，輸入科目範圍，選擇輔助項、項目大類，單擊「確定」。

6.4　帳務處理子系統期末處理

月末處理是指在將本月所發生的經濟業務全部登記入帳後所要做的工作，主要包括計提、分攤、結轉、對帳和結帳。第一次使用本系統的用戶進入系統後，應先執行

「轉帳定義」，用戶在定義完轉帳憑證後，在以後的各月只需調用「轉帳憑證生成」即可。但當某轉帳憑證的轉帳公式有變化時，需先在「轉帳定義」中修改轉帳憑證內容，然後再轉帳。

6.4.1 轉帳定義

包括自定義轉帳、對應結轉、銷售成本結轉、售價銷售成本結轉、匯兌損益結轉和期間損益結轉的設置。

（1）自定義轉帳。

自定義轉帳功能可以完成的轉帳業務主要有：「費用分配」的結轉，如：工資分配等；「費用分攤」的結轉，如：製造費用等；「稅金計算」的結轉，如：增值稅等；「提取各項費用」的結轉，如：提取福利費等；「部門核算」的結轉；「項目核算」的結轉；「個人核算」的結轉；「客戶核算」的結轉；「供應商核算」的結轉。

【操作向導】

➢ 執行「總帳」→「期末」→「轉帳定義」→「自定義轉帳」命令，打開「自定義轉帳設置」對話框，如圖6-32所示，單擊「增加」，打開「轉帳目錄對話框」，輸入轉帳序號、轉帳說明，選擇憑證類別，單擊「確定」，在「自定義轉帳設置」進行相關設置，完成後單擊「保存」。

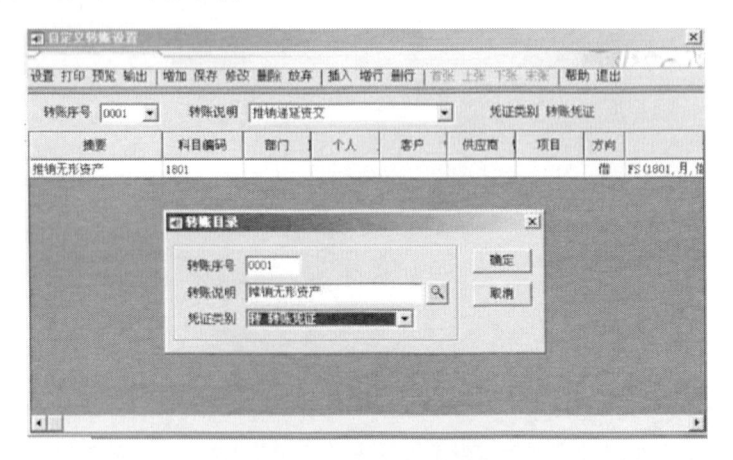

圖6-32　自定義轉帳設置界面

（2）對應結轉。

對應結轉不僅進行兩個科目一對一結轉，還提供科目的一對多結轉功能，對應結轉的科目可為上級科目，但其下級科目的科目結構必須一致（相同明細科目），如有輔助核算，則兩個科目的輔助帳類也必須一一對應。本功能只能結轉期末餘額。

【操作向導】

➢ 執行「總帳」→「期末」→「轉帳定義」→「對應結轉」命令，打開「對應結轉設置」對話框，如圖6-33所示，單擊「增加」，輸入編號（指該張轉帳憑證的代

號)、憑證類別、轉出科目，輸入轉入科目編碼、名稱、轉入輔助和結轉系數，完成後單擊「保存」。

圖 6-33　對應結轉設置界面

（3）銷售成本結轉。

銷售成本結轉功能，是將月末商品（或產成品）銷售數量乘以庫存商品（或產成品）的平均單價計算各類商品銷售成本並進行結轉。

【操作向導】

➢ 執行「總帳」→「期末」→「轉帳定義」→「銷售成本結轉」命令，打開「銷售成本結轉設置」對話框，如圖 6-34 所示，選擇憑證類別、庫存商品科目、商品銷售收入科目、商品銷售成本科目及相應的結轉條件，單擊「確定」。

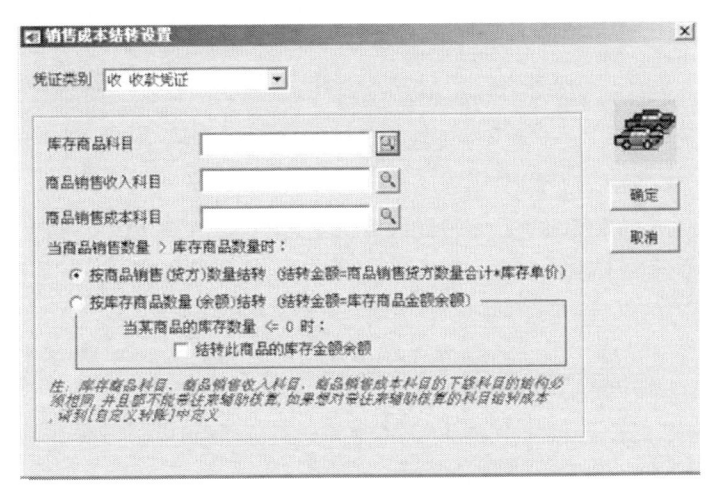

圖 6-34　銷售成本結轉設置界面

(4）售價（計劃價）銷售成本結轉。

本功能提供按售價（計劃價）結轉銷售成本或調整月末成本。

【操作向導】

➤ 執行「總帳」→「期末」→「轉帳定義」→「售價（計劃價）銷售成本結轉」命令，打開「售價（計劃價）銷售成本結轉」對話框，如圖6-35所示，選擇差異額計算方法、憑證類別、庫存商品科目、商品銷售收入科目、商品銷售成本科目、月末結轉方法、差異率計算方法，單擊「確定」。

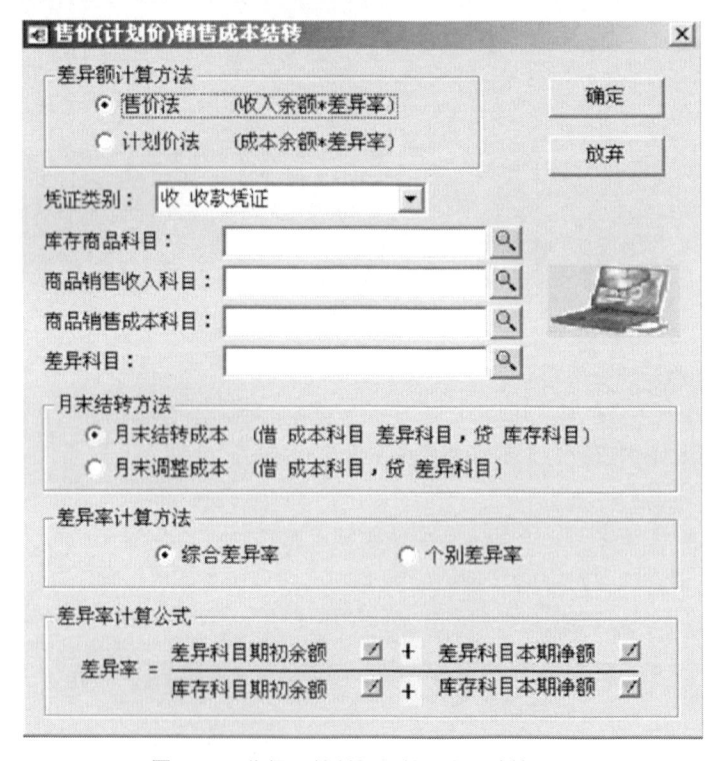

圖6-35　售價（計劃價）銷售成本結轉界面

(5）匯兌損益結轉。

用於期末自動計算外幣帳戶的匯兌損益，並在轉帳生成中自動生成匯兌損益轉帳憑證，匯兌損益只處理以下外幣帳戶：外匯存款戶；外幣現金；外幣結算的各項債權、債務。不包括所有者權益類帳戶、成本類帳戶和損益類帳戶。

【操作向導】

➤ 執行「總帳」→「期末」→「轉帳定義」→「匯兌損益結轉」命令，打開「匯兌損益結轉設置」對話框，如圖6-36所示，進行相應的設置，單擊「確定」。

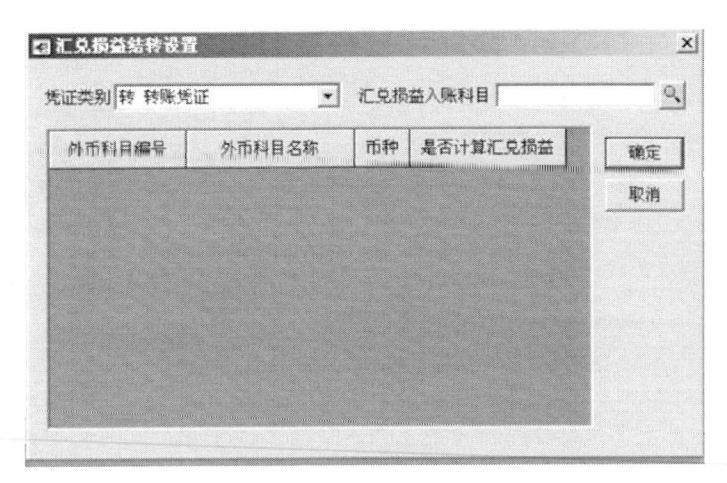

圖 6-36　匯兌損益結轉界面

（6）期間損益結轉。

用於在一個會計期間終了將損益類科目的餘額結轉到本年利潤科目中，從而及時反應企業利潤的盈虧情況。主要是對於管理費用、銷售費用、財務費用、銷售收入、營業外收支等科目的結轉。

【操作向導】

➢ 執行「總帳」→「期末」→「轉帳定義」→「期間損益結轉」命令，打開「期間損益結轉設置」對話框，如圖 6-37 所示，選擇憑證類別、本年利潤科目，單擊「確定」。

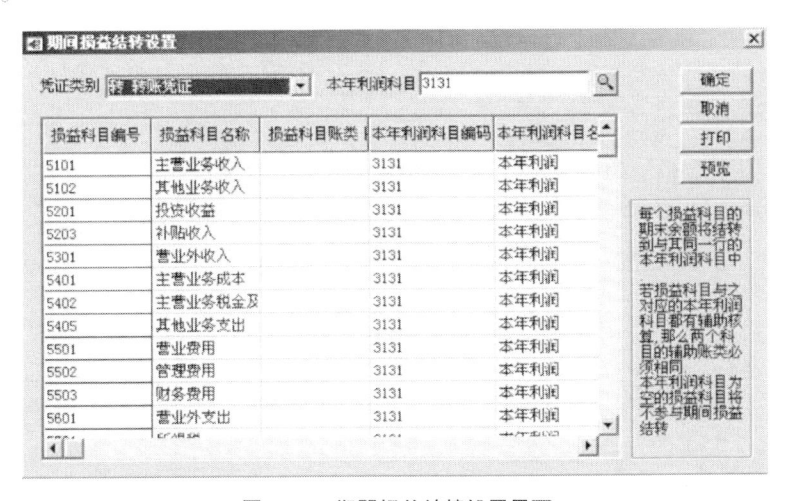

圖 6-37　期間損益結轉設置界面

6.4.2　轉帳生成

在定義完轉帳憑證後，每月月末只需執行本功能即可快速生成轉帳憑證，在此生

電算化會計信息系統

成的轉帳憑證將自動追加到未記帳憑證中去。由於轉帳是按照已記帳憑證的數據進行計算的，所以轉帳之前，一定要將所有未記帳憑證全部記帳，以保證轉帳憑證數據的準確、完整。

【操作向導】

➤ 執行「總帳」→「期末」→「轉帳生成」命令，打開「轉帳生成」對話框，如圖 6-38 所示，選擇結轉月份，相應的結轉類型和結轉方式，雙擊結轉的憑證使是否結轉欄顯示為「Y」，單擊「確定」分別生成相應的結轉憑證，屏幕顯示出要生成的轉帳憑證，點擊「保存」按鈕將當前憑證追加到未記帳憑證中。

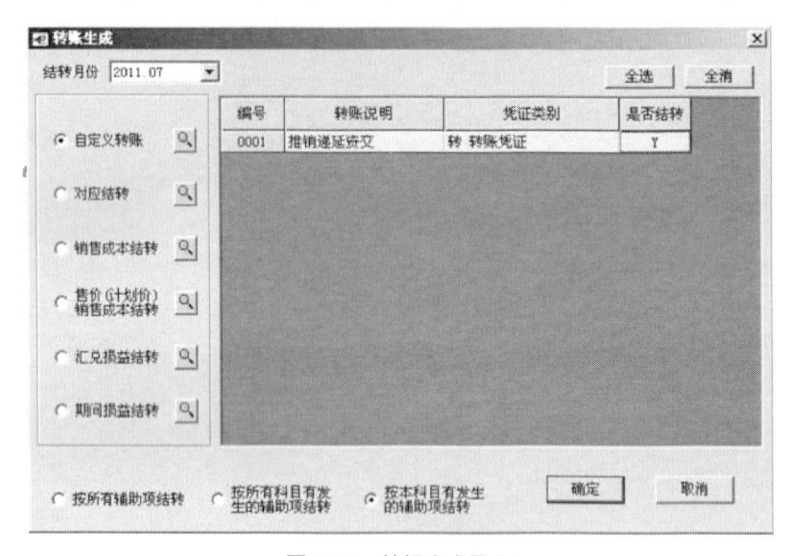

圖 6-38 轉帳生成界面

6.4.3 對帳

對帳是對帳簿數據進行核對，以檢查記帳是否正確，以及帳簿是否平衡。它主要是通過核對總帳與明細帳、總帳與輔助帳數據來完成帳帳核對。為了保證帳證相符、帳帳相符，用戶應經常使用本功能進行對帳，至少一個月一次，一般可在月末結帳前進行。

【操作向導】

➤ 執行「總帳」→「期末」→「對帳」命令，打開「對帳」對話框，如圖 6-39 所示，選擇核對內容：總帳與明細帳、總帳與部門帳等，單擊「選擇」選擇要進行對帳月份，單擊「對帳」按鈕，系統開始自動對帳。若對帳結果為帳帳相符，則對帳月份的對帳結果處顯示「正確」，若對帳結果為帳帳不符，則對帳月份的對帳結果處顯示「錯誤」，按「錯誤」顯示「對帳錯誤信息表」，可查看引起帳帳不符的原因。按「試算」按鈕，可以對各科目類別餘額進行試算平衡。

第 6 章　電算化會計信息系統帳務處理

圖 6-39　對帳界面

6.4.4　結帳

每月工作結束後，月末都要進行結轉。結帳即計算和結轉各帳簿的本簽生額和期末餘額，並終止本期的帳務處理工作。

【操作向導】

➢ 執行「總帳」→「期末」→「結帳」命令，打開「結帳」對話框，如圖 6-40 所示，選擇結帳月份，單擊「下一步」依次完成「開始結帳」「核對帳簿」「月度工作報告」和「完成結帳」。

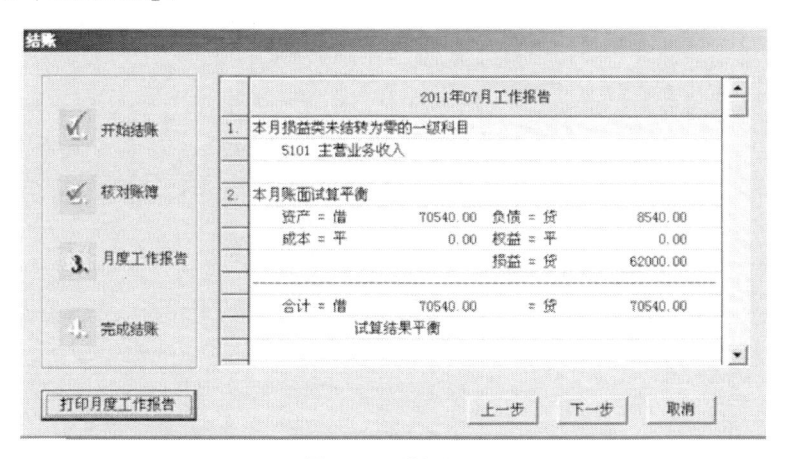

圖 6-40　結帳界面

第 7 章　電算化會計信息系統工資管理

本章主要介紹用友 ERP-U8 工資管理模塊的基礎設置、業務處理和統計分析功能。通過本章的學習，要求學生掌握工資管理系統的工作原理和基本操作。掌握工資管理的初始設置、日常操作、期末處理及統計分析。

7.1　工資管理系統概述

工資管理系統是用友 ERP-U8 普及版的重要組成部分。它具有強大的功能，適用於各類企業、行政、事業與科研單位，並提供了同一企業存在多種工資核算類型的解決方案。它可以根據不同企業的需要設計工資項目、計算公式，更加方便的輸入、修改各種工資數據和資料；自動計算個人所得稅，結合工資發放形式進行找零設置或向代發工資的銀行傳輸工資數據；自動計算、匯總工資數據，對形成工資、福利費等各項費用進行月末、年末帳務處理，並通過轉帳方式向總帳系統傳輸會計憑證。

7.1.1　工資管理系統的基本功能

（1）初始設置。
✓ 可設置代發工資的銀行名稱。
✓ 可自定義工資項目及計算公式。
✓ 提供計件工資標準設置和計件工資方案設置。
✓ 可設置人員附加信息、人員類別、部門選擇設置、人員檔案等基礎檔案。
✓ 提供多工資類別核算、工資核算幣種、扣零處理、個人所得稅扣稅處理、是否核算計件工資等帳套參數設置。

（2）業務處理。
✓ 工資數據變動：進行工資數據的變動、匯總處理，支持多套工資數據的匯總。
✓ 工資分錢清單：提供部門分錢清單、人員分錢清單、工資發放取款單。
✓ 工資分攤：月末自動完成工資分攤、計提、轉帳業務，並將生成的憑證傳遞到總帳系統，實現各部門資源共享。
✓ 銀行代發：靈活的銀行代發功能，預置銀行代發模板，適用於由銀行發放工資的企業。可實現在同一工資帳中的人員由不同的銀行代發工資，以及多種文件格式的輸出。
✓ 扣繳所得稅：提供個人所得稅自動計算與申報功能。
✓ 計件工資統計：支持「計件工資」核算模式，輸入計件工資計件數量和計件單

價，自動計算人員計件工資，並完成計件工資統計匯總。

（3）統計分析報表業務處理。

✓ 提供自定義報表查詢功能。

✓ 提供按月查詢憑證的功能。

✓ 提供工資表：工資發放簽名表、工資發放條、工資卡、部門工資匯總表、人員類別匯總表、條件匯總表、條件明細表、條件統計表等。

✓ 提供工資分析表：工資項目分析表、工資增長分析、員工工資匯總表、按月分類統計表、部門分類統計表、按項目分類統計表、員工工資項目統計表、分部門各月工資構成分析表、部門工資項目構成分析表等。

7.1.2 工資管理系統的操作流程

工資管理系統可為有多種工資核算類型的企業提供解決方案，包括單工資類別核算和多工資類別核算。所有人員統一工資核算的企業，可使用單工資類別核算。對在職人員、退休人員、離休人員進行核算的企業，可使用多工資類別核算。對正式工、臨時工進行核算的企業，可使用多工資類別核算。每月進行多次工資發放，月末統一核算的企業，可使用多工資類別核算。在不同地區有分支機構，而由總管機構統一進行工資核算的企業，可使用多工資類別核算。工資管理系統的操作流程如圖7-1。

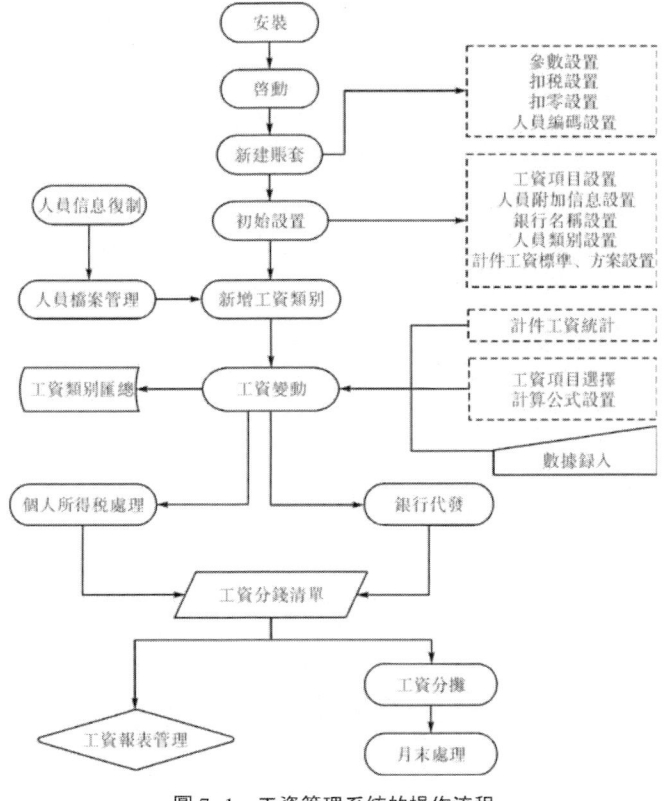

圖7-1　工資管理系統的操作流程

7.2　工資管理基礎設置

　　計算機處理工資程序與手工基本類似，只不過需做一次性基礎設置，每月只需對有變動的地方進行修改，系統自動進行計算，匯總生成各種報表。因此在使用工資管理系統之前，應整理好設置的工資項目及核算方法、人員檔案及工資數據等基本信息。基礎設置是工資管理系統應用的前提和基礎。用友 ERP-U8 工資管理系統的基礎設置包括：建立工資帳套、建立和打開工資類別、基礎信息設置。

7.2.1　建立工資帳套

　　建立工資帳套是整個工資管理系統正常運行的基礎和根本保證，將影響工資項目的設置和工資業務的具體處理方式。可通過系統提供的建帳向導，逐步完成整套工資的建帳工作。當使用工資管理系統時，如果所選擇的帳套為初次使用，系統將自動進入建帳向導。工資帳套與企業核算帳套不同，它是企業核算帳套的一個組成部分。在建立工資帳套之前，必須首先在系統管理中建立本單位的核算帳套，並啟用工資管理系統。系統建立工資帳套可分為四個步驟：參數設置、扣稅設置、扣零設置、人員編碼設置。

　　（1）參數設置。

　　啟用工資系統時，首先應進行工資帳套註冊，通常情況下工資帳套與總帳系統的帳套一致。但在個別情況下，也可以增設新工資套。系統提供了「單個」和「多個」兩個工資類別選項。當核算單位對所有人員工資實行統一管理，且工資項目、計算公式全部相同時，選擇「單個」工資類別；否則，選擇「多個」工資類別。在參數設置中，還需要選擇本企業工資核算應用方案，確定工資核算本位幣及是否核算計件工資等。

　　（2）扣稅設置。

　　目前，中國規定職工個人收入所得稅由企業或單位代扣，個人收入所得稅採用分級累進制。由於納稅基數和稅率的規定可以發生變化，不同職工（如外籍職工和本國職工）納稅規定不同，因此個人收入所得稅的計算必須要有足夠的靈活性。用友工資系統可以在系統設置中選擇設置為職工代扣個人所得稅項。

　　（3）扣零設置。

　　工資數據的扣零是將本月工資尾數留下月處理的一種數據處理方式。每次發放工資時將零頭扣下，累積取整，於下次工資發放時補上，系統在計算工資時將依據扣零類型進行扣零計算。扣零包括「扣零至元」「扣零至角」「扣零至分」三種類別。「扣零至元」是指工資發放時不發 10 元以下的元、角、分，扣零至角、扣零至分，依此類推。

　　（4）人員編碼設置。

　　工資核算中每個職工都有唯一的編碼，人員編碼定義應結合企業部門設置和職工

數量自由定義，但總長度不能超過系統給定的最高位數。人員編碼長度設置後，就決定了工資帳套中職工代碼的長度。

【操作向導】

➢ 在業務選項卡中，執行「財務會計」→「工資管理」命令，打開「建立工資套」對話框，如圖 7-2 所示，進行參數設置、扣稅設置、扣零設置和人員編碼。

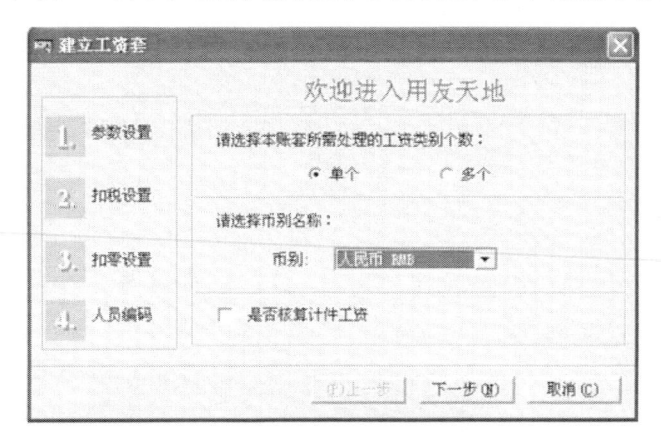

圖 7-2　建立工資帳套對話框

7.2.2　建立工資類別

【操作向導】

➢ 工資管理系統的業務選項卡中，執行「工資類別」→「新建工資類別」命令，如圖 7-3 所示，打開「新建工資類別」對話框，輸入工資類別名稱，單擊「下一步」，彈出「新建工資類別部門」選擇對話框，選擇部門後，單擊「完成」，系統彈出提示對話框，單擊「是」。

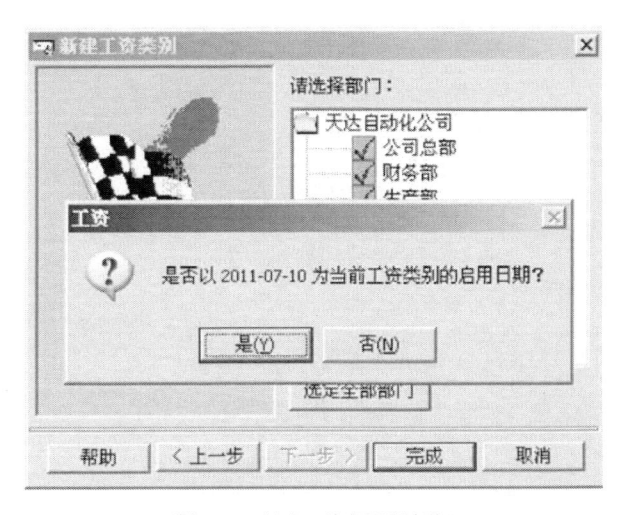

圖 7-3　新建工資類別對話框

119

7.2.3 基礎信息設置

基礎信息設置包括人員附加信息設置、人員類別設置、工資項目設置、銀行名稱設置、部門設置以及選項設置。

（1）人員附加信息設置。

除了人員編號、人員姓名、所在部門、人員類別等基本信息外，為了管理的需要還需要一些輔助管理信息。人員附加信息的設置可用於增加人員信息，豐富人員檔案的內容，便於對人員進行更加有效的管理。例如增加設置人員的性別、民族、婚否等信息。

【操作向導】

➢ 工資管理系統的業務選項卡中，執行「設置」→「人員附加信息設置」命令，打開「人員附加信息設置」對話框，如圖 7-4 所示，單擊「增加」，在「信息名稱」的文本框輸入相應的人員附加信息或利用欄目參照欄選擇，單擊「增加」。

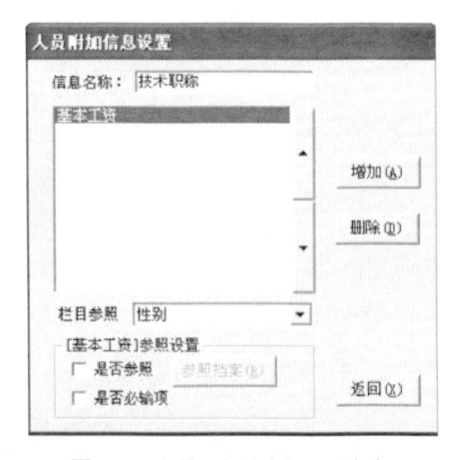

圖 7-4　人員附加信息設置對話框

（2）人員類別設置。

人員類別是指按某種特定的分類方式將企業職工分成若干類別，不同類別的人員工資水平可能不同，從而有助於實現工資的多級化管理。設置人員類別，是便於按人員類別進行工資匯總計算，以滿足在同一個帳套內跨越各個部門和單位按人員類別不同進行綜合匯總的需要。

【操作向導】

➢ 工資管理系統的業務選項卡中，執行「設置」→「人員類別設置」命令，打開「類別設置」對話框，如圖 7-5 所示，單擊「增加」，在「類別」的文本框輸入相應的人員類別，單擊「增加」。

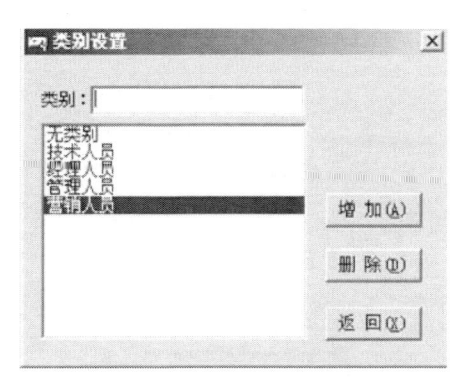

圖 7-5　人員類別設置對話框

（3）工資項目設置。

工資項目設置是指定義工資項目的名稱、類型和寬度。在系統中提供了一些固定項目，是工資帳套必不可少的，包括「應發合計」「扣款合計」「實發合計」等項，不能刪除和重命名，其他工資項目可根據需要自由設置，如基本工資、崗位工資、獎金等。系統還提供了常用項目供選擇，若設置了「扣零處理」，則系統在工資項目中自動生成「本月扣零」和「上月扣零」兩個指定的工資項目；若選擇了「自動扣稅」功能，則系統在工資項目中自動生成「代扣稅」項目。

【操作向導】

➤ 工資項目設置：工資管理系統的業務選項卡中，執行「設置」→「工資項目設置」命令，打開「工資項目設置」對話框，如圖 7-6 所示，單擊「增加」，輸入「工資項目名稱」，選擇類型、長度、小數、增減項，重復「增加」操作，利用移動箭頭調整工資項目的位置，完成後單擊「確認」。

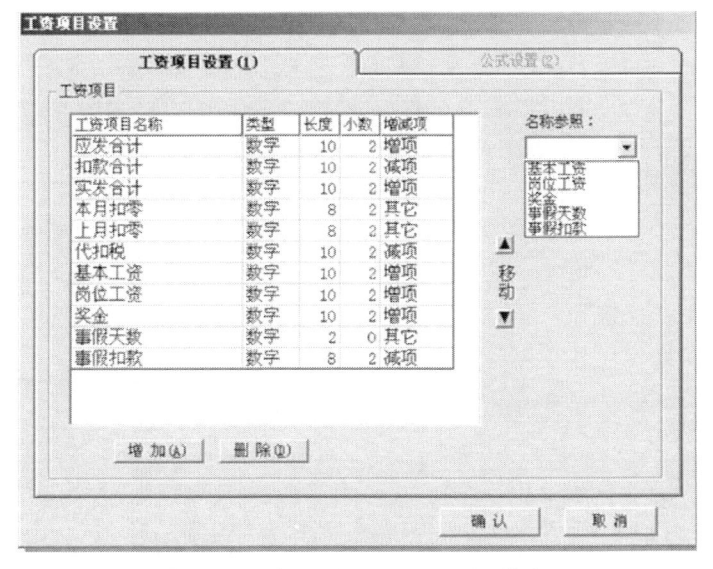

圖 7-6　工資項目設置—項目設置對話框

➢ 公式設置：在設置完工資項目後，執行「設置」→「工資項目設置」命令，打開「工資項目設置」對話框，如圖7-7所示，激活「公式設置」選項卡，增加相應的工資項目，並進行公式設置，公式設置完成後點擊「公式確認」，全部完成後，點擊「確認」。

圖7-7 工資項目設置—公式設置對話框

✓ 錄入人員檔案以後才能設置工資項目的公式。
✓ 項目名稱必須唯一，工資項目一經使用，數據類型不允許修改。

(4) 銀行名稱設置。

當企業發放工資採用銀行代發形式時，需要確定銀行的名稱及帳號的長度。銀行名稱設置中可設置多個代發工資的銀行，以適應不同的需要，例如：同一工資類別中的人員由於在不同的工作地點，需在不同的銀行代發工資，或者不同的工資類別由不同的銀行代發工資。

【操作向導】

➢ 工資管理系統的業務選項卡中，執行「設置」→「銀行名稱設置」命令，打開「銀行名稱設置」對話框，如圖7-8所示，單擊「增加」，輸入銀行名稱和長度，單擊「增加」。

(5) 部門設置。

設置部門檔案是設置人員工資信息的基礎，以便按部門核算各類人員工資，提供部門核算資料。

【操作向導】

➢ 工資管理系統的業務選項卡中，執行「設置」→「部門設置」命令，打開「部門檔案」設置窗口，如圖7-9所示，單擊「增加」，輸入部門編號、部門名稱、負責人等信息，單擊「增加」。

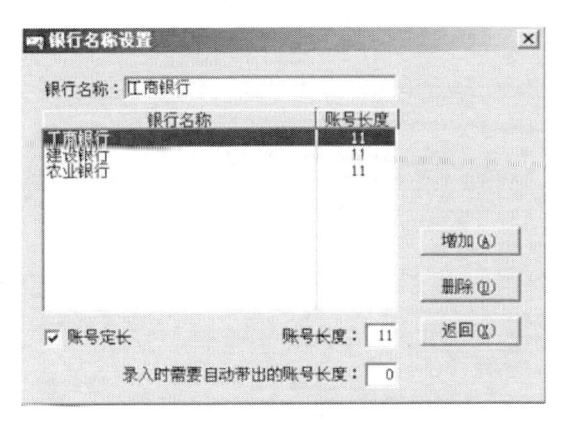

圖 7-8　銀行名稱設置對話框

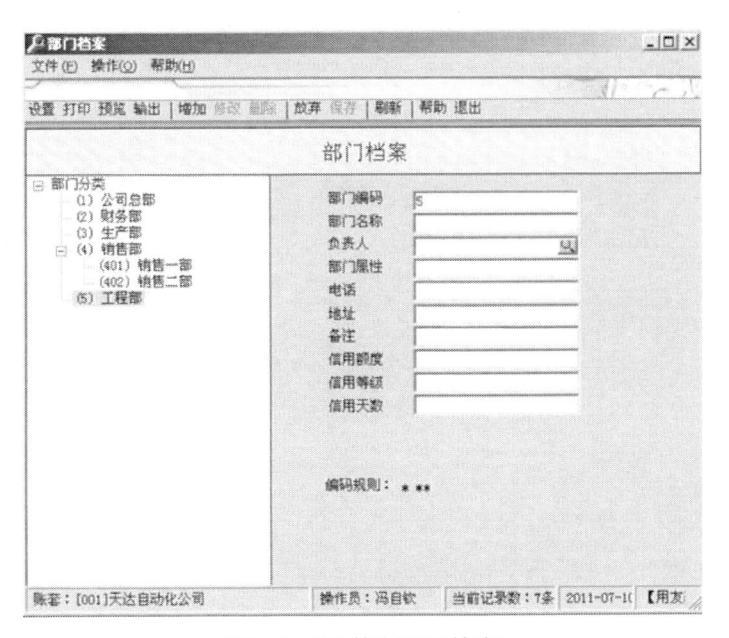

圖 7-9　部門檔案設置對話框

(6) 人員檔案設置。

人員檔案的設置用於登記工資發放人員的姓名、職工編號、所在部門和人員類別等信息，工資日常核算中職工的增減變動也必須在本功能中處理，這樣有利於加強職工工資管理。人員檔案的操作是針對某個工資類別的，即應先打開相應的工資類別才能進行人員檔案的設置。

【操作向導】

➢ 工資管理系統的業務選項卡中，執行「設置」→「人員檔案」命令，打開「人員檔案」設置窗口，單擊「增加」，如圖 7-10 所示，彈出「人員檔案」對話框，輸入人員編號、人員名稱、部門編號、部門名稱等信息，單擊「保存」。

123

電算化會計信息系統

圖 7-10　人員檔案設置對話框

(7) 選項設置。

系統在建立新的工資套後，或由於業務的變更，發現一些工資參數與核算內容不符，可以在此進行工資帳參數的調整。包括對以下參數的修改：扣零設置、扣稅設置、參數設置、匯率調整。

【操作向導】

➢ 當建立和打開相應的工資類別後，在工資管理系統的業務選項卡中，執行「設置」→「選項」命令，打開「選項」設置窗口，如圖 7-11 所示，進行相應的設置後，單擊「確定」。

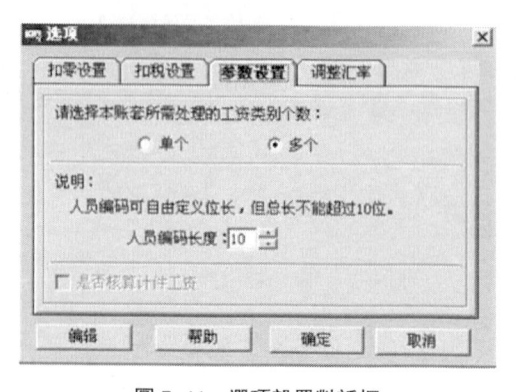

圖 7-11　選項設置對話框

7.3 業務處理

ERP-U8 的工資管理業務處理包括：工資變動、工資分錢清單、扣繳所得稅、銀行代發、工資分攤、月末處理和反結帳。

7.3.1 工資變動

工資變動用於日常工資數據的調整變動以及工資項目的增減變動調整，如水電費扣發、事病假扣發、獎金錄入。在完成了工資項目及其計算公式的設置後，即可進行數據錄入。進入工資變動後屏幕顯示所有人員的所有工資項目供查看。可直接在列表中修改數據，也可以通過以下方法加快錄入：如果只需對某些項目進行錄入，如水電費、缺勤扣款等，可使用項目過濾器功能，選擇某些項目進行錄入，如圖 7-12 所示。如果需錄入某個指定部門或人員的數據，可點擊「定位」按鈕，如圖 7-13 所示，使用部門、人員定位功能讓系統自動定位到需要的部門或人員上，然後錄入。如果需按某個條件統一調整數據，如將人員類別為幹部的人員的書報費統一調為 20 元錢，這時可使用數據替換功能，如圖 7-14 所示。如果需按某些條件篩選符合條件的人員進行錄入，如選擇人員類別為幹部的人員進行錄入，可使用數據篩選功能，如圖 7-15 所示。

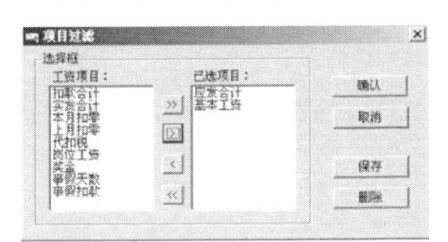

圖 7-12 項目過濾功能

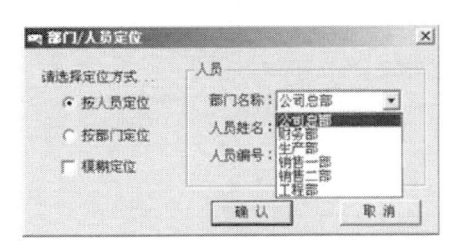

圖 7-13 項目定位功能

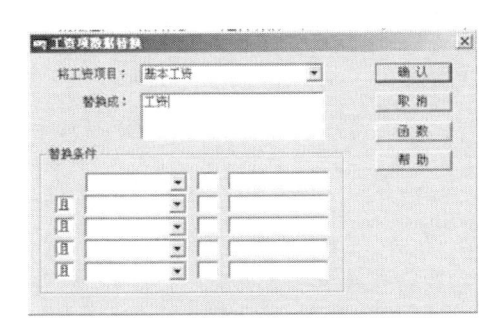

圖 7-14 工資項目替換功能

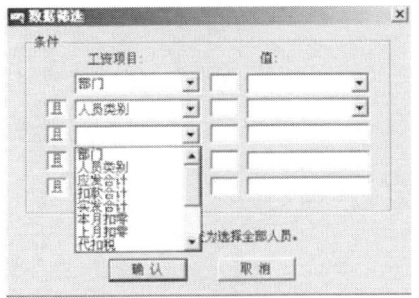

圖 7-15 數據篩選功能

【操作向導】

➢ 設置：在工資管理系統中，執行「業務處理」→「工資變動」命令，打開「工資變動」窗口，點擊「設置」選項卡，打開「工資項目設置」對話框，進行相應的

設置。

➢ 過濾：在工資管理系統中，執行「業務處理」→「工資變動」命令，打開「工資變動」窗口，點擊「過濾器」下拉菜單，選擇<過濾條件>，打開「項目過濾」對話框，選擇過濾項目後，單擊「確認」。

➢ 替換：在工資管理系統中，執行「業務處理」→「工資變動」命令，打開「工資變動」窗口，點擊「替換」選項卡，打開「工資項數據替換」對話框，輸入相關替換內容，單擊「確認」。

➢ 定位：在工資管理系統中，執行「業務處理」→「工資變動」命令，打開「工資變動」窗口，點擊「定位」選項卡，打開「部門/人員定位」對話框，選擇定位方式和人員相關信息，點擊「確認」。

➢ 篩選：在工資管理系統中，執行「業務處理」→「工資變動」命令，打開「工資變動」窗口，點擊「篩選」選項卡，打開「數據篩選」對話框，進行相應的條件設置，單擊「確認」。

➢ 計算：在工資管理系統中，執行「業務處理」→「工資變動」命令，打開「工資變動」窗口，點擊「計算」選項卡，即可進行工資計算。

➢ 匯總：在工資管理系統中，執行「業務處理」→「工資變動」命令，打開「工資變動」窗口，點擊「匯總」選項卡，即可進行工資匯總。

➢ 編輯：在工資管理系統中，執行「業務處理」→「工資變動」命令，打開「工資變動」窗口，點擊「編輯」選項卡，打開「工資數據錄入---頁編輯」對話框，如圖 7-16 所示，對每名職工在內容處錄入相應的工資，單擊「保存」。

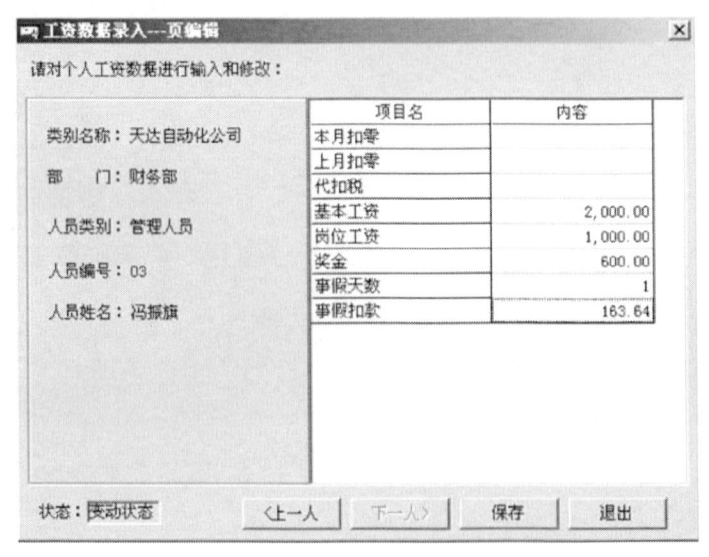

圖 7-16　頁編輯窗口

7.3.2　工資分錢清單

工資分錢清單是按單位計算的工資發放票額清單，財務人員根據此表從銀行

取款並發給部門。執行此功能必須在個人數據輸入調整完之後，如果個人數據在計算後又做了修改，須重新執行本功能，以保證數據正確。本功能有部門分錢清單、人員分錢清單和工資發放取款單三部分。採用銀行代發工資的單位一般無須進行工資分錢清單的操作。

【操作向導】

➢ 在工資管理系統中，執行「業務處理」→「工資分錢清單」命令，打開「票面額設置」對話框，分別點擊「部門分錢清單」「人員分錢清單」「工資發放取款單」，可進行相應的顯示，完成後單擊「退出」，如圖 7-17 所示。

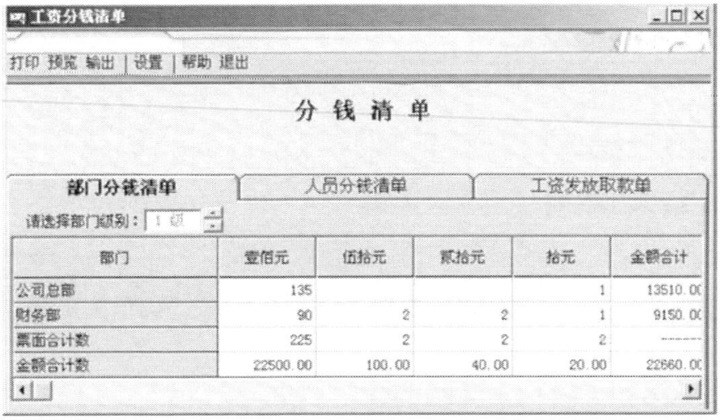

圖 7-17　分錢清單窗口

7.3.3　扣繳所得稅

個人所得稅是按照《中華人民共和國個人所得稅法》對個人的所得徵收的一種稅。手工情況下，每月末財務部門都要對超過扣除的部分進行計算納稅申報，系統提供申報僅對工資薪金所得徵收個人所得稅，其他不予考慮。由於許多企事業單位計算職工工資薪金所得稅工作量較大，所以本系統提供個人所得稅自動計算功能，用戶只需自定義所得稅率，系統自動計算個人所得稅；既減輕了用戶的工作負擔，又提高了工作效率。

【操作向導】

➢ 在工資管理系統中，執行「業務處理」→「扣繳所得稅」命令，打開「欄目選擇」對話框，如圖 7-18 所示，選擇相應的欄目後，點擊「確認」，打開「個人所得稅」窗口，如圖 7-19 所示，顯示人員的個人所得稅申報表，此窗口內分別點擊欄目、稅率和申報選項卡，可完成欄目的設定、稅率的設定及所得稅申報等工作，完成後單擊「退出」。

電算化會計信息系統

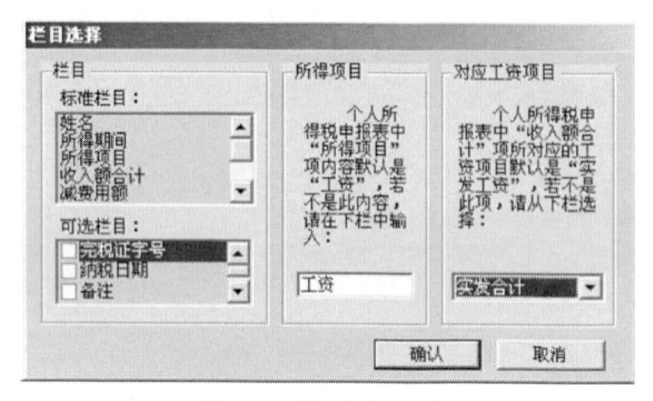

圖 7-18　欄目選擇對話框

圖 7-19　個人所得稅窗口

7.3.4　銀行代發

銀行代發是指每月末，單位應向銀行提供銀行給定的文件格式數據，由銀行代替單位發放工資的業務。這樣做既減輕了財務部門發放工資工作的繁重勞動，又有效地避免了財務去銀行提取大筆款項所承擔的風險，同時還提高了對員工個人工資的保密程度。

【操作向導】

➤ 在工資管理系統中，執行「業務處理」→「銀行代發」命令，顯示「是否過濾掉實發合計不大於零的員工」對話框，單擊「是」，打開「銀行格式設置」對話框，如圖 7-20 所示，設置完格式後單擊「確認」和「是」按鈕，打開「銀行代發一覽表」窗口，如圖 7-21 所示，在此窗口分別點擊「格式」「方式」「傳輸」「輸出」「打印」等選項卡，可打開相應窗口，進行文件格式設置、文件方式設置、文件傳輸設置和文件輸出和打印。

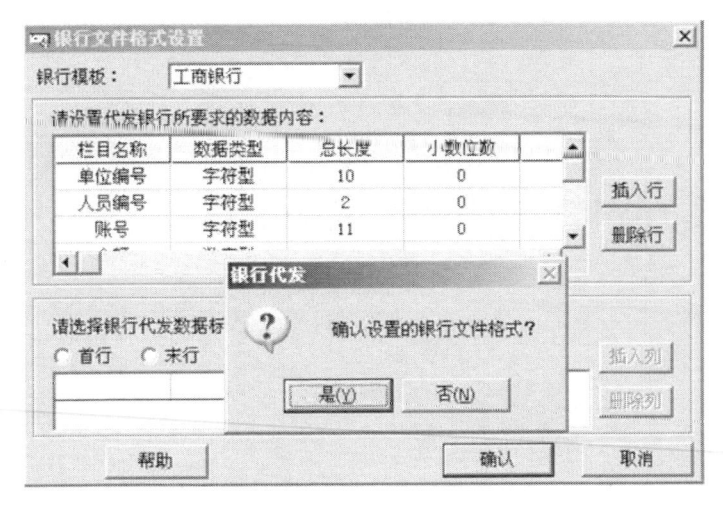

圖 7-20　銀行文件格式設置

圖 7-21　銀行代發一覽表窗口

7.3.5　工資分攤

　　工資分攤是指對當月發生的工資費用進行工資總額的計算、分配及各種經費的計提，並製作自動轉帳憑證，傳遞到總帳系統供登帳使用。完成工資總額及計提基數的設置後，先確定需分攤的部門，然後根據國家有關會計製度的要求以及企業的實際情況進行指定費用分配及計提後借貸方的入帳科目。如果設置了自定義的分攤、計提項目，則根據自身需要修改計提比例（系統默認初始計提比例為自定義計提基數的 100%）。

　　【操作向導】

　　➢ 計提費用類型設置：在工資管理系統中，執行「業務處理」→「工資分攤」命令，顯示「工資分攤」對話框，單擊「工資分攤設置」選項卡，打開「分攤類型設置」對話框，單擊「增加」，彈出「分攤計提比例設置」對話框，如圖 7-22 所示，輸

電算化會計信息系統

入計提類型名稱、選擇計提比例、單擊「下一步」，在分攤構成設置窗口中，對部門名稱、項目、借方科目、貸方科目進行設置，設置完後單擊「完成」和「返回」。

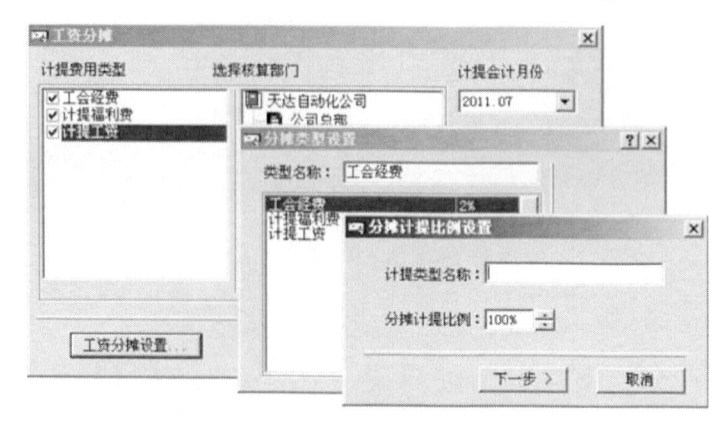

圖 7-22　計提費用類型設置界面

➢ 工資分攤：在「工資分攤」窗口中選擇計提費用類型、核算部門、計提分配方式、計提會計月份和明細到工資項目，單擊「確定」。

➢ 轉帳憑證的生成：在「工資分配明細」窗口，如圖 7-23 所示，單擊「製單」或「批制」選項卡，即可生成相應的轉帳憑證，在憑證上選擇憑證類型為「轉」字，單擊「保存」，憑證上顯示「已生成」字樣，如圖 7-24 所示。

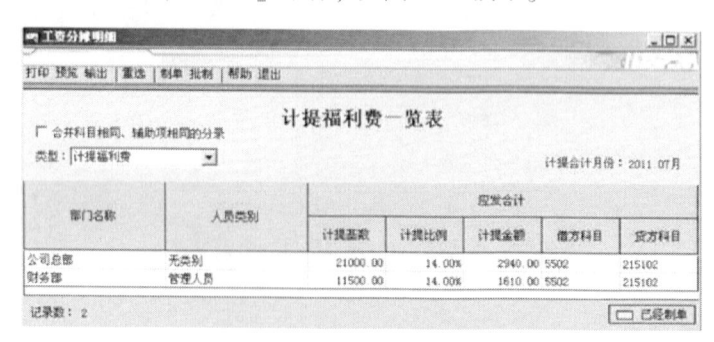

圖 7-23　工資分配明細界面

✓ 計提費用類型設置中的借方科目：對應選中部門、人員類別的每個工資項目的借方科目。如管理費用、銷售費用、製造費用等。

✓ 計提費用類型設置中的貸方科目：對應選中部門、人員類別的每個工資項目的貸方科目。如應付職工薪酬—工資、應付職工薪酬—福利費、應付職工薪酬—工會經費等。

✓ 一般情況下，工資按100%計提，福利費按14%計提，工會經費按2%計提。

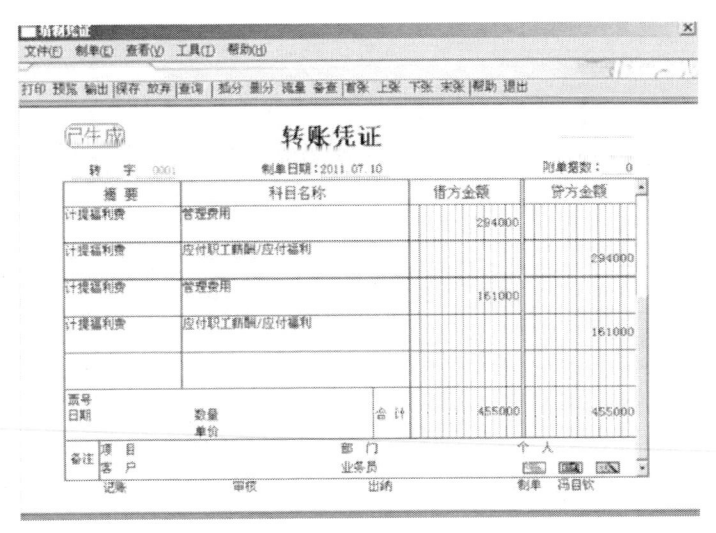

圖 7-24　轉帳憑證生成界面

7.3.6　月末處理

月末處理是將當月數據經過處理後結轉至下月。每月工資數據處理完畢後均可進行月末結轉。由於在工資項目中，有的項目是變動的，即每月的數據均不相同，在每月工資處理時，均需將其數據清為 0，而後輸入當月的數據，此類項目即為清零項目。若不進行清零操作，則下月項目將完全繼承當前月數據。

【操作向導】

➢ 在工資管理系統中，執行「業務處理」→「月末處理」命令，如圖 7-25 所示，彈出「月末處理對話框」，單擊「確認」，彈出「繼續月末處理嗎？」對話框，單擊「是」，彈出「是否選擇清零項」，單擊「是」，彈出「選擇清零項目」，將選定的清零項目移到選擇框內，點擊「確認」，即可完成月末結轉。

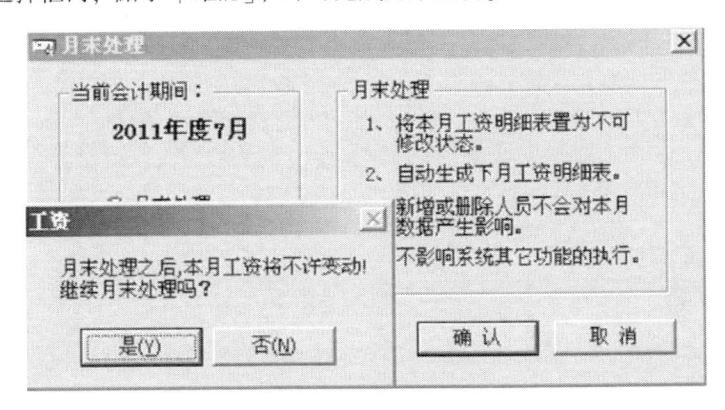

圖 7-25　月末結轉對話框

7.3.7 反結帳

在工資管理系統結帳後，發現還有一些業務或其他事項需要在已結帳月進行帳務處理，此時需要使用反結帳功能，取消已結帳標記。

【操作向導】

➢ 在工資管理系統中，執行「業務處理」→「反結帳」命令（若沒關閉工資類別，系統提示關閉所有工資類別），彈出「反結帳」對話框，如圖 7-26 所示，選擇反結帳工資類別後，單擊「確認」。

✓ 反結帳操作只能由帳套主管執行。

✓ 有下列情況之一，不允許反結帳：總帳系統上月已結帳；匯總工資類別的會計月份=反結帳會計月，且包括需反結帳的工資類別。

✓ 本月工資分攤、計提憑證傳輸到總帳系統，如果總帳系統已製單並記帳，需做紅字衝銷憑證後，才能反結帳；如果總帳系統未做任何操作，只需刪除此憑證即可。

✓ 如果憑證已經由出納簽字/主管簽字，需取消出納簽字/主管簽字，並刪除該張憑證後，才能反結帳。

圖 7-26　反結帳對話框

7.4　工資管理統計分析

工資業務處理完成後，相關工資報表數據同時生成。系統提供了多種形式的報表來反應工資核算的結果，報表的格式是工資項目按照一定的格式由系統設定的。如果對報表提供的固定格式不滿意，可使用系統提供的修改表、新建表的功能。統計分析模塊提供了我的帳表、工資表和工資分析表功能。

7.4.1　工資帳表管理

（1）我的帳表。

我的帳表主要功能是對工資系統中所有的報表進行管理，有工資表和工資分析表兩種報表類型，可以對工資表和工資分析表進行修改和重建表操作。如果系統提供的報表不能滿足企業的需要，用戶還可以啟用自定義報表功能，新增帳表夾和設置自定義報表。

【操作向導】

➢ 在工資管理系統中，執行「統計分析」→「帳表」→「我的帳表」命令，打開「帳表管理」對話框。在「帳簿」下級菜單下有「工資表」和「工資分析表」。

➢ 點擊「工資表」，在右邊框內展開工資表的種類，分別點擊相應的表格，可進行相應的查詢和統計分析操作。

➢ 點擊「工資分析表」，在右邊框內展開工資分析表的種類，分別點擊相應的表格，可進行相應的查詢和統計分析操作。

（2）工資表。

工資表功能主要用於本月工資的發放和統計，主要完成查詢和打印各種工資表。工資表包括以下一些由系統提供的原始表：工資發放簽名表、工資發放條、工資卡、部門工資匯總表、人員類別工資匯總表、條件匯總表、條件統計表、條件明細表、工資變動明細表及工資變動匯總表等。

【操作向導】

➢ 在工資管理系統中，執行「統計分析」→「帳表」→「工資表」命令，打開「工資表」對話框，選擇相應的表格後，點擊「查看」，在向導指引下完成相應的操作，如圖 7-27 和圖 7-28 所示。

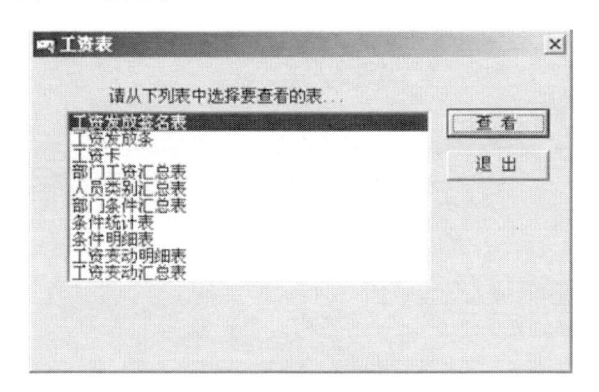

圖 7-27　工資表對話框

圖 7-28　工資發放簽名表

(3）工資分析表。

工資分析表是以工資數據為基礎，對部門、人員類別的工資數據進行分析和比較，產生各種分析表，供決策人員使用。工資分析表包括：分部門各月工資構成分析表、分類統計表（按部門、按項目、按月）、工資項目分析（按部門）、工資增長情況、部門工資項目構成分析表、員工工資匯總表、員工工資項目統計表。

【操作向導】

➢ 在工資管理系統中，執行「統計分析」→「帳表」→「工資分析表」命令，打開「工資分析表」對話框，選擇相應的表格後，點擊「確認」，在向導指引下完成相應的操作，如圖 7-29 和圖 7-30 所示。

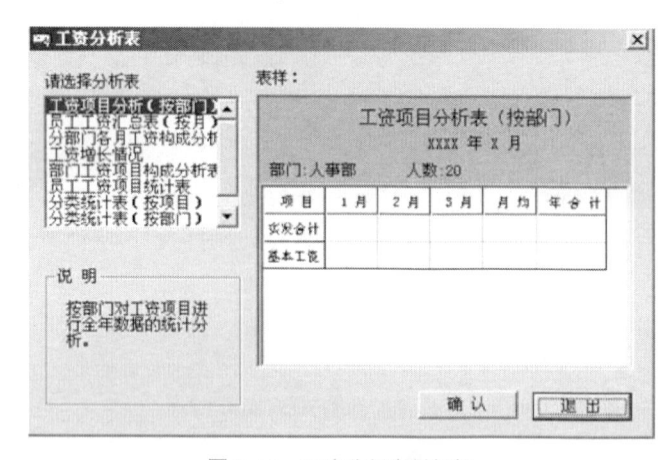

圖 7-29　工資分析表對話框

圖 7-30　工資項目分析表

7.4.2　憑證查詢

工資核算的結果以轉帳憑證的形式傳輸到總帳系統，在總帳系統中可以進行查詢、審核、記帳等操作，不能修改、刪除。工資管理系統中的憑證查詢功能提供對工資系統轉帳憑證的刪除、衝銷。

【操作向導】

➢ 在工資管理系統中，執行「統計分析」→「憑證查詢」命令，打開「工資分析憑證查詢」對話框，如圖 7-31 所示，選擇相應的憑證後，點擊「單據」可查詢憑證的原始單據，點擊「憑證」顯示「聯查憑證」窗口，可查詢相應的憑證，點擊「衝銷」，彈出「是否要對當前憑證紅字衝銷?」，如果此憑證已經記帳，則可生成紅字衝銷憑證。

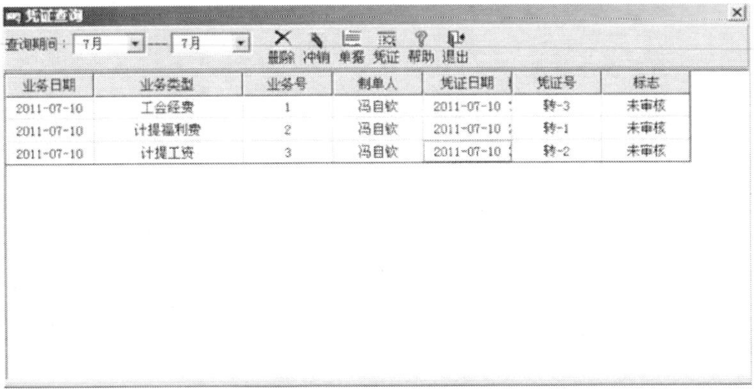

业务日期	业务类型	业务号	制单人	凭证日期	凭证号	标志
2011-07-10	工会经费	1	冯自钦	2011-07-10	转-3	未审核
2011-07-10	计提福利费	2	冯自钦	2011-07-10	转-1	未审核
2011-07-10	计提工资	3	冯自钦	2011-07-10	转-2	未审核

圖 7-31　憑證查詢對話框

7.4.3　數據維護

（1）數據上報。

數據上報主要是指本月與上月相比新增加人員數量信息及減少人員數量信息的上報，本功能是在基層單位帳中使用，形成上報數據文件。如果企業為單工資類別帳時，數據上報功能一直可以使用，而為多工資類別帳時，則需關閉所有工資類別後才能使用。人員信息包括人員檔案的所有字段信息，工資數據包含所有工資項目的信息。

（2）數據採集。

數據採集是指人員信息採集，人員信息採集是指將人員上報盤中的信息讀入至系統中。本功能是在統發帳中使用，用於人員的增加、減少、工資數據的變更。數據採集功能在單工資類別時，一直可用，多工資類別時，需關閉所有工資類別才可使用。

（3）匯總工資類別。

在多個工資類別中，以部門編號、人員編號、人員姓名為標準，將此三項內容相同人員的工資數據做合計。如果需要統計所有工資類別本月發放工資的合計數，或某些工資類別中的人員工資都由一個銀行代發，希望生成一套完整的工資數據傳到銀行，則可使用此項功能。

第 8 章　電算化會計信息系統固定資產管理

本章主要介紹用友 ERP-U8 固定資管理模塊的基礎設置、業務處理功能。通過本章的學習，要求學生掌握固定資產管理系統的工作原理和基本操作。掌握固定資產管理的系統初始化、基礎設置、卡片設置、日常操作、期末處理等。

8.1　固定資產管理系統概述

固定資產是指為生產商品、提供勞務、出租或經營管理而持有的、使用年限超過一年並且單位價值較高的有形資產，它是企業從事生產經營活動的重要物質條件。在企業的資產總值中，固定資產通常佔有相當大的比重，正確核算和嚴格管理固定資產對企業的生產經營活動意義重大。固定資產管理子系統主要完成企業固定資產的核算和管理，生成固定資產卡片，按月反應固定資產增加、減少、原值變化及其他變動，並輸入相應的增減變動明細帳，按月自動計提折舊，生成折舊分配憑證，同時輸出相關的報表和帳簿。

8.1.1　固定資產管理系統的基本功能

（1）初始設置。
✓ 支持用戶根據需要選擇外幣（非人民幣）管理資產設備；
✓ 支持用戶自定義資產分類編碼方式和資產類別，同時定義該類別級次的使用年限、殘值率；
✓ 用戶自定義部門核算的科目，轉帳時自動生成憑證；
✓ 用戶可自定義使用狀況，並增加折舊屬性，使用更靈活；
✓ 恢復月末結帳前狀態，又稱「反結帳」，是本系統提供的糾錯功能；
✓ 為適應行政事業單位固定資產管理需要，提供整套帳不提折舊功能。
（2）業務處理。
✓ 用戶可自由設置卡片項目；
✓ 提供固定資產卡片批量打印功能；
✓ 提供資產附屬設備和輔助信息的管理；
✓ 提供按類別定義卡片樣式，適用不同企業定制樣式的需要；
✓ 提供固定資產卡片批量複製、批量變動及從其他帳套引入的功能，極大地提高

了卡片錄入效率；

✓ 提供原值變動表、啟用記錄、部門轉移記錄、大修記錄、清理信息等附表；

✓ 可處理各種資產變動業務，包括原值變動、部門轉移、使用狀況變動、使用年限調整、折舊方法調整、淨殘值（率）調整、工作總量調整、累計折舊調整、資產類別調整等；

✓ 提供對固定資產的評估功能，包括對原值、使用年限、淨殘值率、折舊方法等進行評估。

（3）計提折舊。

✓ 自定義折舊分配週期，滿足不同行業的需要；

✓ 提供折舊公式自定義功能，並按分配表自動生成記帳憑證；

✓ 提供兩種平均年限法（計算公式不同）計提折舊；

✓ 提供平均年限法、工作量法、年數總和法、雙倍餘額遞減法計提折舊；

✓ 折舊分配表更靈活全面，包括部門折舊分配表和類別折舊分配表，各表均按輔助核算項目匯總；

✓ 考慮原值、累計折舊、使用年限、淨殘值和淨殘值率、折舊方法的變動對折舊計提的影響，系統自動更改折舊計算，計提折舊，生成折舊分配表，並按分配表自動製作記帳憑證。

8.1.2 固定資產管理系統的操作流程

固定資產管理系統的操作流程如圖 8-1。

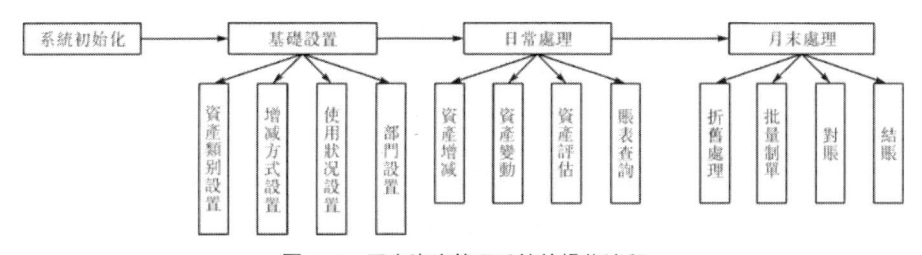

圖 8-1 固定資產管理系統的操作流程

8.2 固定資產系統初始設置

用友 ERP-U8 固定資產管理系統初始設置包括系統初始化、基礎設置和卡片設置，是系統正常運行的前提和基礎。系統的初始化為固定資產管理系統的應用建立必要的帳套，基礎設置為固定資產管理系統的應用設置了必要的基礎信息，卡片設置為固定資產明細核算和管理提供必要的卡片項目。

8.2.1 系統初始化

系統初始化是使用固定資產系統管理資產的首要操作，是根據企業的具體情況，

建立一個適合企業需要的固定資產子帳套的過程。在新建帳套初次使用固定資產系統時，系統會提示「這是第一次打開此帳套，還未進行過初始化，是否進行初始化？」。系統初始化的內容主要包括：約定及說明、啟用月份、折舊信息、編碼方式、帳務接口和完成。

(1) 約定及說明。

主要提供使用固定資產系統的基本約定，包括基本原則等。

(2) 啟用月份。

用來查看本帳套固定資產開始使用的年份和會計期間，啟用日期只能查看不可修改。

(3) 折舊信息。

選擇本系統常用的折舊方法，以便在資產類別新增設置時系統自動帶出主要折舊方法以提高錄入速度。系統提供常用的五種方法：平均年限法（一）、平均年限法（二）、工作量法、年數總和法、雙倍餘額遞減法。選擇折舊分配週期以便按期計提折舊。

(4) 編碼方式。

資產類別是企業根據管理和核算的需要給固定資產所做的分類，可參照國家標準或自己的需要建立分類體系。資產類別編碼最多可設置 4 級 10 位，可以設定每一級的編碼長度。系統推薦採用國家規定的 4 級 6 位（2112）方式。

(5) 帳務接口。

帳務接口主要包括與帳務系統進行對帳和在對帳不平情況下是否允許固定資產月末結帳兩種，需要填制固定資產科目和累計折舊科目。

(6) 完成。

初始化設置完成後，界面顯示已定義相關的內容，檢查無誤後可點擊「完成」按鈕保存，但一旦設置完成，退出初始化向導後是不能修改的，如果要改，只能通過「重新初始化」功能實現，重新初始化將清空對該帳套所做的一切工作，如圖 8-2 所示。

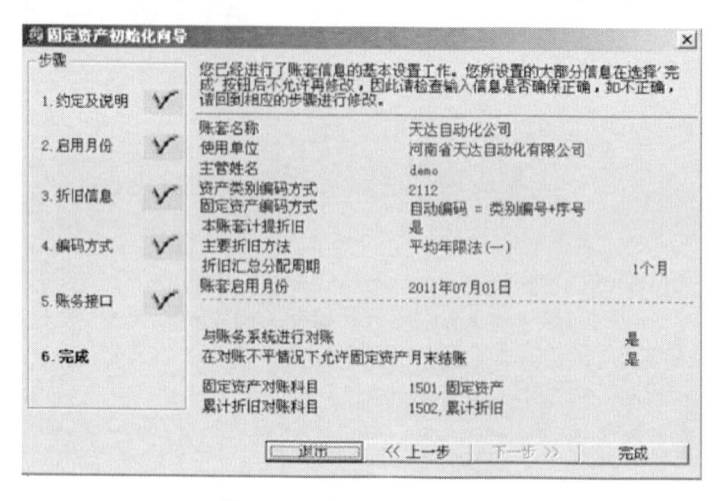

圖 8-2　固定資產初始化界面

【操作向導】

➢ 在業務選項卡中，執行「財務會計」→「固定資產」命令，彈出「是否進行初始化?」提示信息，單擊「確定」，打開「固定資產初始化向導」對話框，如圖 8-2 所示，單擊「下一步」進入「啟用月份」界面，單擊「下一步」，進入「折舊信息」界面，設置後單擊「下一步」進入編碼方式界面，設置好編碼方式後單擊「下一步」進入「帳務接口」界面，選中「與帳務系統進行對帳」復選框、「在對帳不平情況下允許固定資產月末結帳」復選框、設置固定資產和累計折舊科目，單擊「下一步」，檢查設置是否正確，如果正確單擊「完成」，如果不正確，單擊「上一步」進行修改。

8.2.2 基礎設置

進行系統初始化之後，建立了固定資產管理系統的帳套，還必須對帳套的信息進行設置。基礎設置包括：選項、部門對應折舊科目、資產類別、增減方式、使用狀況、折舊方法設置。

（1）選項設置。

選項中包括在帳套初始化中設置的參數和其他一些在帳套運行中使用的參數或判斷。選項中包括四個選項卡：基本信息、與帳務系統接口、折舊信息、其他。「基本信息」不能修改，只顯示帳套號、帳套名、使用單位、是否計提折舊、帳套啟用日期等信息。「與帳務系統接口」包括與帳務系統進行對帳選項、固定資產對帳科目、累計折舊對帳科目、對帳不平下允許固定資產月末結帳選項、業務發生後立即製單選項、月末結帳前一定要完成製單登帳業務選項、固定資產缺省入帳科目、累計折舊缺省入帳科目。「其他」包括資產類別編碼方式、固定資產編碼方式等，如圖 8-3 至圖 8-5 所示。

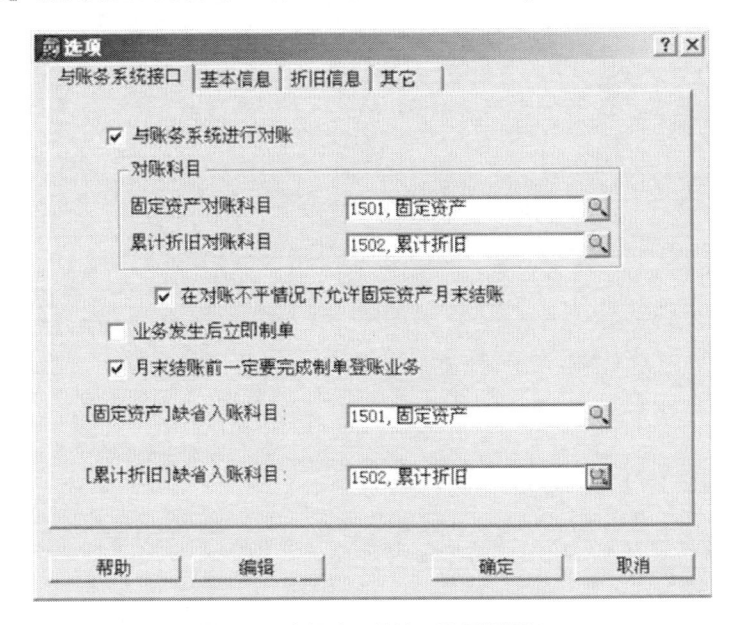

圖 8-3　與帳務系統接口選項對話框

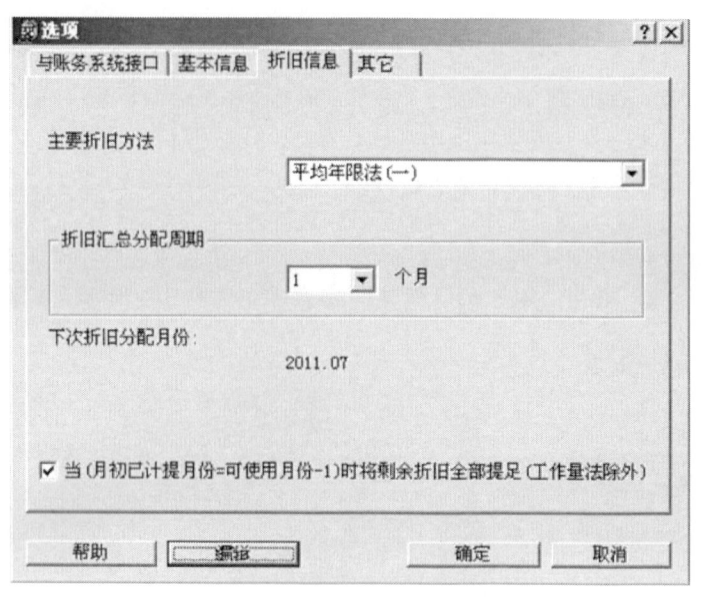

圖 8-4 折舊信息選項對話框

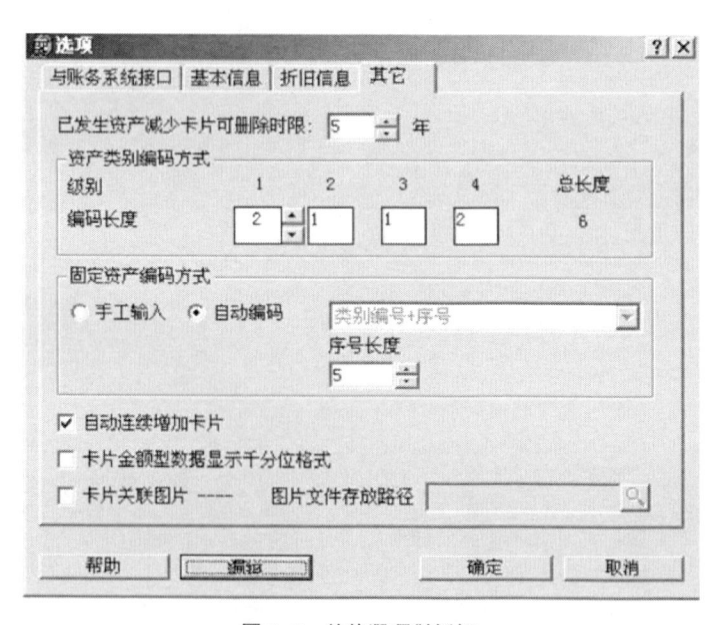

圖 8-5 其他選項對話框

【操作向導】

➢ 在固定資產管理系統中，執行「設置」→「選項」命令，打開「選項」對話框，分別點擊「基本信息」「與帳務系統接口」「折舊信息」「其他」選項卡進行相應的瀏覽和設置，點擊「確定」。

(2) 部門對應折舊科目設置。

資產計提折舊後必須把折舊數據歸入成本或費用項目，根據不同使用者的具體情況，可按部門歸集，也可按類別歸集。部門折舊科目的設置就是為部門選擇一個折舊科目，以便在錄入卡片時自動顯示折舊科目。在生成部門折舊分配表時，每一部門內按折舊科目匯總，從而製作記帳憑證。

【操作向導】

➤ 在固定資產管理系統中，執行「設置」→「部門折舊對應科目」命令，打開「部門編碼表」對話框，如圖8-6所示。

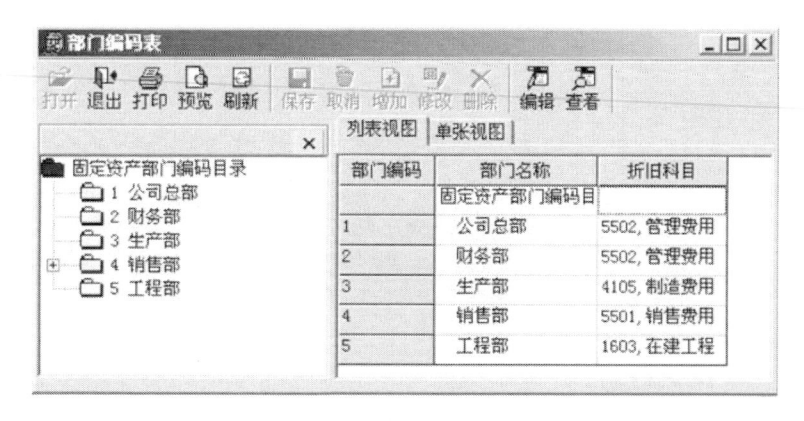

圖8-6 部門對應折舊科目設置界面

➤ 選中相應的部門，單擊「修改」，輸入折舊科目名稱，如「管理費用」「製造費用」「銷售費用」「在建工程」等，點擊「保存」，反覆操作直到全部部門設置完成。

(3) 資產類別設置。

固定資產的種類繁多，規格不一，要強化固定資產管理。準確地做好固定資產核算，必須科學地搞好固定資產的分類，為核算和統計管理提供依據。企業可根據自身的特點和管理要求，確定一個較為合理的資產分類方法。

【操作向導】

➤ 在固定資產管理系統中，執行「設置」→「資產類別」命令，打開「類別編碼表」對話框，如圖8-7所示。

➤ 選中「固定資產分類編碼表」，如圖8-8所示，單擊「增加」，在相應的文本框中輸入：類別編碼、類別名稱、使用年限、淨殘值率、計量單位、計提屬性，選擇折舊方法、卡片樣式，單擊「保存」。反覆操作直到全部固定資產分類設置完成。

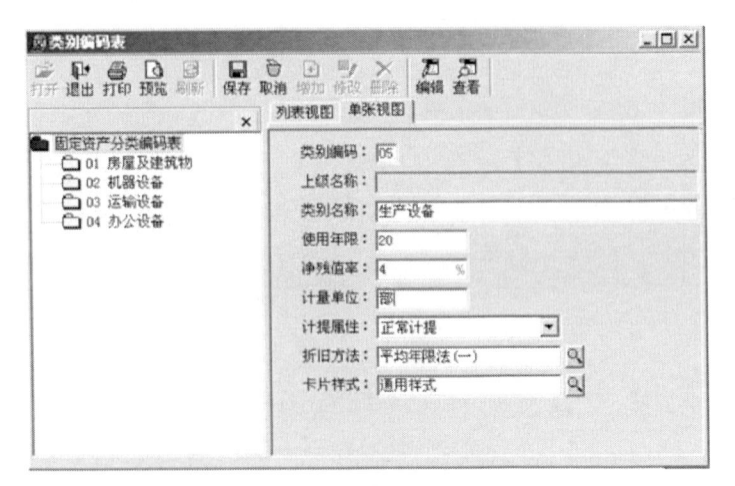

圖 8-7 類別編碼設置界面

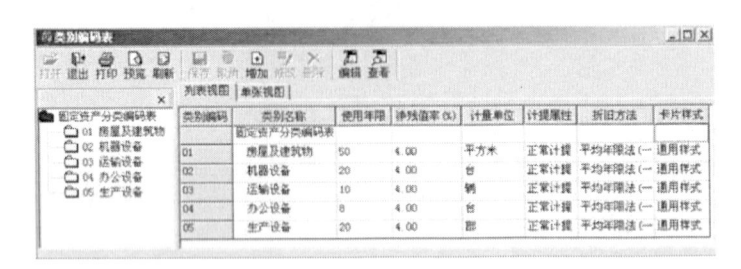

圖 8-8 類別編碼表設置界面

(4) 增減方式設置。

固定資產增減方式包括增加方式和減少方式兩類。資產增加或減少方式主要用以確定資產計價和處理原則。增加的方式主要有：直接購入、投資者投入、捐贈、盤盈、在建工程轉入、融資租入。減少的方式主要有：出售、盤虧、投資轉出、捐贈轉出、報廢、毀損、融資租出等。通常，系統對常用的增減方式進行了設置，用戶在該功能下，主要是確定每種增減方式下對應入帳科目，為以後直接生成轉帳憑證做好準備。

【操作向導】

➢ 在固定資產管理系統中，執行「設置」→「增減方式」命令，打開「增減方式」對話框，如圖 8-9 所示，點擊右側目錄樹的「+」可展開目錄，點擊右側目錄樹的「-」可收縮目錄。

➢ 選中需要修改的「增加方式」或「減少方式」項目。在「列表視圖」下單擊「修改」，可修改「對應入帳科目」；在「單張視圖」下單擊「修改」，可修改「增減方式名稱」和「對應入帳科目」，如圖 8-10 所示。修改完成後，單擊「保存」。反覆操作直到全部增減方式設置完成。

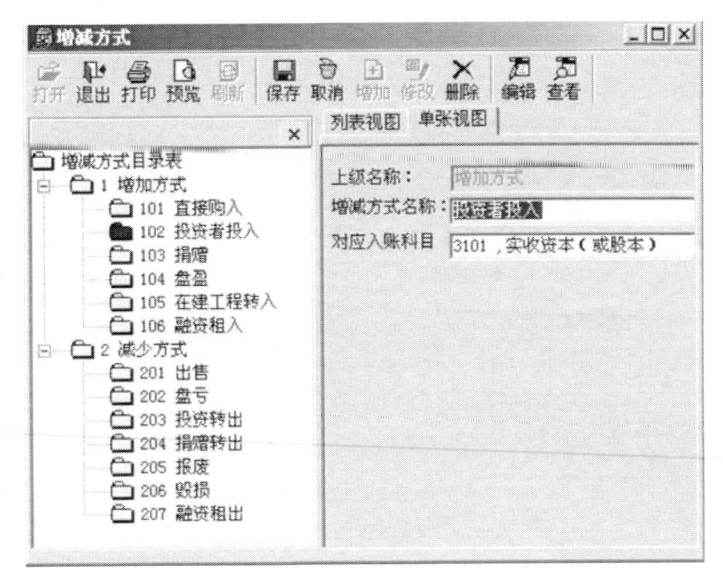

圖 8-9 增減方式設置界面

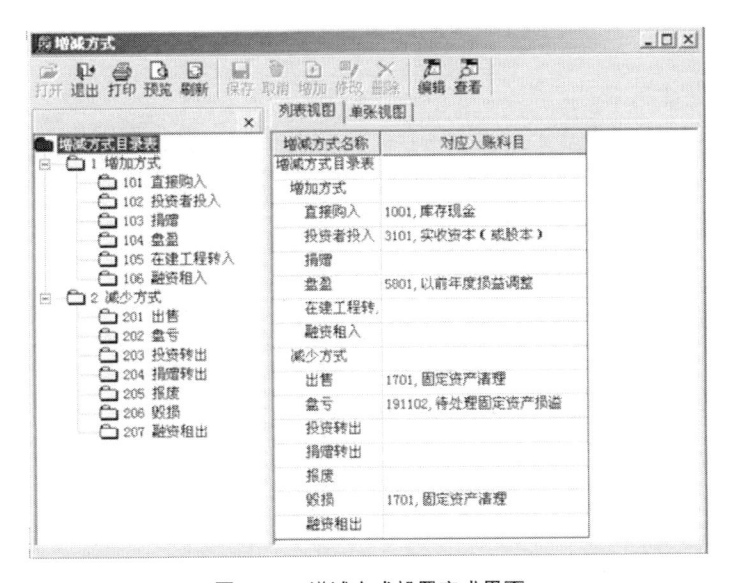

圖 8-10 增減方式設置完成界面

（5）使用狀況設置。

從固定資產核算和管理的角度，需要明確資產的使用狀況，一方面可以正確地計算和計提折舊，另一方面便於統計固定資產的使用情況，提高資產的利用效率。

【操作向導】

➤ 在固定資產管理系統中，執行「設置」→「使用狀況」命令，打開「使用狀況」對話框，如圖 8-11 所示，可根據需要完成增加、修改和刪除操作。

143

電算化會計信息系統

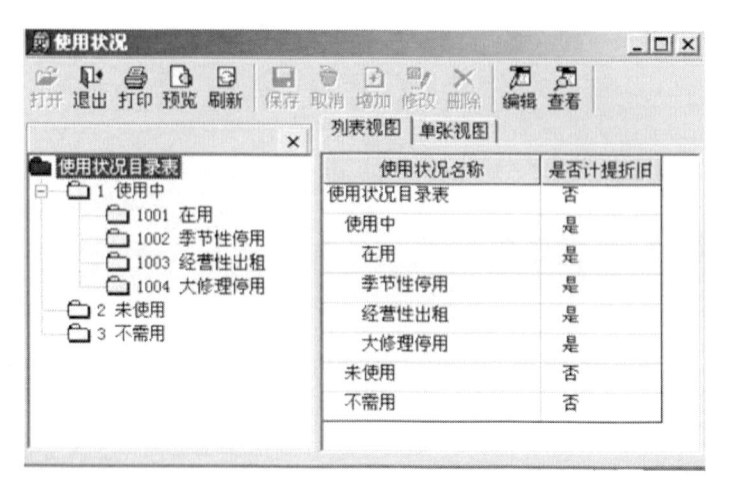

圖 8-11 使用狀況設置界面

(6) 折舊方法設置。

折舊方法設置是系統自動計算折舊的基礎。系統給出了常用的五種方法：不提折舊、平均年限法、工作量法、年數總和法、雙倍餘額遞減法（見表 8-1）。設置時這五種方法只能選用，不能刪除和修改。

表 8-1　　　　　　　　　　系統提供的折舊方法及公式

折舊方法	月折舊率公式	月折舊額公式
不提折舊		
平均年限法（一）	(1−淨殘值率)/使用年限	(月初原值−月初累計減值準備金額+月初累計轉回減值準備金額) * 月折舊率
平均年限法（二）	(1−淨殘值率)/使用年限	(月初原值−月初累計減值準備金額+月初累計轉回減值準備金額−月初累計折舊−月初淨殘值)/(使用年限−已計提月份)
工作量法	(月初原值−月初累計減值準備金額+月初累計轉回減值準備金額−月初累計折舊−月初淨殘值)/(工作總量−月初累計工作量)	本月工作量 * 單位折舊
年數總和法	剩餘使用年限/(年數總和 * 12)	(月初原值−月初累計減值準備金額+月初累計轉回減值準備金額−淨殘值) * 月折舊率
雙倍餘額遞減法	2/使用年限	(期初帳面餘額−期初累計減值準備金額+期初累計轉回減值準備金額) * 月折舊率

【操作向導】

➢ 在固定資產管理系統中，執行「設置」→「折舊方法設置」命令，打開「折舊方法」對話框，如圖 8-12 所示，如果需要增加新的折舊方法，單擊「增加」，打開折舊方法定義對話框，進行月折舊率公式和月折舊額公式定義後，單擊「確定」。

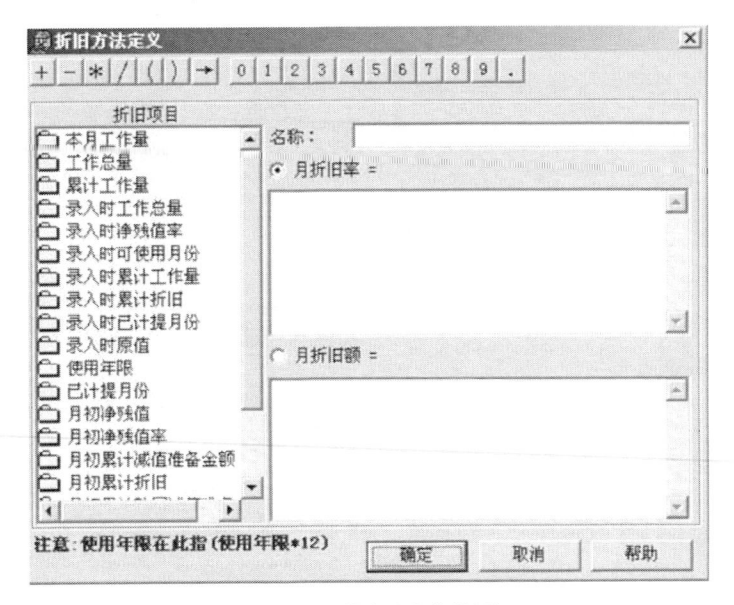

圖 8-12　折舊方法定義對話框

8.2.3　卡片設置

對固定資產進行明細核算和管理，需要利用一張張卡片，因此，必須對卡片進行相應的設置和進行原始數據的錄入。卡片設置包括卡片項目設置、卡片樣式設置和原始卡片錄入。

（1）卡片項目設置。

卡片項目是固定資產卡片上要顯示的用來記錄資產資料的欄目，如原值、資產名稱、使用年限、折舊方法等是卡片最基本的項目。固定資產管理系統提供了一些常用卡片項目，稱為系統項目，但這些項目不一定能滿足對資產特殊管理的需要，可以通過卡片項目設置來增加需要的項目，新增加的項目稱為自定義項目。系統項目和自定義項目構成卡片項目目錄。系統項目可以修改但不可以刪除，已經確定的自定義項目可以修改，但使用中的自定義項目不能刪除。

【操作向導】

➢ 增加卡片項目：在固定資產管理系統中，執行「卡片」→「卡片項目」命令，打開「卡片項目定義」對話框，如圖 8-13 所示，單擊「增加」，輸入卡片項目名稱、數據類型、字符數、小數位長、是否參照常用字典等，單擊「保存」。

➢ 修改卡片項目：在固定資產管理系統中，執行「卡片」→「卡片項目」命令，打開「卡片項目定義」對話框，選中需要修改的卡片項目，點擊「修改」，修改後單擊「保存」。

➢ 刪除卡片項目：在固定資產管理系統中，執行「卡片」→「卡片項目」命令，打開「卡片項目定義」對話框，選中需要刪除的卡片項目，點擊「刪除」，彈出確認

對話框，單擊「是」。

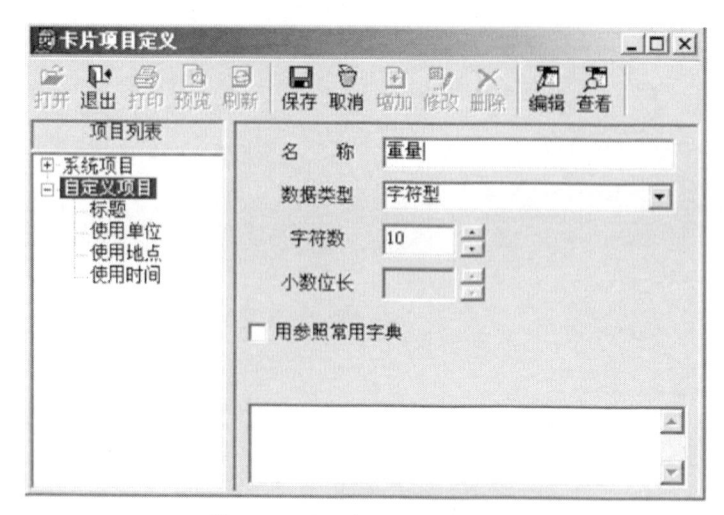

圖 8-13 增加自定義項目對話框

✓ 已定義的系統項目或自定義卡片項目均不能修改數據類型。

✓ 所有系統項目可以修改名稱，卡片上該項目名稱也改變，但該項目代表的意義不因名稱更改而變化。

✓ 單位折舊、淨殘值率、月折舊率的小數位長度系統缺省為4，可以根據用戶要求的精度修改。

（2）卡片樣式設置。

卡片樣式指卡片的顯示格式，包括格式（表格線、對齊形式、字體大小、字形等）、所包含的項目和項目的位置等。由於不同的企業使用的卡片樣式可能不同，即使是同一企業內部對不同的資產也會由於管理的內容和側重點而使用不同樣式的卡片，所以系統提供了卡片樣式自定義功能。

【操作向導】

➢ 查看卡片樣式：在固定資產管理系統中，執行「卡片」→「卡片樣式」命令，打開「卡片樣式管理」對話框，如圖 8-14 所示，系統顯示已存在的卡片樣式，包括固定資產卡片、附屬設備、大修理記錄、資產轉移記錄、停啟用記錄、原值變動、減少信息等通用卡片樣式。

➢ 增加卡片樣式：在卡片樣式管理界面單擊「增加」，系統彈出「是否以當前卡片樣式為基礎建立新樣式」，單擊「是」，打開「卡片模板定義」窗口，利用卡片樣式相應的編輯功能進行編輯，完成後，單擊「保存」。

➢ 修改卡片樣式：在卡片樣式管理界面單擊「增加」，系統彈出「是否以當前卡片樣式為基礎建立新樣式」，單擊「否」，打開「卡片樣式參照」對話框，選擇雙擊需要修改的卡片樣式，打開「卡片模板定義」窗口，如圖 8-15 所示，利用卡片樣式相應的編輯功能進行編輯修改，完成後，單擊「保存」。

➢ 刪除卡片樣式：在卡片樣式管理界面，選中需要刪除的卡片樣式，單擊「刪

除」，系統彈出「確實要刪除當前卡片樣式嗎?」，單擊「是」，即可刪除。

圖 8-14　卡片樣式管理界面

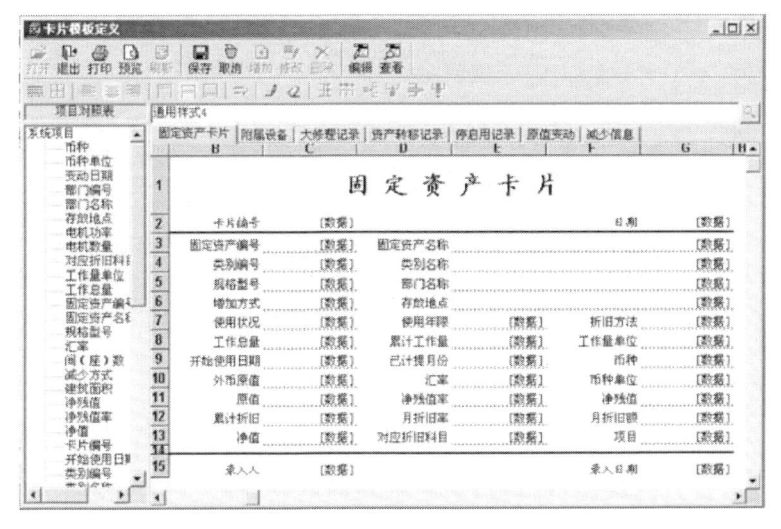

圖 8-15　卡片模板定義界面

（3）原始卡片錄入。

在使用固定資產系統進行核算前，必須將原始卡片資料錄入系統，以保持歷史資料的連續性。在卡片項目及卡片樣式設置完成後，即可錄入原始卡片。原始卡片是指固定資產系統啟用前手工管理情況下記錄固定資產原始數據的卡片。

【操作向導】

➢ 在固定資產管理系統中，執行「卡片」→「錄入原始卡片」命令，打開「資產類別參照」對話框，選擇需要錄入卡片所屬的資產類別和查詢方式，單擊「確認」，打開「固定資產卡片」對話框，如圖 8-16 所示，按照卡片相關內容錄入，完成後單擊「保存」。

電算化會計信息系統

圖 8-16　固定資產卡片錄入界面

8.3　固定資產業務處理

ERP-U8 的固定資產業務處理包括日常處理和期末處理。日常處理包括資產增減、資產變動、資產評估、帳表查詢。期末處理包括計提折舊、批量製單、對帳和結帳。

8.3.1　日常處理

(1) 資產增減。

■ 資產增加

在固定資產管理系統使用過程中，由於生產經營的需要，企業會通過各種方式增加固定資產。當固定資產使用月份等於錄入會計月份時，就需要通過資產增加方式錄入固定資產的相關信息。

【操作向導】

➢ 在固定資產管理系統中，執行「卡片」→「資產增加」命令，打開「資產類別參照」窗口，如圖 8-17 所示，選擇相應資產類別和查詢方式，單擊「確定」，進入「固定資產卡片」窗口，如圖 8-18 所示，錄入相關信息，完成後單擊「保存」。

✓ 新增資產當月不提折舊。

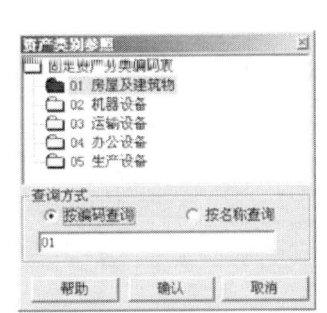

圖 8-17　資產類別參照對話框　　　　圖 8-18　新增資產時固定資產卡片錄入界面

■ 資產減少

資產在使用過程中，由於各種原因會退出企業，如毀損、出售、盤虧等，該部分操作稱為「資產減少」。資產減少必須在當月計提完折舊以後進行。

【操作向導】

➢ 在固定資產管理系統中，當月計提完折舊以後，執行「卡片」→「資產減少」命令，彈出提示信息「本帳套需要進行計折舊以後，才能減少資產」，單擊「確定」，打開「資產減少」對話框，如圖 8-19 所示，輸入卡片編號、資產編號，單擊「增加」，將資產添加到資產減少表中。在表中錄入資產減少的信息，包括「減少日期」「減少方式」等，單擊「確定」。

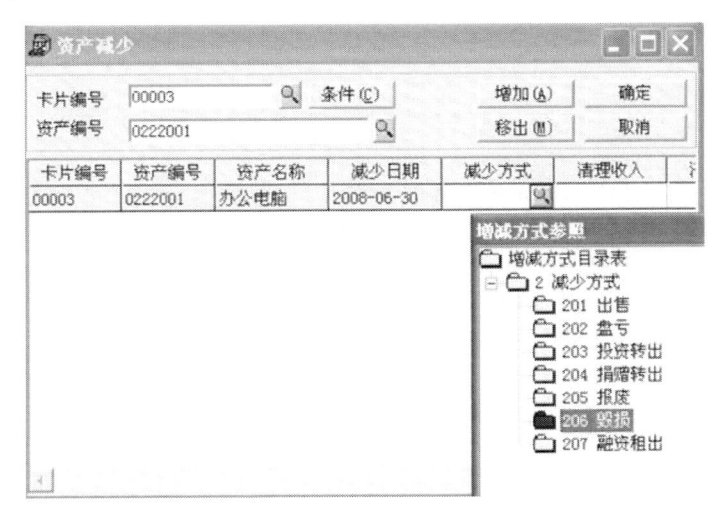

圖 8-19　資產減少界面

（2）資產變動。

資產變動包括原值增加、原值減少、部門轉移、使用狀況變動、折舊方法調整、累計折舊調整、使用年限調整、工作總量調整、淨殘值（率）調整、類別調整、減值

準備期初、計提減值準備、轉回減值準備等。

【操作向導】

➤ 原值增加：在固定資產管理系統中，執行「卡片」→「變動單」→「原值增加」命令，打開「固定資產變動單_原值增加」窗口，如圖8-20所示，錄入相應信息後「保存」。

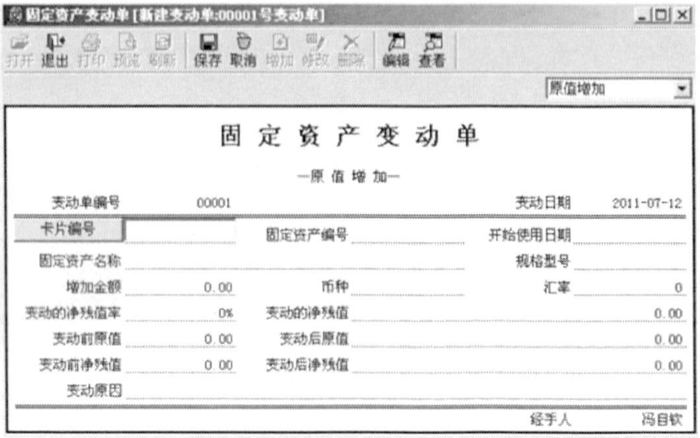

圖8-20　固定資產變動單_原值增加對話框

➤ 原值減少：在固定資產管理系統中，執行「卡片」→「變動單」→「原值減少」命令，打開「固定資產變動單_原值減少」窗口，錄入相應信息後「保存」。

➤ 部門轉移：在固定資產管理系統中，執行「卡片」→「變動單」→「部門轉移」命令，打開「固定資產變動單_部門轉移」窗口，錄入相應信息後「保存」。

➤ 使用狀況變動：在固定資產管理系統中，執行「卡片」→「變動單」→「使用狀況變動」命令，打開「固定資產變動單_使用狀況變動」窗口，錄入相應信息後「保存」。

➤ 折舊方法調整：在固定資產管理系統中，執行「卡片」→「變動單」→「折舊方法調整」命令，打開「固定資產變動單_折舊方法調整」窗口，錄入相應信息後「保存」。

➤ 累計折舊調整：在固定資產管理系統中，執行「卡片」→「變動單」→「累計折舊調整」命令，打開「固定資產變動單_累計折舊調整」窗口，錄入相應信息後「保存」。

➤ 使用年限調整：在固定資產管理系統中，執行「卡片」→「變動單」→「使用年限調整」命令，打開「固定資產變動單_使用年限調整」窗口，錄入相應信息後「保存」。

➤ 工作總量調整：在固定資產管理系統中，執行「卡片」→「變動單」→「工作總量調整」命令，打開「固定資產變動單_工作總量調整」窗口，錄入相應信息後「保存」。

➤ 淨殘值（率）調整：在固定資產管理系統中，執行「卡片」→「變動單」→

「淨殘值（率）調整」命令，打開「固定資產變動單_淨殘值（率）調整」窗口，錄入相應信息後「保存」。

➢ 類別調整：在固定資產管理系統中，執行「卡片」→「變動單」→「類別調整」命令，打開「固定資產變動單_類別調整」窗口，錄入相應信息後「保存」。

➢ 減值準備期初：在固定資產管理系統中，執行「卡片」→「變動單」→「減值準備期初」命令，打開「固定資產變動單_減值準備期初」窗口，錄入相應信息後「保存」。

➢ 計提減值準備：在固定資產管理系統中，執行「卡片」→「變動單」→「計提減值準備」命令，打開「固定資產變動單_計提減值準備」窗口，錄入相應信息後「保存」。

➢ 轉回減值準備：在固定資產管理系統中，執行「卡片」→「變動單」→「轉回減值準備」命令，打開「固定資產變動單_轉回減值準備」窗口，錄入相應信息後「保存」。

為了提高工作效率，系統提供了「批量變動」功能。

【操作向導】

➢ 在固定資產管理系統中，執行「卡片」→「批量變動」命令，打開「批量變動單」窗口，如圖 8-21 所示，在「變動類型」下拉菜單中選擇需要變動的類型，用手工或條件選擇批量變動的資產，輸入變動內容和變動原因後，點擊「保存」，可將需要變動的資產生成變動單。

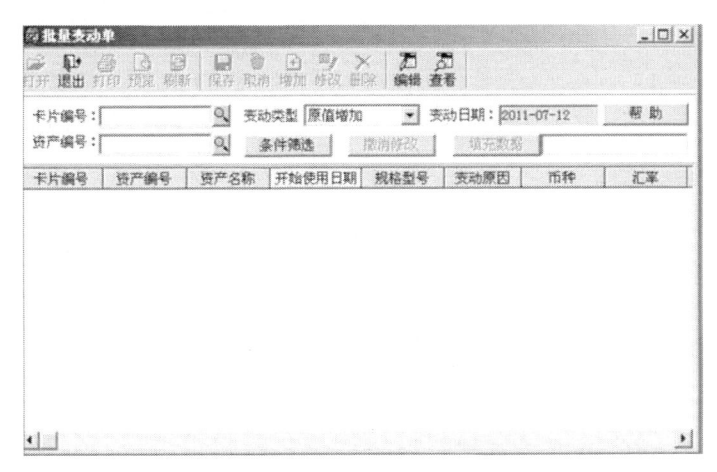

圖 8-21　批量變動單對話框

（3）資產評估。

企業在經營活動中，根據業務或國家要求需對部分或全部固定資產進行評估。資產評估主要完成的工作是：將評估機構的評估數據手工錄入或以公式定義方式錄入到系統中；根據國家要求手工錄入評估結果或根據定義的評估公式生成評估結果。資產評估的內容包括：原值、累計折舊、淨值、使用年限、工作總量、淨殘值率。

【操作向導】

➢ 在固定資產管理系統中，執行「卡片」→「資產評估」命令，打開「資產評估」窗口，如圖 8-22 所示，單擊「增加」，打開「評估資產選擇」對話框，選中「可評估項目」，選擇評估資產以「手工選擇」或「條件選擇方式」，點擊「確定」後回到「資產評估」窗口，選擇需要評估的資產，錄入相關信息，完成後單擊「保存」。

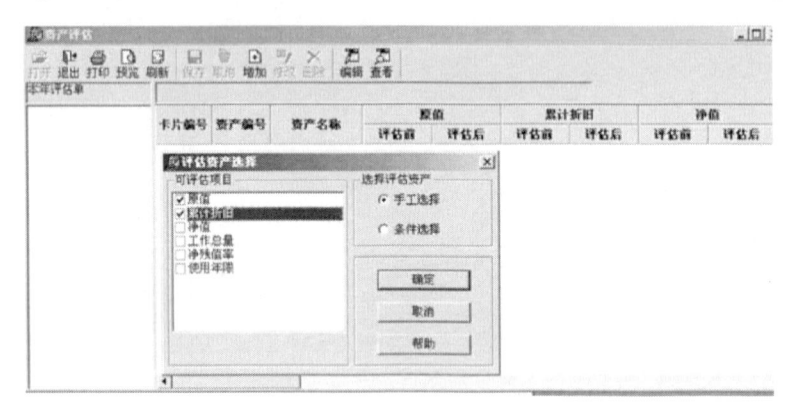

圖 8-22　資產評估界面

✓ 只有當月製作的評估單才可以刪除。
✓ 任一資產既做過變動單又做過評估單，必須先刪除後邊的操作。
✓ 原值、累計折舊和淨值三個中只能而且必須選擇兩個，另一個通過公式「原值-累計折舊=淨值」推算得到。
✓ 評估後的數據必須滿足以下公式：原值-淨值=累計折舊≥0，淨值≥淨殘值率×原值，工作總量≥累計工作量

8.3.2　期末處理

固定資產管理系統的期末處理主要包括：計提折舊、批量製單、對帳和結帳。

（1）計提折舊。

■ 工作量輸入

當帳套內的資產有使用工作量法計提折舊時，每月計提折舊前必須錄入資產當月的工作量。

【操作向導】

➢ 在固定資產管理系統中，執行「處理」→「工作量錄入」命令，打開「工作量輸入」窗口，錄入完成後單擊「保存」。

■ 計提本月折舊

自動計提折舊是固定資產系統的主要功能之一。系統根據錄入的資料自動計算每項資產的折舊，並自動生成折舊分配表，然後製作記帳憑證，將本期的折舊費用自動登帳。一個期間可多次計提折舊，每次計提折舊後，系統將自動計提各個資產當期的折舊額，並將當期的折舊額自動累加到累計折舊項目。如果上次計提折舊已製單並把

數據傳遞到總帳，則必須刪除該憑證才能重新計提折舊。

【操作向導】

➢ 在固定資產管理系統中，執行「處理」→「計提本月折舊」命令，彈出「計提折舊後是否要查看折舊清單?」對話框，單擊「是」，彈出「是否繼續」對話框，單擊「是」按鈕，系統將自動計提各個資產當期的折舊額，並將當期的折舊額自動累加到累計折舊項目，彈出「折舊清單」窗口，單擊「退出」，系統顯示「折舊分配表」，如圖 8-23 所示，單擊「退出」，系統彈出計提折舊完成信息，單擊「確定」。

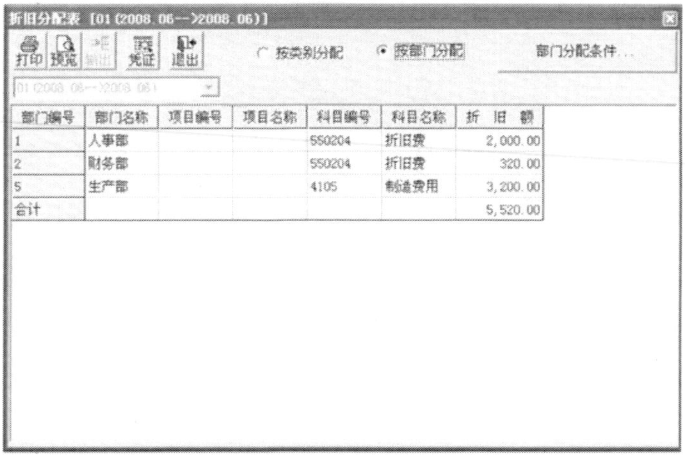

部门编号	部门名称	项目编号	项目名称	科目编号	科目名称	折　旧　额
1	人事部			550204	折旧费	2,000.00
2	财务部			550204	折旧费	320.00
5	生产部			4105	制造费用	3,200.00
合计						5,520.00

圖 8-23　折舊分配表窗口

（2）批量製單。

在完成任何一筆需要製單業務的同時，可以通過單擊「製單」按鈕製作記帳憑證並傳輸到帳務系統。如果在選項設置時沒有選中「在業務發生後立即製單」復選框，可採用批量製單方式完成製單工作。在執行批量製單後，凡是業務發生時沒有製單的業務自動排列在批量製單表中，表中列示業務發生的日期、類型、原始單據號、缺省的借貸方科目和金額以及製單選擇標誌。

【操作向導】

➢ 在固定資產管理系統中，執行「處理」→「批量製單」命令，打開「批量製單」窗口，如圖 8-24 所示，激活「製單選擇」選項卡，單擊「全選」，在製單表格中打上「Y」標示，激活「製單設置」選項卡，如圖 8-25 所示，單擊「製單」，彈出「填制憑證」對話框，修改憑證後，單擊「保存」，在憑證上打上「已生成」標示，單擊「保存」，顯示「此憑證已生成」信息，如圖 8-26 所示，單擊「確定」和「退出」。

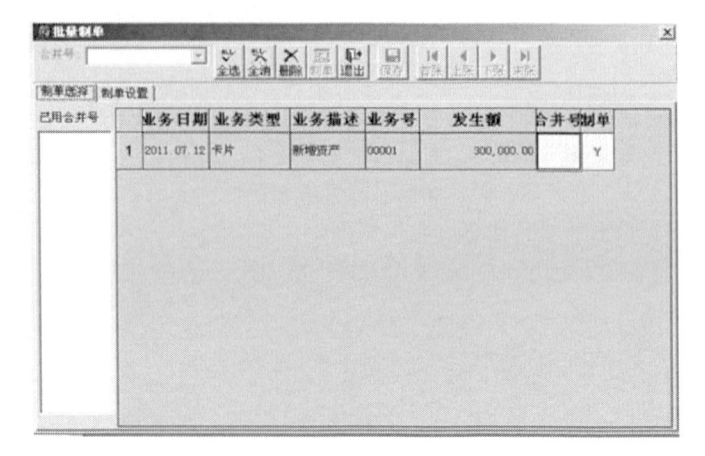

圖 8-24　批量製單選擇界面

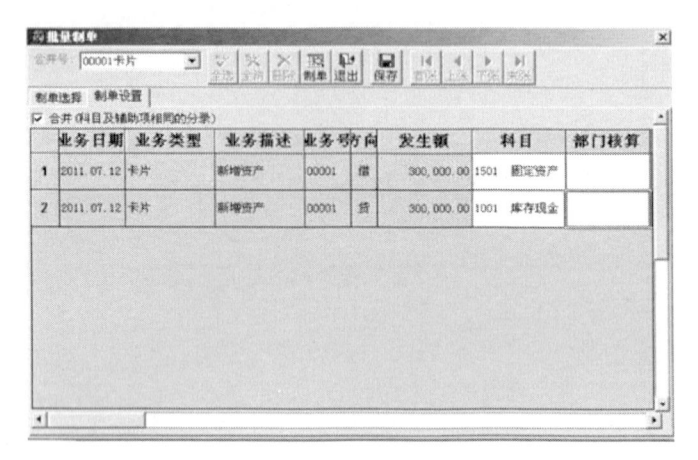

圖 8-25　批量製單設置界面

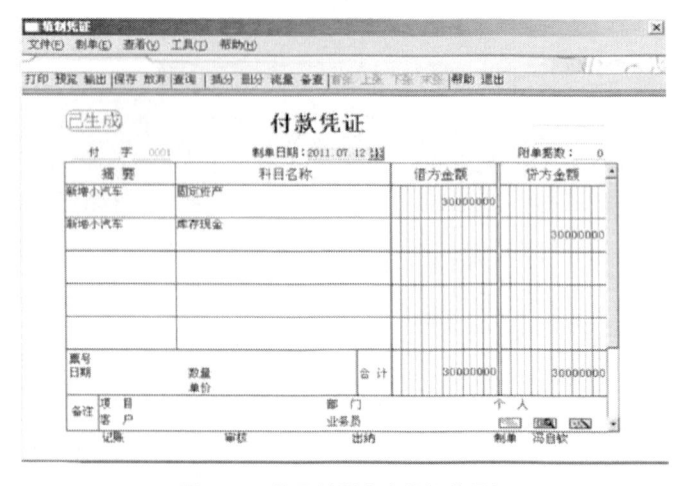

圖 8-26　批量製單生成的付款憑證

(3) 對帳、結帳和反結帳。

如果在選項設置中選擇了「在對帳不平衡情況下允許固定資產月末結帳」，則系統可以在所有日常業務完成後結帳，否則要等到總帳系統審核記帳，與其對帳平衡後才能結帳。在結帳過程中，系統會自動進行對帳，並顯示與總帳系統是否平衡。

【操作向導】

➢ 對帳：在固定資產管理系統中，執行「處理」→「對帳」命令，系統對帳後顯示「與帳務對帳結果」信息窗口。

➢ 結帳：在固定資產管理系統中，執行「處理」→「月末結帳」命令，系統彈出「月末結帳有關信息」窗口，如圖 8-27 所示，點擊「開始結帳」，系統先對帳並顯示「與帳務對帳結果」信息窗口，點擊確定，彈出「固定資產」窗口，如圖 8-28 所示，單擊「確定」。

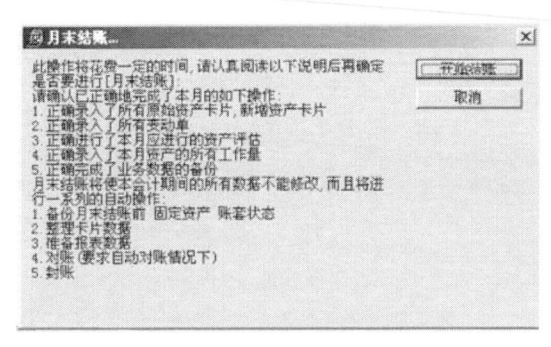

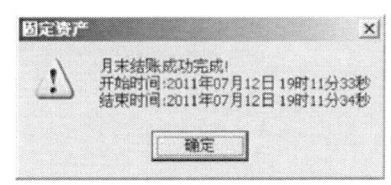

圖 8-27　月末結帳開始界面　　　圖 8-28　月末結帳完成界面

➢ 恢復月末結帳前狀態：在固定資產管理系統中，執行「處理」→「月末結帳前狀態」命令，彈出提示信息窗口，單擊「是」。

8.4　固定資產帳表管理

為加強對固定資產的管理，及時掌握固定資產的統計、匯總和帳表的相關信息，用友 ERP-U8 系統設計了帳表管理功能，以帳和表的形式向財務人員和資產管理人員提供固定資產的分析、統計和折舊信息。

8.4.1　帳簿

系統提供的帳簿包括：固定資產總分類帳、固定資產登記簿、(部門、類別) 明細分類帳、(單個) 固定資產明細分類帳。

【操作向導】

➢ 固定資產總分類帳：在固定資產管理系統中，執行「我的帳表」命令，打開「報表」對話框，如圖 8-29 所示，在目錄樹上點擊「帳簿」，在右側窗口內點擊「固定資產總帳」，彈出「固定資產總帳」對話框，如圖 8-30 所示，選擇類別名稱和部門名稱後，點擊「確定」。

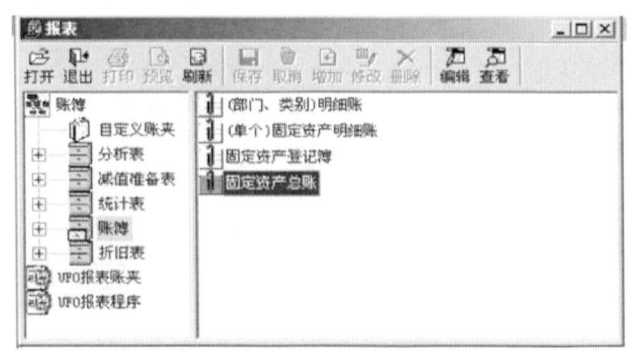

圖 8-29　帳表管理的帳簿窗口

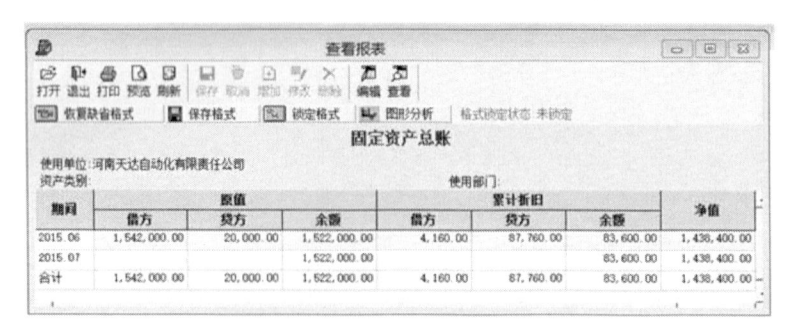

圖 8-30　固定資產總帳

> 固定資產登記簿：在固定資產管理系統中，執行「我的帳表」命令，打開「報表」對話框，在目錄樹上點擊「帳簿」，在右側窗口內點擊「固定資產登記簿」，彈出「固定資產登記簿」對話框，如圖 8-31 所示，選擇類別名稱、部門名稱和期間後，點擊「確定」。

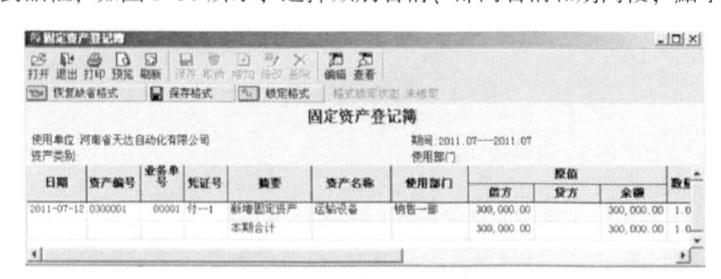

圖 8-31　固定資產登記簿

> (部門、類別) 明細分類帳：在固定資產管理系統中，執行「我的帳表」命令，打開報表對話框，在目錄樹上點擊「帳簿」，在右側窗口內點擊「(部門、類別) 明細帳」，彈出「固定資產 (部門、類別) 明細帳條件」對話框，如圖 8-32 所示，選擇類別名稱、部門名稱、期間後，點擊「確定」。

> (單個) 固定資產明細分類帳：在固定資產管理系統中，執行「我的帳表」命令，打開報表對話框，在目錄樹上點擊「帳簿」，在右側窗口內點擊「(單個) 固定資產明細帳」，彈出「(單個) 固定資產明細帳條件」對話框，如圖 8-33 所示，選擇資產編類別名稱、部門名稱和期間後，點擊「確定」。

圖 8-32　固定資產（部門、類別）明細分類帳

圖 8-33　（單個）固定資產明細分類帳

8.4.2　報表

系統提供的報表包括固定資產分析表、固定資產統計表、固定資產折舊表和固定資產減值準備表四種。

（1）固定資產分析表。

固定資產分析表包括部門構成分析表、價值結構分析表、類別構成分析表和使用狀況分析表。部門構成分析表是企業內資產在各使用部門之間分布情況的分析統計；價值結構分析表是對企業內各類資產的期末原值和淨值、累計折舊淨值率數據分析匯總，使管理者瞭解資產計提折舊的程度和剩餘價值的大小；類別構成分析表是對企業資產的類別分布進行分析的報表；使用狀況分析表是對企業內所有資產的使用狀況所做的分析匯總，使管理者瞭解資產的總體使用情況，盡快將未使用的資產投入使用，及時處理不需用的資產，提高資產的利用率和發揮應有的效能。

【操作向導】

➢ 在固定資產管理系統中，執行「我的帳表」命令，打開報表對話框，展開「分析表」，點擊「部門構成分析表/價值結構分析表/類別構成分析表/使用狀況分析表」，彈出條件對話框，如圖 8-34、圖 8-35、圖 8-36、圖 8-37 所示，選擇相應的條件後，點擊「確定」。

157

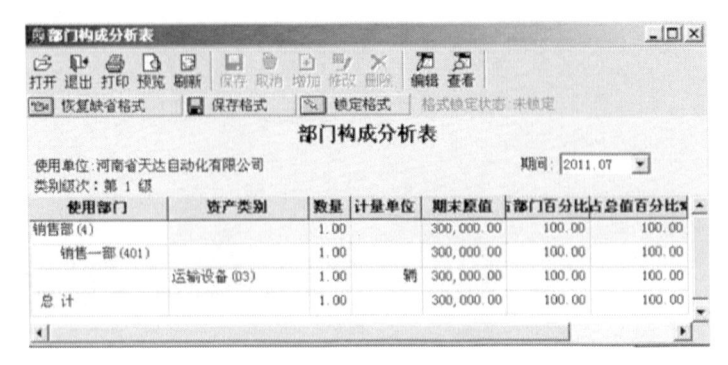

圖 8-34　部門構成分析表

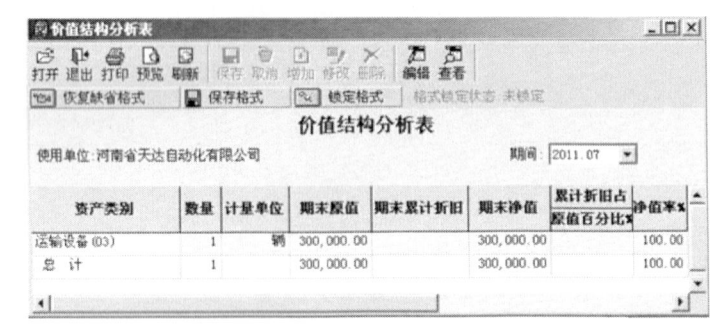

圖 8-35　價值結構分析表

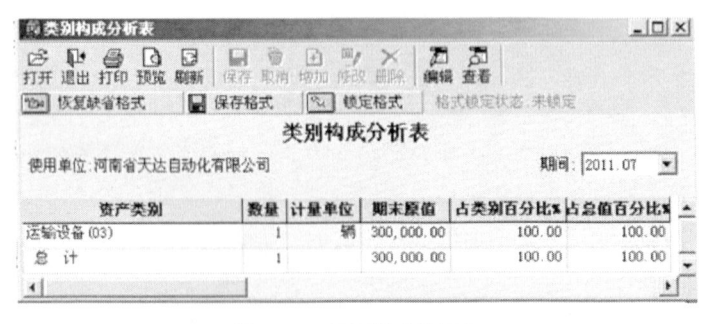

圖 8-36　類別構成分析表

圖 8-37　使用狀況分析表

(2) 固定資產統計表。

固定資產統計表包括（固定資產原值）一覽表、固定資產到期提示表、固定資產統計表、盤盈盤虧報告表、評估變動表、評估匯總表、役齡資產統計表和逾齡資產統計表。（固定資產原值）一覽表是按使用部門和類別交叉匯總顯示資產的原值、累計折舊、淨值的統計表，便於管理者掌握資產的分布情況；固定資產到期提示表，主要用於顯示使用年限恰好到期的固定資產信息，以及即將到期的資產信息；固定資產統計表是按部門或類別的資產價值、數量、折舊、新舊程度等作為指標的統計表；盤盈盤虧報告表反應企業以盤盈方式增加的資產和以盤虧、毀損方式減少的資產情況；評估變動表是列示所有資產評估變動數據的統計表；役齡資產統計表是統計指定會計期間內在折舊年限內正常使用的資產的狀況；逾齡資產統計表是統計指定會計期間內已經超過折舊年限的逾齡資產的狀況。

【操作向導】

➤ 在固定資產管理系統中，執行「我的帳表」命令，打開報表對話框，展開「統計表」，如圖 8-38 所示，點擊「（固定資產原值）一覽表/固定資產到期提示表/……」，彈出條件對話框，選擇相應的條件後，點擊「確定」。

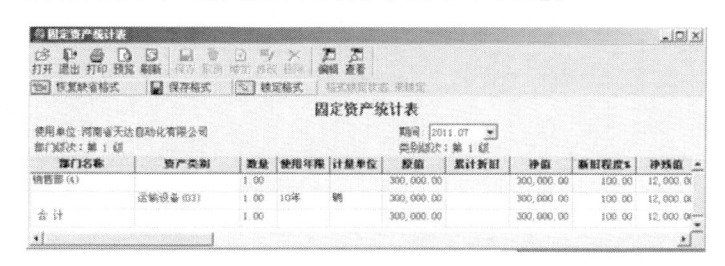

圖 8-38　固定資產統計表窗口

(3) 固定資產折舊表。

固定資產折舊表包括（部門）折舊計提匯總表、固定資產及累計折舊表（一）、固定資產及累計折舊表（二）、固定資產折舊計算明細表和固定資產折舊清單表。（部門）折舊計提匯總表反應各使用部門計提折舊的情況，包括計提原值和計算折舊額，可按折舊匯總部門和期間查詢；固定資產及累計折舊表（一）是按期編制的反應各類固定資產的原值、累計折舊（包括年初數和期末數）和本年折舊的明細情況；固定資產及累計折舊表（二）是固定資產及累計折舊表（一）的續表，反應本年截止查詢期間固定資產的增減情況；固定資產計算明細表是按部門設立的，反應資產按類別計算折舊的情況，包括上月計提情況、上月原值變動和本月計提情況；固定資產折舊清單表用於查詢按資產明細列示的折舊數據及累計折舊數據信息。

【操作向導】

➤ 在固定資產管理系統中，執行「我的帳表」命令，打開報表對話框，展開「折舊表」，點擊「（部門）折舊計提匯總表/固定資產及累計折舊表（一）/……」，彈出條件對話框，如圖 8-39 所示，選擇相應的條件後，點擊「確定」。

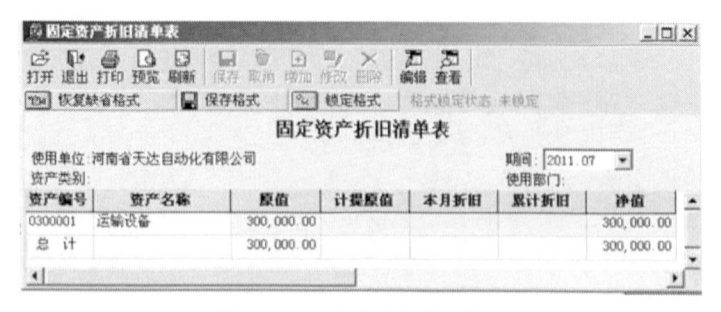

圖 8-39　固定資產折舊清單表

（4）固定資產減值準備表。

固定資產減值準備表包括減值準備總帳、減值準備明細帳和減值準備餘額表。

【操作向導】

➢ 在固定資產管理系統中，執行「我的帳表」命令，打開報表對話框，展開「減值準備表」，點擊「減值準備總帳/減值準備明細帳/減值準備餘額表」，彈出條件對話框，如圖 8-40 所示，選擇相應的條件後，點擊「確定」。

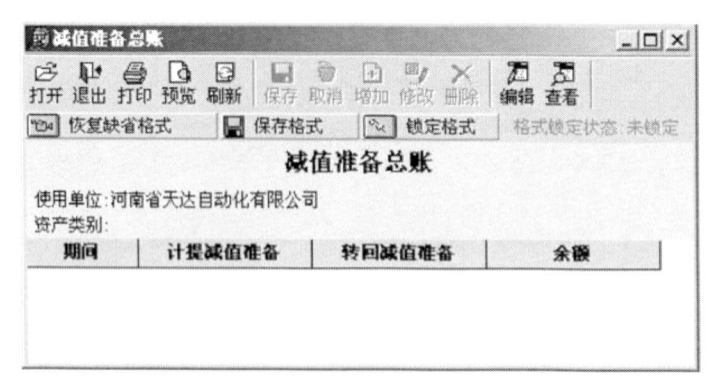

圖 8-40　固定資產減值準備總帳

第 9 章 電算化會計信息系統應收帳款管理

本章主要介紹用友 ERP-U8 的應收帳款管理。通過本章的學習，要求學生掌握應收帳款管理系統的工作原理和基本操作。掌握應收帳款管理系統的帳套參數設置、初始設置、初始餘額錄入、業務處理和帳表管理等。

9.1 應收帳款管理系統概述

應收帳款是指因賒銷商品或提供勞務而發生的將要在一定時期內收回的款項。用友 ERP-U8 應收帳款管理系統主要是通過發票、其他應收單、收款單等單據的錄入，對企業的應收帳款進行綜合管理，及時、準確地提供客戶的應收帳款餘額資料，提供各種分析報表，如帳齡分析表等，通過各種分析報表，幫助企業合理地進行資金的調配，提高資金的利用效率。同時，根據對客戶應收帳款核算和管理的程度，系統提供了「詳細核算」和「簡單核算」兩種應用方案。詳細核算針對應收帳款業務複雜的企業，簡單核算針對應收帳款業務相對簡單的企業。

9.1.1 應收帳款管理系統的基本功能

（1）設置。
✓ 提供系統參數的定義，參數設置是整個系統運行的基礎。
✓ 提供單據類型設置、帳齡區間的設置和壞帳初始設置，為各種應收帳款業務的日常處理及統計分析做準備。
✓ 提供期初餘額的錄入，保證數據的完整性與連續性。
（2）日常處理。
✓ 提供應收單據、收款單據的錄入、處理、核銷、轉帳、匯兌損益、製單等處理。
（3）單據查詢。
✓ 提供單據查詢的功能，包括各類單據、詳細核銷信息、報警信息、憑證等內容的查詢。
（4）帳表管理。
✓ 提供總帳表、餘額表、明細帳等多種帳表查詢功能。
✓ 提供應收帳齡分析、收款帳齡分析、欠款分析等統計分析功能。

(5) 其他處理。
✓ 提供遠程數據傳遞功能。
✓ 提供對核銷、轉帳等處理進行恢復的功能。
✓ 提供月末結帳處理功能。

9.1.2 應收帳管理系統的操作流程

應收帳款管理系統的操作流程如圖 9-1。

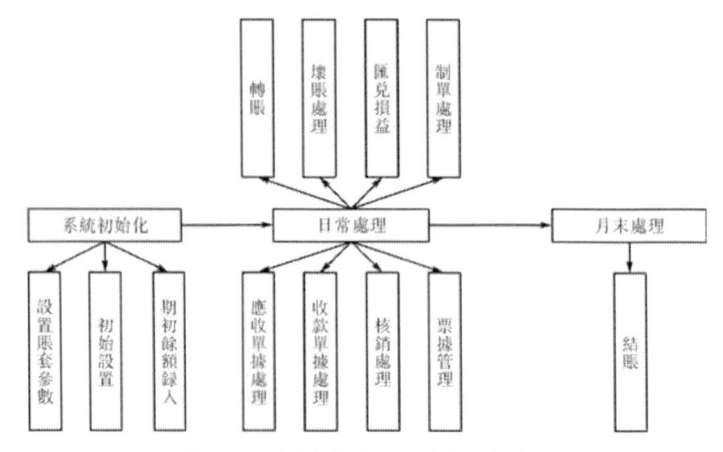

圖 9-1 應收帳款管理系統的操作流程

9.2 應收帳款系統初始化

用友 ERP-U8 應收帳款管理系統初始化包括：帳套參數設置、初始設置和期初餘額錄入，是系統正常運行的前提和基礎。

9.2.1 帳套參數設置

帳套參數是應收帳款管理系統的靈魂，它能影響整個系統的使用效果。由於有些參數在系統使用以後不能修改，所以在進行參數設置時要結合本單位的實際情況慎重選擇。帳套參數設置在系統提供的「選項」功能上進行，可分為：常規、憑證、權限和預警。

(1) 常規選項。

常規選項提供：應收款核銷方式、單據審核日期依據、匯兌損益方式、壞帳處理方式、代墊費用類型、應收帳款核算模型、是否自動計算現金折扣、是否進行遠程應用、是否登記支票、改變稅額是否反算稅率等選項。

■ 應收款核銷方式

應收款核銷方式分為按單據和按產品两種。按單據核銷是指系統將滿足條件的未

結算單據全部列出，由操作員選擇要結算的具體單據進行核銷。按存貨核銷是指系統將滿足條件的未結算單據按產品列出，由操作員選擇要結算的存貨進行核銷。

■ 單據審核日期依據

單據審核日期依據分為單據日期和業務日期兩種。單據審核日期依據單據日期時，在單據處理功能中進行單據審核時，自動將單據的審核日期（即入帳日期）記為該單據的單據日期。採用這種方式時，月末結帳時單據必須全部審核。單據審核日期依據業務日期時，在單據處理功能中進行單據審核時，自動將單據的審核日期（即入帳日期）記為當前業務日期（即登錄日期）。在帳套使用過程中，可以隨時將單據審核日期依據單據日期改成依據業務日期。若需要將單據審核日期依據業務日期改成依據單據日期，則需要判斷當前未審核單據中有無單據日期在已結帳月份的單據。若有，則不允許修改；否則才允許修改。

■ 匯兌損益方式

匯兌損益方式包括外幣結清和月末處理兩種。匯兌損益方式選擇外幣結清時，僅當某種外幣餘額為 0 的外幣單據才允許計算匯兌損益。匯兌損益方式選擇月末處理時，每個月末計算匯兌損益時，界面中顯示所有外幣餘額不為 0 或者本幣餘額不為 0 的外幣單據。

■ 壞帳處理方式

系統提供應收餘額百分比法、銷售收入百分比法、帳齡分析法和直接轉銷法四種壞帳處理方式，前三種通常稱為「備抵法」，需要在初始設置中錄入壞帳準備期初和計提比例或輸入帳齡區間，並在壞帳處理中進行後續處理。銷售收入百分比法是根據歷史數據確定的壞帳損失占全部銷售額的一定比例估計。應收帳款餘額百分比法是以應收帳款餘額為基礎，估計可能發生的壞帳損失。帳齡分析法是根據應收帳款帳齡的長短來估計壞帳損失的方法，帳齡越長，應估計的壞帳準備金額也越大。

■ 代墊費用類型

代墊費用類型解決從銷售系統傳遞的代墊費用單在應收系統用何種單據類型進行接收的功能。系統默認為其他應收單，用戶也可在初始設置中的單據類型設置中自行定義單據類型，如定義代墊費用應收單，然後在系統選項代墊費用類型中進行選擇。該選項隨時可以更改。

■ 應收帳款核算模型

系統提供簡單核算和詳細核算（缺省）兩種應用模型，在系統啟用時或沒有進行任何業務（包括期初數據錄入）才允許進行選擇設置和修改。選擇簡單核算，應收只完成將銷售傳遞過來的發票生成憑證傳遞給總帳這樣的模式。選擇詳細核算，應收可以對往來進行詳細的核算、控製、查詢、分析。

（2）憑證選項。

憑證選項提供：受控科目製單方式、非控科目製單方式、控製科目依據、銷售科目依據、月結前是否全部生成憑證、方向相反的分錄是否合併、核銷是否生成憑證、預收衝應收是否生成憑證、紅票對沖是否生成憑證等選項。

■ 受控科目製單方式

受控科目製單方式分為明細到客戶和明細到單據兩種。明細到客戶是指在將一個客戶的多筆業務合併生成憑證時，如果其受控科目相同，則將其合併生成一條分錄，在總帳系統中能根據客戶查詢詳細信息。明細到單據是指在合併生成一個客戶多筆業務的憑證時，將單據每筆業務形成一條分錄，在總帳中能查詢每個客戶的每筆業務的詳細情況。

■ 非控科目製單方式

非控科目製單方式包括明細到客戶、明細到單據和匯總方式三種。明細到客戶和明細到單據與受控科目製單方式含義相同。匯總方式是指將多個客戶的多筆業務合併生成一張憑證時，若核算的非控科目相同，且其輔助核算也相同，系統會自動合併生成一條分錄，在總帳中只能查看到該科目總的發生額。

■ 控製科目依據

控製科目是指所有帶有客戶往來輔助核算的科目，包括按客戶分類、按客戶和按地區三種依據。按客戶分類是指按不同的客戶分類設置應收款項科目和預收款項科目。按客戶是指按不同的客戶設置應收款項和預收款項科目。按地區是指按不同的地區分類設置不同的應收款項和預收款項科目。

■ 銷售科目依據

銷售科目依據包括按存貨分類和按存貨兩種。存貨分類是指根據存貨的屬性對存貨所劃分的大類，如將存貨分為原材料、燃料及動力、在存貨及產成品等大類。銷售科目（如銷售收入科目、應交增值稅科目）可依據存貨分類和按存貨來設置。

(3) 權限和預警選項。

權限選項包括是否啟用客戶權限、是否啟用部門權限、錄入發票時顯示提示信息、是否信用額度控製，預警選項包括單據報警和信用報警。

■ 是否啟用客戶權限

選擇啟用客戶權限時，在所有的單據錄入、處理、查詢中均需要根據該用戶的相關客戶數據權限進行限制。操作員只能錄入、處理、查詢有權限的客戶數據，沒有權限的數據無權處理與查詢。通過該功能，企業可加強客戶管理的力度，提高數據的安全性。系統缺省為不需要進行客戶數據權限控製，該選項可以隨時修改。

■ 是否啟用部門權限

選擇啟用部門權限時，在所有的單據錄入、處理、查詢中均需要根據該用戶的相關部門數據權限進行限制。操作員只能錄入、處理、查詢有權限的部門數據，沒有權限的數據無權處理與查詢。通過該功能，企業可加強部門管理的力度，提高數據的保密性。系統缺省為不需要進行部門數據權限控製，該選項可以隨時修改。

■ 錄入發票時顯示提示信息

如果選擇了顯示提示信息，則在錄入發票時，系統會顯示該客戶的信用額度餘額，以及最後的交易情況。

■ 是否信用額度控製

選擇進行信用額度控製，則在應收系統保存錄入的發票和應收單時，當「票面金

額+應收借方餘額-應收貸方餘額>信用額度」時，系統會提示本張單據不予保存處理。該信用額度取自客戶檔案中的信用額度，若用戶需要進行信用額度控製，則首先需要在客戶檔案中設置每個客戶的信用額度。

■ 單據報警

單據報警包括信用方式和折扣方式兩種。如果選擇信用方式自動報警，通過設置報警的提前天數，在每次登錄系統時，系統自動將「單據到期日-提前天數≤當前註冊日期」的已經審核的單據顯示出來，以提醒及時通知客戶哪些業務應該回款了。如果選擇折扣方式自動報警時，每次登錄本系統時，系統自動將「單據最大折扣日期-提前天數≤當前註冊日期」的已經審核單據顯示出來，以提醒及時通知客戶哪些業務將不能享受現金折扣待遇。

■ 信用報警

如果選擇信用報警，則在用戶登錄系統時，自動計算發票或應收單的信用比例是否達到報警條件，符合條件則顯示信用期報警單。選擇根據信用額度進行自動預警時，需要輸入預警的提前比率，且可以選擇是否包含信用額度＝0 的客戶。當選擇信用報警時，系統根據設置的預警標準顯示滿足條件的客戶記錄。即只要該客戶的信用比率小於等於設置的提前比率時就對該客戶進行報警處理。若選擇信用額度＝0 的客戶也預警，則當該客戶的應收帳款>0 時即進行預警。

【操作向導】

➢ 在應收帳款管理系統中，執行「設置」→「選項」命令，打開「帳套參數設置」對話框，如圖 9-2 所示，點擊「編輯」，分別點擊「常規」「憑證」「權限與預警」選項卡，如圖 9-3、圖 9-4 所示，進行相應的設置，完成後點擊「確定」。

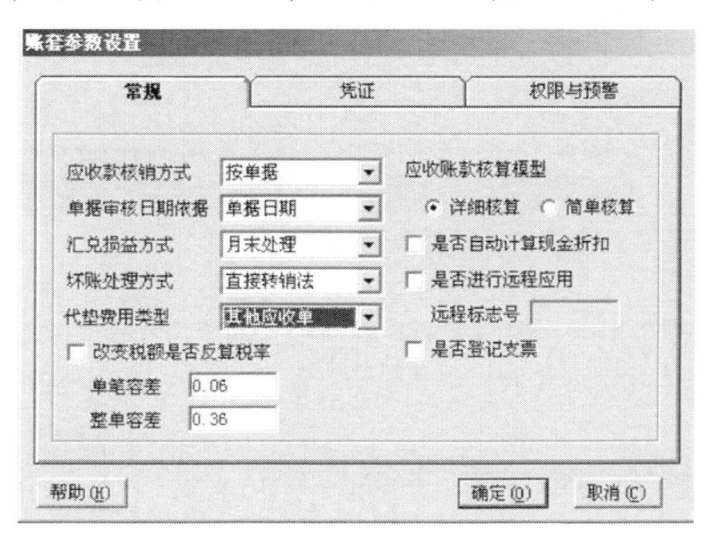

圖 9-2　帳套參數的常規選項設置界面

圖 9-3 帳套參數的憑證選項設置界面

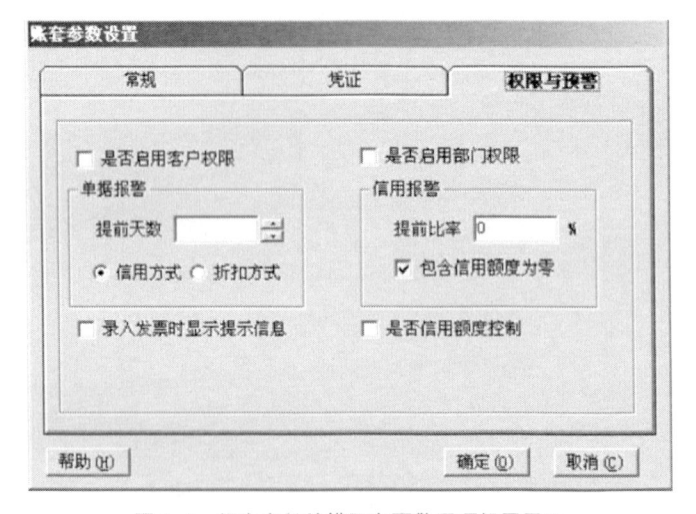

圖 9-4 帳套參數的權限與預警選項設置界面

9.2.2 初始設置

初始設置包括設置科目、壞帳準備設置、帳齡區間設置、報警級別設置、單據類型設置。

（1）設置科目。

設置科目包括基本科目設置、控製科目設置、產品科目設置和結算方式科目設置。

■ 基本科目設置

基本科目設置主要設置應收科目、預收科目、銷售收入科目、稅金科目、銷售退回科目、銀行承兌科目、現金折扣科目、票據利息科目、匯兌損益科目、壞帳入帳科目等。若用戶未在單據中指定科目，且控製科目設置與產品科目設置中沒有明細科目

的設置，則系統製單依據製單規則取基本科目設置中的科目設置。

■ 控製科目設置

可按客戶分類、客戶、地區分類進行控製科目的設置，包括應收科目和預收科目。若單據上有科目，則製單時取單據上科目，若無，則系統依據單據上的客戶信息在製單時自動帶出控製科目。若控製科目沒有輸入，則系統取基本科目設置中的相關科目。

■ 產品科目設置

可按存貨分類、存貨進行產品科目的設置。若單據上有科目，則製單時取單據上科目，若無，則系統依據單據上的存貨信息在製單時自動帶出產品銷售收入科目、應交增值稅科目、銷售退回科目等。若產品科目沒有輸入，則系統取基本科目設置中的相關科目。

■ 結算方式科目設置

進行結算方式、幣種、科目的設置。對於現結的發票及收付款單，若單據上有科目，則製單時取單據上科目，若無，則系統依據單據上的結算方式查找對應的結算科目，系統製單時自動帶出，若未輸入，則用戶需手工輸入科目。

【操作向導】

➢ 在應收帳款管理系統中，執行「設置」→「初始設置」命令，打開「初始設置」對話框，展開目錄樹下的設置科目，點擊「基本科目設置/控製科目設置/產品科目設置/結算方式科目設置」，彈出相應的設置界面進行設置，如圖 9-5、圖 9-6、圖 9-7、圖 9-8 所示。

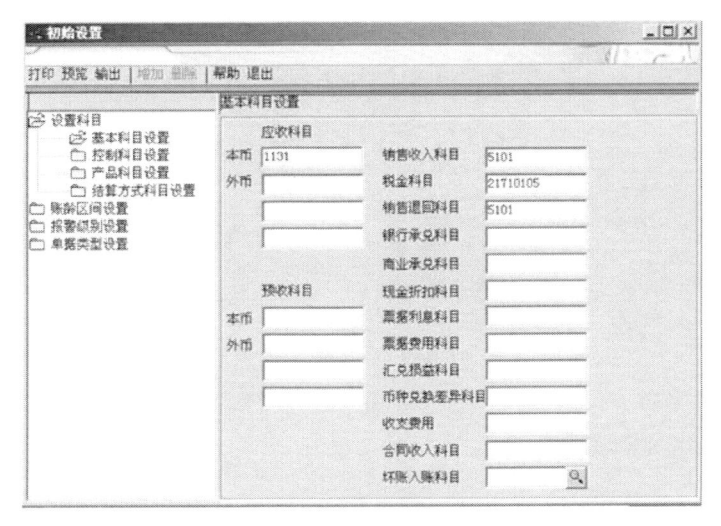

圖 9-5　基本科目設置窗口

電算化會計信息系統

圖 9-6　控制科目設置窗口

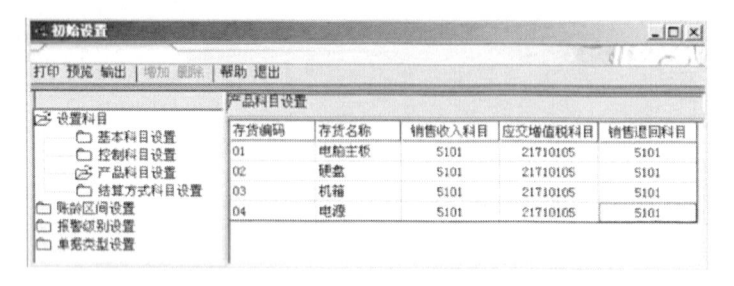

圖 9-7　產品科目設置窗口

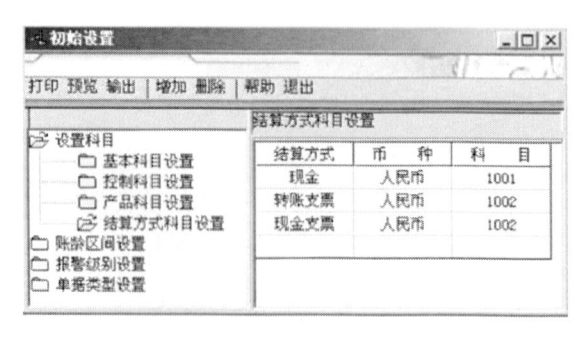

圖 9-8　結算方式設置窗口

（2）壞帳準備設置。

壞帳準備設置是指用戶定義本系統內計提壞帳準備比率和設置壞帳準備期初餘額的功能，它的作用是系統根據用戶的應收帳款進行計提壞帳準備。只有用戶在帳套參數設置時選擇備抵法（即非直接轉銷法），才能在此對壞帳準備進行設置。

【操作向導】

➤ 在應收帳款管理系統中，執行「設置」→「初始設置」命令，打開「初始設置」對話框，如圖9-9所示，展開目錄樹下的設置科目，點擊「壞帳準備設置」，彈出相應的設置界面進行設置。

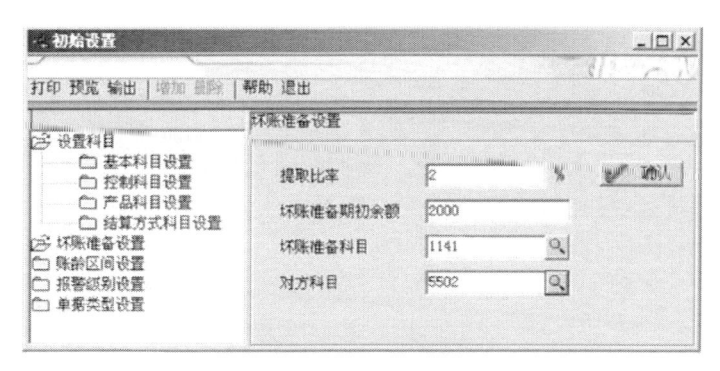

圖 9-9　壞帳準備設置界面

（3）帳齡區間設置。

帳齡區間設置指用戶定義應收帳款或收款時間間隔的功能，它的作用是便於用戶根據自己定義的帳款時間間隔，進行應收帳款或收款的帳齡查詢和帳齡分析，清楚瞭解在一定期間內所發生的應收款、收款情況。

【操作向導】

➢ 在應收帳款管理系統中，執行「設置」→「初始設置」命令，打開「初始設置」對話框，如圖 9-10 所示，展開目錄樹下的設置科目，點擊「帳齡區間設置」，彈出相應的設置界面進行設置。

圖 9-10　帳齡區間設置界面

（4）報警級別設置。

報警級別設置是指用戶根據客戶欠款餘額與信用額度的比例設置報警級別，方便用戶掌握客戶的信用情況。

【操作向導】

➢ 在應收帳款管理系統中，執行「設置」→「初始設置」命令，打開「初始設置」對話框，如圖 9-11 所示，展開目錄樹下的設置科目，點擊「報警級別設置」，彈出相應的設置界面，單擊「增加」，進行設置。

169

電算化會計信息系統

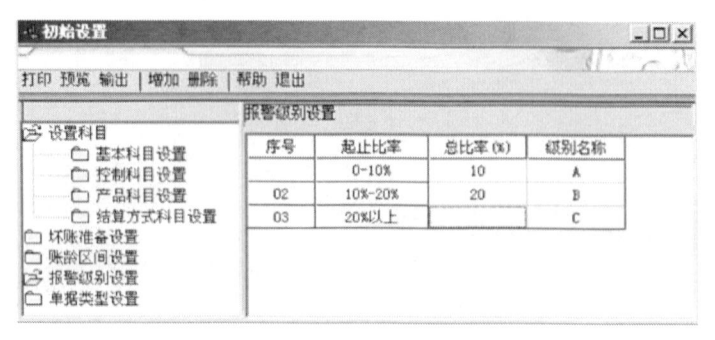

圖 9-11　報警級別設置界面

（5）單據類型設置。

單據類型設置是指用戶將自己的往來業務與單據類型建立對應關係。系統提供了發票和應收單兩類單據。如果使用銷售系統則發票類型單據名稱包括銷售專用發票、普通發票、銷售調撥單和銷售日報。如果單獨使用應收系統，則單據名稱不包括後兩種。發票是系統默認類型。

【操作向導】

➢ 在應收帳款管理系統中，執行「設置」→「初始設置」命令，打開「初始設置」對話框，如圖9-12所示，展開目錄樹下的設置科目，點擊「單據類型設置」，彈出相應的設置界面，進行設置。

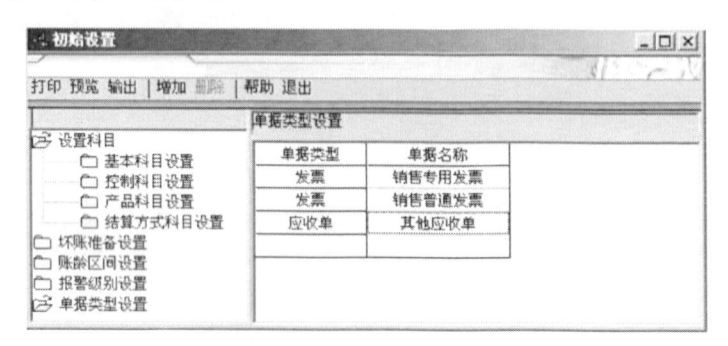

圖 9-12　單據類型設置界面

9.2.3　期初餘額錄入

通過期初餘額錄入功能，可將正式啟用帳套前的所有應收業務數據錄入到系統中，作為期初建帳的數據，系統即可對其進行管理，又能保證數據的連續性和完整性。當進入第二年度處理時，系統自動將上年度未處理完的單據轉成為下一年度的期初餘額。在下一年度的第一個會計期間裡，可以進行期初餘額的調整。

【操作向導】

➢ 在應收帳款管理系統中，執行「設置」→「期初餘額」命令，打開「期初餘額—查詢」對話框，點擊「確定」，打開「期初餘額明細表」對話框，單擊「增加」，彈

出「單據類別」對話框，選擇單據名稱（包括銷售發票、應收單、預收款、應收票據）、單據類別和方向，點擊「確認」，打開「單據錄入」對話框，如圖 9-13 所示，錄入完畢後單擊「保存」。

圖 9-13　應收單期初餘額錄入界面

9.3　應收帳款系統業務處理

ERP-U8 的應收帳款業務處理包括日常處理和期末處理。日常處理包括應收單據處理、收款單據處理、核銷處理、票據管理、轉帳、壞帳處理、匯兌損益、製單處理。期末處理包括對帳和結帳。

9.3.1　日常處理

（1）應收單據處理。

應收單據處理包括應收單據的錄入和審核。企業在銷售貨物給客戶，給客戶開具增值稅票、普通發票及其所附清單等原始銷售票據，或企業因非銷售業務而應收取客戶款項，而開具的應收款單據需要錄入系統。在系統中填制銷售發票、應收單，統稱為應收單據錄入。應收單據的審核是對應收單據進行記帳，並在單據上填上審核日期、審核人的過程。已審核的應收單據不允許修改及刪除了。

【操作向導】

➤ 應收單據的錄入：在應收帳款管理系統中，執行「日常處理」→「應收單據處理」→「應收單據錄入」命令，打開「單據類別」對話框，選擇單據名稱、單據類別和方向，點擊「確認」，打開「應收單」錄入對話框，如圖 9-14 所示，錄入完畢後單擊「保存」。

171

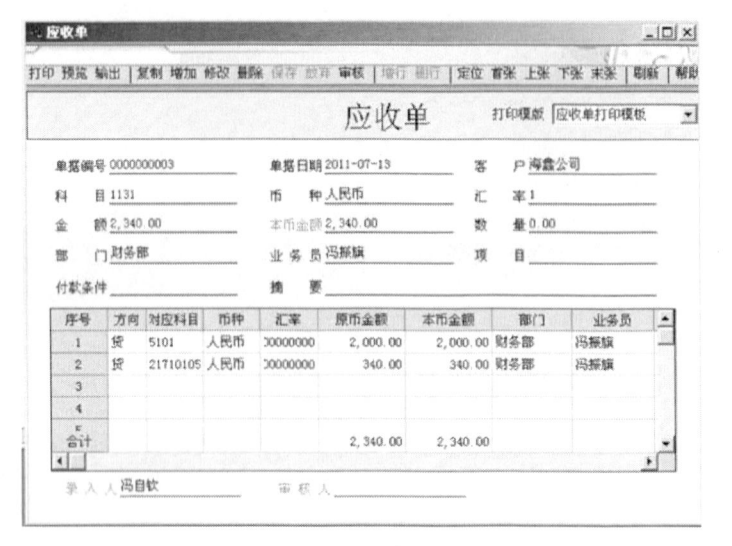

圖 9-14 應收單據錄入窗口

➢ 應收單據審核：在應收帳款管理系統中，執行「日常處理」→「應收單據處理」→「應收單據審核」命令，打開「單據過濾條件」對話框，輸入相關條件後單擊「確認」，打開「應收單據列表」窗口，如圖 9-15 所示，在需要審核的記錄的「選擇」項打上「Y」標示，點擊「審核」按鈕。

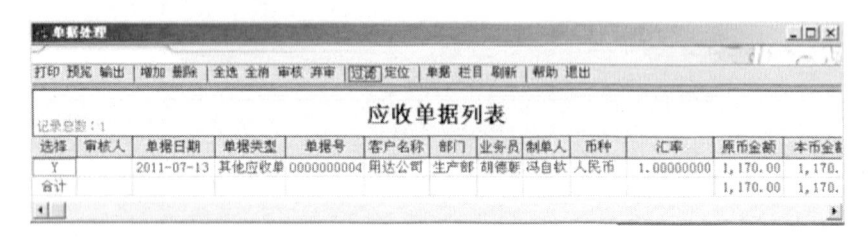

圖 9-15 應收單據審核界面

(2) 收款單據處理。

企業因銷售商品或提供勞務而向客戶開具發票，收到客戶交來的貨款，需要對收款單據進行處理，以記帳、衝減客戶的應收帳款。包括收款單據的錄入和審核。

【操作向導】

➢ 收款單據錄入：在應收帳款管理系統中，執行「日常處理」→「應收單據處理」→「收款單據錄入」命令，打開「收付款單錄入」對話框，如圖 9-16 所示，錄入完畢後單擊「保存」。

➢ 收款單據審核：在應收帳款管理系統中，執行「日常處理」→「應收單據處理」→「收款單據審核」命令，打開「單據過濾條件」對話框，輸入相關條件後單擊「確認」，打開「收付款單列表」窗口，如圖 9-17 所示，在需要審核的記錄的「選擇」項打上「Y」標示，點擊「審核」按鈕。

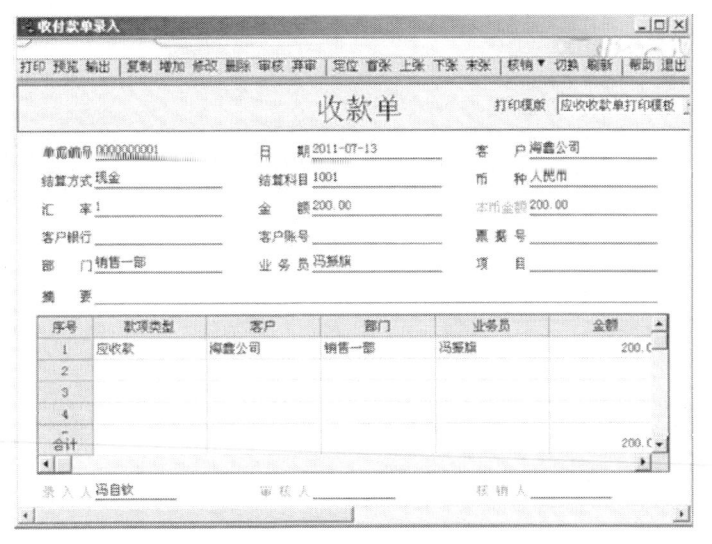

圖 9-16　收款單據錄入界面

圖 9-17　收款單據審核界面

（3）核銷處理。

核銷處理是對收回客戶的款項與應收帳款的結算，建立收款單與對應發票、應收單據的關聯，衝銷本期應收帳款，以加強應收帳款的管理。包括手工核銷的自動核銷兩種。

【操作向導】

➤ 手工核銷：在應收帳款管理系統中，執行「日常處理」→「核銷處理」→「手工核銷」命令，彈出「核銷條件」對話框，如圖 9-18 所示，錄入相應的條件後單擊「確認」，打開單據核銷窗口，如圖 9-19 所示，在下邊列表中選擇核銷的結算記錄，用手工錄入本次結算的金額，單擊「分攤」按鈕，系統將當前結算單列表中的本次結算金額合計，自動分攤到被核銷單據列表的本次結算欄中。完成後單擊「保存」。

➤ 自動核銷：在應收帳款管理系統中，執行「日常處理」→「核銷處理」→「自動核銷」命令，彈出「核銷條件」對話框，如圖 9-20 所示，錄入相應的條件後單擊「確認」，系統將自動核銷完畢後彈出自動核銷報告。

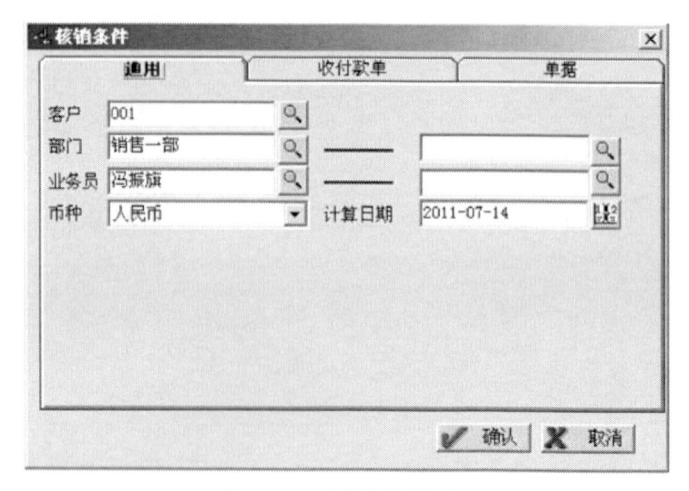

圖 9-18　核銷條件對話框

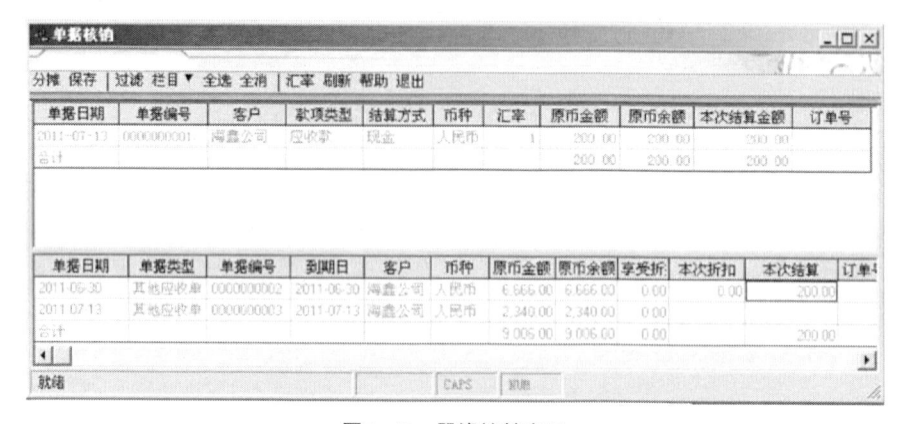

圖 9-19　單據核銷窗口

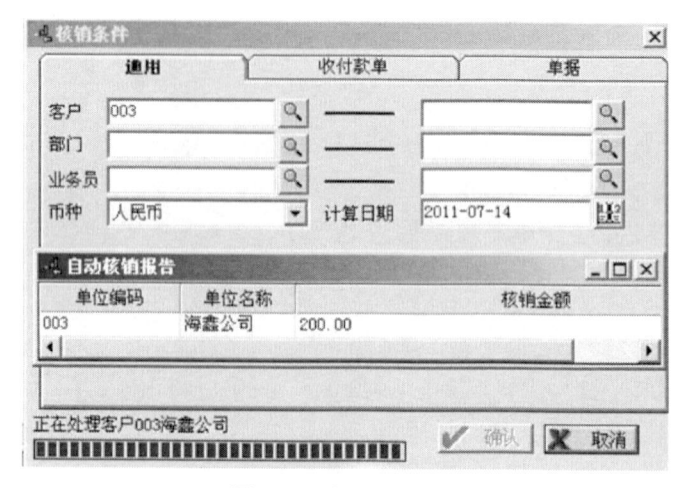

圖 9-20　自動核銷窗口

(4) 票據管理。

票據管理是對銀行承兌匯票和商業承兌匯票進行管理，包括票據的增加、修改、刪除、貼現、背書、轉出、計息和結算等，同時還能完成票據的查詢、輸出和打印等功能。商業承兌匯票是付款人簽發並承兌，或由收款人簽發交由付款人承兌的匯票。銀行承兌匯票是由在承兌銀行開立存款帳戶的存款人簽發，由承兌銀行承兌的票據。

【操作向導】

➢ 票據的增加：在應收帳款管理系統中，執行「日常處理」→「票據管理」命令，打開「票據查詢」對話框，選擇票據的種類等相關條件後點擊「確認」，打開「票據登記簿」窗口，單擊「增加」，彈出「票據增加」對話框，如圖 9-21 所示，按照各欄目輸入相應數據，完成後單擊「確認」。

➢ 票據的修改：在應收帳款管理系統中，執行「日常處理」→「票據管理」命令，打開「票據查詢」對話框，選擇票據的種類等相關條件後點擊「確認」，打開「票據登記簿」窗口，選中需要修改的票據單擊「修改」，彈出票據修改對話框，按照各欄目進行修改，完成後單擊「確認」。

➢ 票據的刪除：在應收帳款管理系統中，執行「日常處理」→「票據管理」命令，打開「票據查詢」對話框，選擇票據的種類等相關條件後點擊「確認」，打開「票據登記簿」窗口，選中需要刪除的票據單擊「刪除」，彈出「票據刪除確認」對話框，單擊「是」。

➢ 票據的貼現：在應收帳款管理系統中，執行「日常處理」→「票據管理」命令，打開「票據查詢」對話框，選擇票據的種類等相關條件後點擊「確認」，打開「票據登記簿」窗口，選中需要貼現的票據單擊「貼現」，彈出「票據貼現」對話框，如圖 9-22 所示，輸入貼現銀行、貼現日期、貼現率等，單擊「確認」。

➢ 票據的背書：在應收帳款管理系統中，執行「日常處理」→「票據管理」命令，打開「票據查詢」對話框，選擇票據的種類等相關條件後點擊「確認」，打開「票據登記簿」窗口，選中需要背書的票據單擊「背書」，彈出「票據背書」對話框，如圖 9-23 所示，輸入背書方式、背書日期、背書金額等，單擊「確認」。

➢ 票據的轉出：在應收帳款管理系統中，執行「日常處理」→「票據管理」命令，打開「票據查詢」對話框，選擇票據的種類等相關條件後點擊「確認」，打開「票據登記」簿窗口，選中需要轉出的票據單擊「轉出」，彈出「票據轉出」對話框，如圖 9-24 所示，輸入轉出金額、轉出日期等，單擊「確認」。

➢ 票據的計息：在應收帳款管理系統中，執行「日常處理」→「票據管理」命令，打開「票據查詢」對話框，選擇票據的種類等相關條件後點擊「確認」，打開「票據登記簿」窗口，選中需要計息的票據單擊「計息」，彈出「票據計息」對話框，如圖 9-25 所示，輸入計息日期和利息，單擊「確認」。

➢ 票據的結算：在應收帳款管理系統中，執行「日常處理」→「票據管理」命令，打開「票據查詢」對話框，選擇票據的種類等相關條件後點擊「確認」，打開「票據登記簿」窗口，選中需要結算的票據單擊「結算」，彈出「票據結算」對話框，如圖 9-26 所示，輸入結算金額、結算日期等，單擊「確認」。

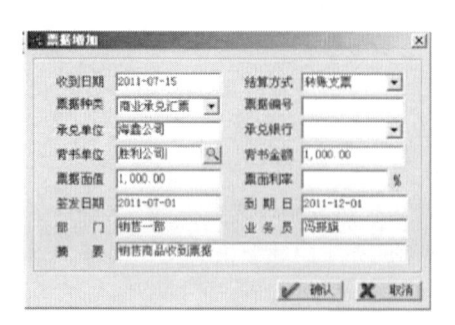

圖 9-21　票據增加窗口　　　　　　圖 9-22　票據貼現窗口

圖 9-23　票據背書窗口　　　　　　圖 9-24　票據轉出窗口

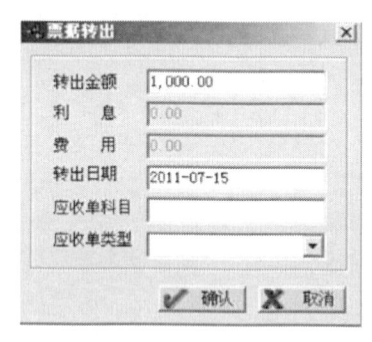

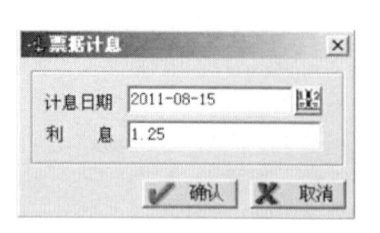

圖 9-25　票據計息窗口　　　　　　圖 9-26　票據結算窗口

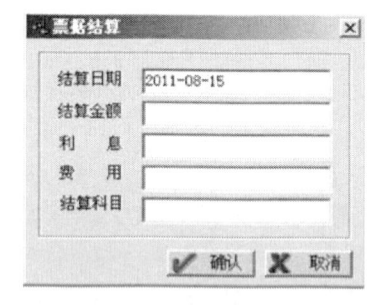

（5）轉帳。

　　為了滿足應收帳款調整的需要，系統提供轉帳處理功能，來針對不同的業務對應收帳款進行調整，主要包括應收衝應收、應收衝應付、紅票對沖和預收衝應收四種情況。應收衝應收是指將一家客戶的應收帳款轉到另一家客戶中；應收衝應付是將某客戶的應收帳款沖抵某供應商的應付帳款；紅票對沖是用某客戶的紅字發票與其藍字發票進行沖抵；預收衝應收是將某客戶的預收帳款與應收帳款進行沖抵。

【操作向導】

➢ 應收衝應收：在應收帳款管理系統中，執行「日常處理」→「轉帳」→「應收衝應收」命令，打開「應收衝應收」對話框，如圖9-27所示，選擇轉出戶、轉入戶等條件，單擊「過濾」，系統列出滿足條件的記錄，在並帳金額欄輸入相關數據，單擊「確認」，系統彈出是否立即製單，單擊「否」。

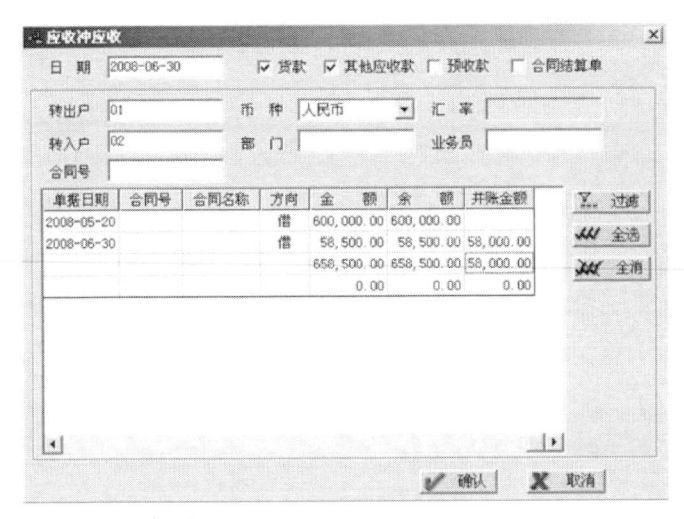

圖9-27　應收衝應收窗口

➢ 應收衝應付：在應收帳款管理系統中，執行「日常處理」→「轉帳」→「應收衝應付」命令，打開「應收衝應付」對話框，如圖9-28所示。激活應收選項卡，選擇相應的條件後單擊「過濾」，系統列出滿足條件的記錄，在轉帳金額欄輸入相關數據；激活應付選項卡，選擇相應的條件後單擊「過濾」，系統列出滿足條件的記錄，在轉帳金額欄輸入相關數據。單擊「確認」，系統彈出是否立即製單，單擊「否」。

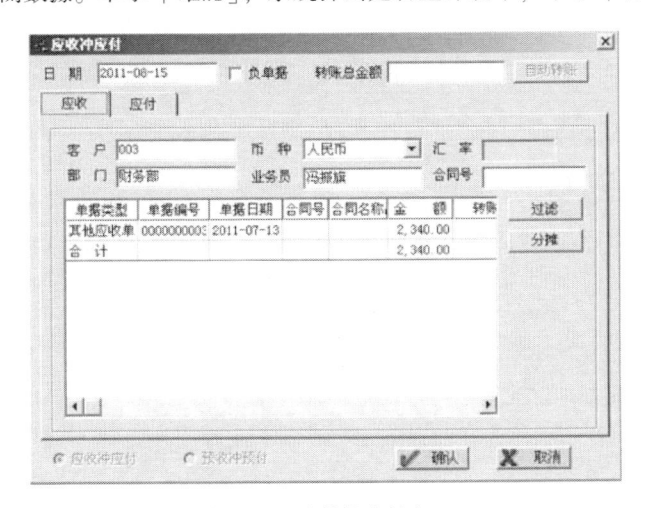

圖9-28　應收衝應付窗口

電算化會計信息系統

➤ 紅票對沖：在應收帳款管理系統中，執行「日常處理」→「轉帳」→「紅票對沖」→「手工對沖/自動對沖」命令，打開「紅票對沖條件」對話框，如圖9-29所示，在「通用」「紅票」和「藍票」選項卡中輸入相關條件後單擊「確認」，打開「紅票對沖」窗口，輸入對沖金額，點擊「分攤」和「保存」。

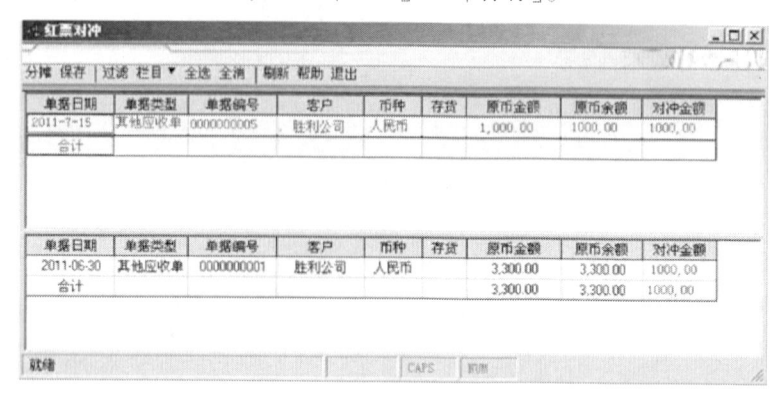

圖 9-29　紅票對沖窗口

➤ 預收衝應收：在應收帳款管理系統中，執行「日常處理」→「轉帳」→「預收衝應收」命令，打開「預收衝應收」對話框，如圖9-30所示。激活預收選項卡，選擇相應的條件後單擊「過濾」，系統列出滿足條件的記錄，在轉帳金額欄輸入相關數據；激活應收選項卡，選擇相應的條件後單擊「過濾」，系統列出滿足條件的記錄，在轉帳金額欄輸入相關數據。單擊「確認」，系統彈出是否立即製單，單擊「否」。

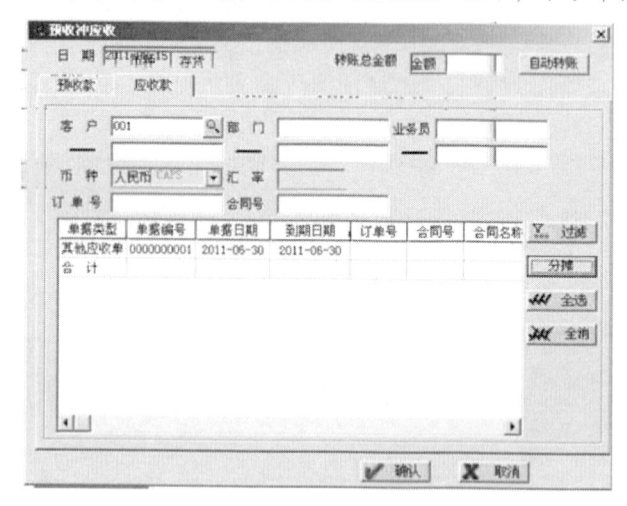

圖 9-30　預收衝應收窗口

(6) 壞帳處理。

壞帳處理是指根據設置的壞帳準備參數和發生的應收帳款，對可能預見的壞帳損失計提壞帳準備，對發生的壞帳進行核銷，對已經發生的收回壞帳進行業務處理，包括計提壞帳準備、壞帳發生、壞帳收回和壞帳查詢功能。

【操作向導】

➢ 計提壞帳準備：在應收帳款管理系統中，執行「日常處理」→「壞帳處理」→「計提壞帳準備」命令，打開「計提壞帳準備」窗口，如圖 9-31 所示，系統自動算出應收帳款總額，並根據計提比率計算出本次計提的壞帳準備金額，單擊「確認」，系統彈出「是否立即製單」，單擊「合」。

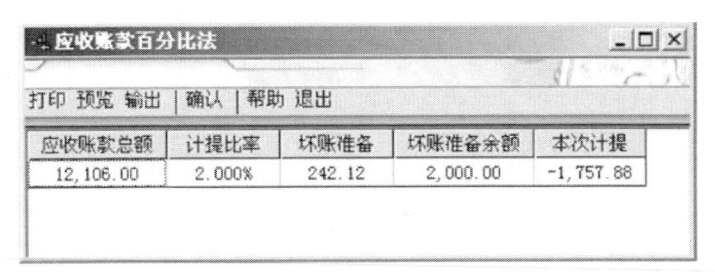

圖 9-31　計提壞帳準備窗口

➢ 壞帳發生：在應收帳款管理系統中，執行「日常處理」→「壞帳處理」→「壞帳發生」命令，打開「壞帳發生」對話框，如圖 9-32 所示，選擇日期、客戶、部門等項目後，單擊「確認」，打開「發生壞帳損失」窗口，系統列出所有滿足條件的單據，在本次發生壞帳金額欄錄入發生的金額，單擊「確認」，系統彈出是否立即製單，單擊「否」。

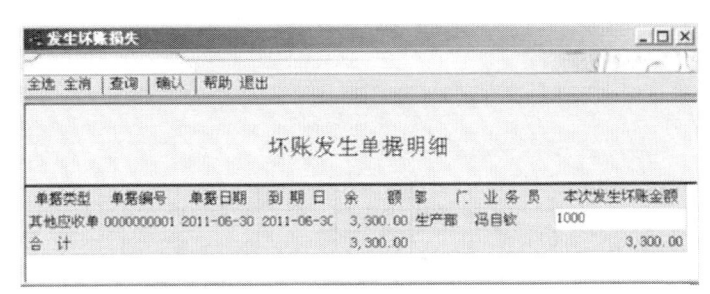

圖 9-32　發生壞帳損失窗口

➢ 壞帳收回：在應收帳款管理系統中，執行「日常處理」→「壞帳處理」→「壞帳收回」命令，打開「壞帳收回」對話框，如圖 9-33 所示，選擇客戶、日期、結算單號等，單擊「確認」，系統彈出是否立即製單，單擊「否」。

➢ 壞帳查詢：在應收帳款管理系統中，執行「日常處理」→「壞帳處理」→「壞帳查詢」命令，打開「壞帳查詢」窗口，如圖 9-34 所示，系統顯示壞帳準備期初餘額、壞帳計提、壞帳發生、壞帳收回、壞帳準備餘額信息。

電算化會計信息系統

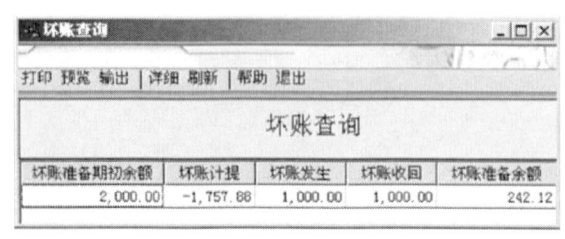

圖 9-33 壞帳收回窗口

圖 9-34 壞帳查詢窗口

(7) 匯兌損益。

匯兌損益是指有外幣業務發生的用戶進行匯兌損益的處理，系統提供了外幣餘額結清時計算和月末處理兩種方式。外幣餘額結清時計算是指僅當某種外幣餘額結清時才計算匯兌損益，系統僅顯示外幣餘額為 0 且本幣金額不為 0 的外幣單據。月末處理是指在每個月末計算匯兌損益，系統顯示所有外幣餘額不為 0 或本幣餘額不為 0 的外幣單據。

【操作向導】

➢ 在應收帳款管理系統中，執行「日常處理」→「匯兌損益」命令，打開「匯兌損益」窗口，如圖 9-35 所示，在外幣選擇欄內打上「Y」標示，單擊「下一步」，系統列出相應的外幣單據，選擇後單擊「確認」。

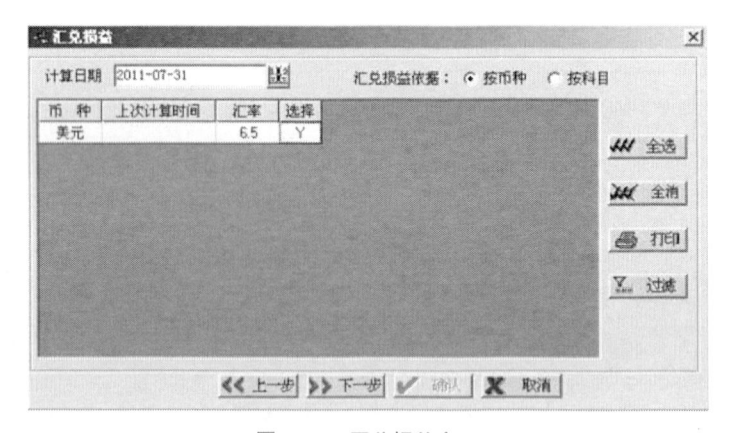

圖 9-35 匯兌損益窗口

(8) 製單處理。

製單處理是通過管理系統製單來生成憑證，並將憑證傳遞到總帳的過程。系統提供的製單類型有：發票製單、應收單製單、合同結算單製單、收付款單製單、核銷單、票據處理製單、匯兌損益製單、轉帳製單、並帳製單、現結製單和壞帳處理製單。

【操作向導】

➢ 在應收帳款管理系統中，執行「日常處理」→「製單處理」命令，打開「製單查詢」對話框，如圖9-36所示，選擇製單類型，輸入相應的查詢條件，單擊「確認」，系統顯示符合條件的未製單單據，單擊「全選」，在選擇標誌上顯示序號，單擊製單，進入「填制憑證」窗口，如圖9-37所示，對生成的憑證進行相應的修改，確認正確後，單擊「保存」，在生成的憑證上顯示「已生成」標示。

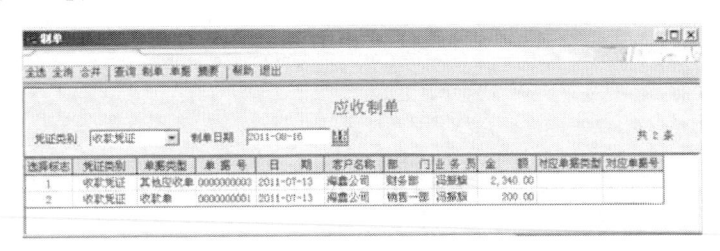

圖 9-36　製單窗口

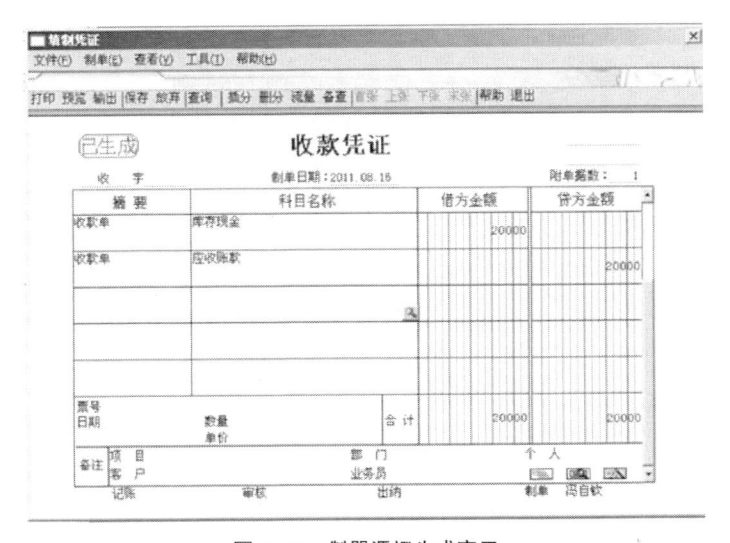

圖 9-37　製單憑證生成窗口

9.3.2　期末處理

如果已經確認本月的各項處理已經結束，則可以選擇執行月末結帳功能。當執行了月末結帳功能後，該月將不能再進行任何處理。如果這個月的前一個月沒有結帳，則本月不能結帳，且一次只能選擇一個月進行結帳。

【操作向導】

➢ 月末結帳：在應收帳款管理系統中，執行「期末處理」→「月末結帳」命令，打開「月末處理」對話框，如圖9-38所示，雙擊需要結帳的月份結帳標誌欄，打上「Y」標示，單擊「下一步」，彈出「月末處理情況」對話框。如果處理情況全部為「是」，則顯示「確認」按鈕，單擊「確認」，系統顯示結帳成功信息，單擊「確認」

181

完成結帳工作；如果處理情況不全部為「是」，則不能進行結帳工作。

> 取消月結：在應收帳款管理系統中，執行「期末處理」→「取消月結」命令，打開「取消結帳」對話框，如圖9-39所示，選擇已結帳的月份，單擊「確認」。

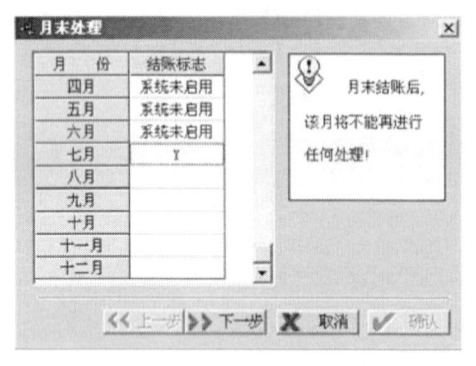

圖9-38　月末處理對話框　　　　　　圖9-39　取消結帳對話框

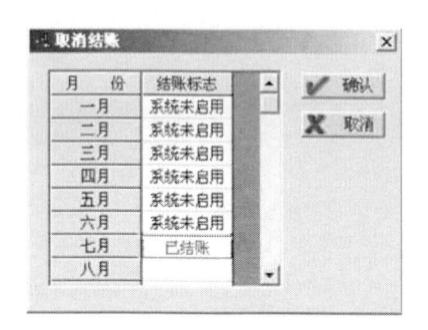

9.4　應收帳款帳表管理

為加強對應收帳款的管理，及時掌握應收帳款的統計、匯總和帳表的相關信息，用友ERP-U8系統設計了帳表管理功能，以帳和表的形式向財務人員和管理人員提供應收帳款的分析、統計等信息。用友ERP-U8應收帳款帳表管理包括：我的帳表、業務帳表、統計分析和科目帳查詢功能。用戶只能查詢有權限的數據。下面就業務帳表和統計分析功能進行介紹。

9.4.1　業務帳表

業務帳表包括業務總帳、業務餘額表、業務明細帳、對帳單和與總帳對帳功能。

(1) 業務總帳。

可通過業務總帳功能按照對象查詢在一定期間內發生的業務匯總情況，包括完整的既是客戶又是供應商的業務單據信息、未審核單據、未開票已出庫發貨單（含期初發貨單）、暫估採購入庫單的數據內容。

【操作向導】

> 在應收帳款管理系統中，執行「業務帳表」→「業務總帳」命令，打開「應收總帳表過濾條件」對話框，如圖9-40所示，選擇「分組匯總」項，輸入相應的過濾條件，單擊「過濾」，打開「應收總帳表」窗口，如圖9-41所示，系統顯示相應的應收總帳數據。

圖 9-40　應收總帳表過濾條件對話框　　　圖 9-41　應收總帳表查詢窗口

（2）業務餘額表。

可通過業務餘額表功能查看客戶、客戶分類、地區分類、部門、業務員、客戶總公司、主管業務員、主管部門在一定期間所發生的應收、收款以及餘額情況，包括既是客戶又是供應商的單位信息、未審核單據、未開票已出庫（含期初發貨單）和已入庫未結算數據、應收帳款的週轉率和週轉天數。系統提供金額式、外幣金額式、數量外幣式和數量金額式應收餘額表類型。

【操作向導】

➤ 在應收帳款管理系統中，執行「業務帳表」→「業務餘額表」命令，打開「應收餘額表過濾條件」對話框，選擇分組匯總項，輸入相應的過濾條件，單擊「過濾」，打開「應收餘額表」窗口，如圖 9-42 所示，系統顯示相應的應收餘額表數據。

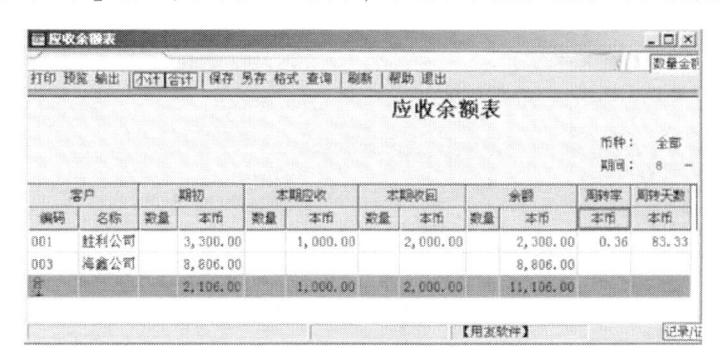

圖 9-42　數量金額式應收餘額表窗口

（3）業務明細帳。

可通過業務明細帳功能查看客戶、客戶分類、地區分類、部門、業務員、存貨分類、存貨、客戶總公司、主管業務員、主管部門在一定期間內發生的應收及收款的明細情況，包括既是客戶又是供應商的單位信息、未審核單據、未開票已出庫（含期初）和暫估採購入庫單的數據內容。系統提供：金額式、外幣金額式、數量外幣式和數量

金額式應收明細帳類型。

【操作向導】

➢ 在應收帳款管理系統中,執行「業務帳表」→「業務明細帳」命令,打開「應收明細帳過濾條件」對話框,選擇分組匯總項,輸入相應的過濾條件,單擊「過濾」,打開「應收明細帳」窗口,如圖9-43所示,系統顯示相應的應收明細帳數據。

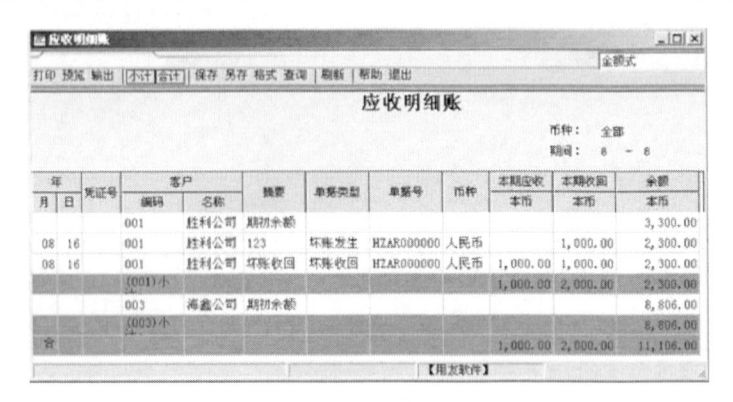

圖9-43　金額式應收明細帳窗口

(4) 對帳單。

可通過對帳單功能查看客戶、客戶分類、客戶總公司、地區分類、部門、業務員、主管部門、主管業務員的對帳單情況,包括既是客戶又是供應商的單位信息、未審核單據、未開票已出庫(含期初發貨單)和已入庫未結算的數據內容。系統提供:金額式、外幣金額式、數量外幣式和數量金額式對帳單類型。

【操作向導】

➢ 在應收帳款管理系統中,執行「業務帳表」→「對帳單」命令,打開「應收對帳單過濾條件」對話框,選擇分組匯總項,輸入相應的過濾條件,單擊「過濾」,打開「應收對帳單」窗口,如圖9-44所示,系統顯示相應的應收對帳單數據。

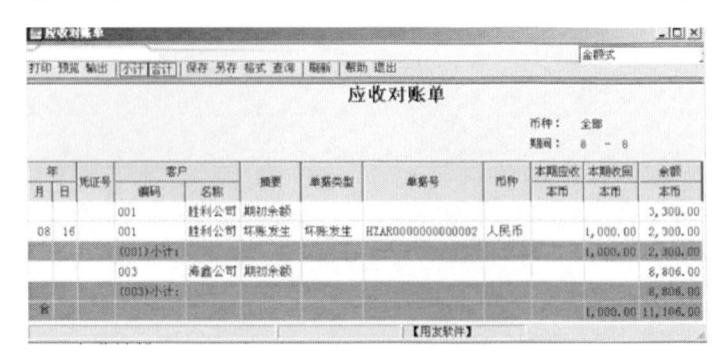

圖9-44　金額式應收對帳單

(5) 與總帳對帳。

提供應收系統生成的業務帳與總帳系統中的科目帳核對的功能,檢查兩個系統中

的往來帳是否相等，若不相等，查看造成不等的原因。可以選定條件，系統根據選擇顯示與總帳的對帳結果。

【操作向導】

➤ 在應收帳款管理系統中，執行「業務帳表」→「與總帳對帳」命令，打開「對帳條件」對話框，選擇對帳方式、日期、月份、客戶及幣種等，單擊「確認」，打開「對帳結果」窗口，如圖9-45所示，系統顯示相應的應收系統與總帳系統的對帳情況。

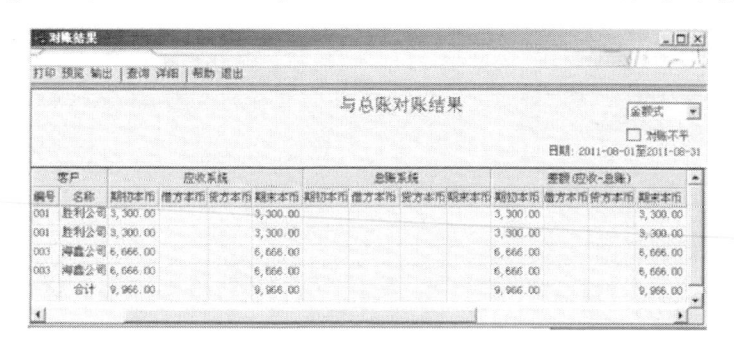

圖9-45　與總帳對帳結果顯示窗口

9.4.2　統計分析

系統提供的統計分析功能有應收帳齡分析、收款帳齡分析、欠款分析和收款預測。

（1）應收帳齡分析。

應收帳齡分析主要分析客戶分類、客戶、地區分類、部門、業務員、存貨、存貨分類、客戶總公司、主管業務員、主管部門一定時期內各個帳齡區間的應收帳款情況。

【操作向導】

➤ 在應收帳款管理系統中，執行「統計分析」→「應收帳齡分析」命令，打開「應收帳齡分析過濾條件」對話框，輸入相應的條件，單擊「過濾」，打開「應收帳齡分析」窗口，如圖9-46所示，系統顯示相應的應收帳齡分析情況。

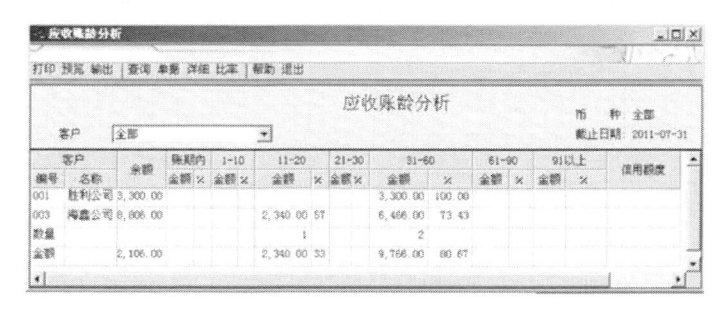

圖9-46　應收帳齡分析表

（2）收款帳齡分析。

收款帳齡分析主要分析客戶分類、客戶、地區分類、部門、業務員、存貨、存貨分類、客戶總公司、主管業務員、主管部門一定時期內各個帳齡區間的收款情況。

【操作向導】

➢ 在應收帳款管理系統中，執行「統計分析」→「收款帳齡分析」命令，打開「收款帳齡分析過濾條件」對話框，輸入相應的條件，單擊「確認」，打開「收款帳齡分析」窗口，如圖9-47所示，系統顯示相應的收款帳齡分析情況。

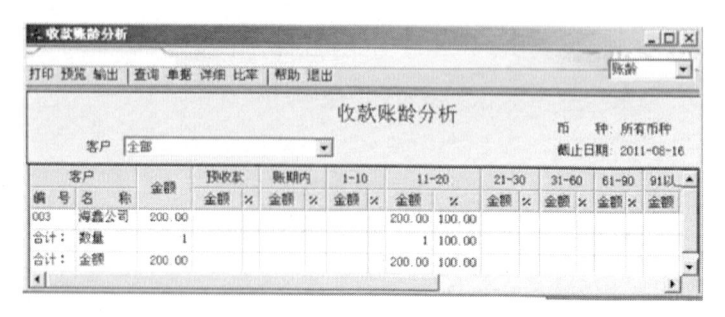

圖9-47　收款帳齡分析窗口

（3）欠款分析。

欠款分析功能可以分析截止到某一日期的客戶、部門或業務員的欠款金額，以及欠款組成情況。

【操作向導】

➢ 在應收帳款管理系統中，執行「統計分析」→「欠款分析」命令，打開「欠款分析過濾條件」對話框，選擇輸入分析對象、欠款構成等條件後，單擊「確認」，打開「欠款分析」窗口，如圖9-48所示，系統顯示相應的欠款分析情況。

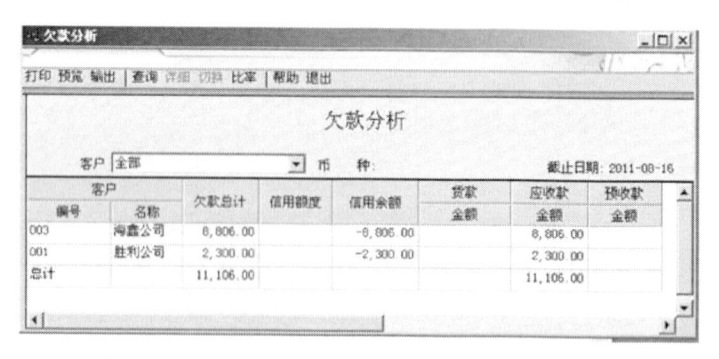

圖9-48　欠款分析窗口

（4）收款預測。

收款預測功能可以預測將來的某一段日期範圍內，客戶、部門或業務員等對象的收款情況，而且提供比較全面的預測對象、顯示格式。

【操作向導】

➢ 在應收帳款管理系統中，執行「統計分析」→「收款預測」命令，打開「收款預測過濾條件」對話框，選擇輸入預測對象、明細對象、預測上期範圍等條件後，單

擊「確認」，打開「收款預測」窗口，如圖 9-49 所示，系統顯示相應的收款預測情況。

圖 9-49　收款預測窗口

9.4.3　科目帳查詢

科目帳查詢主要包括科目餘額表查詢和科目明細表查詢，可以通過科目餘額表查詢總帳、明細帳和憑證，實現總帳、明細帳和憑證的聯查。

【操作向導】

➢ 科目明細帳查詢：在應收帳款管理系統中，執行「帳表管理」→「科目帳查詢」→「科目明細帳」命令，打開「客戶往來科目明細帳查詢條件」對話框，選擇查詢表、查詢科目、明細對象和日期範圍，單擊「確認」，打開「單位往來科目明細帳」窗口，如圖 9-51 所示，系統顯示相應的明細情況。

➢ 科目餘額表查詢：在應收帳款管理系統中，執行「帳表管理」→「科目帳查詢」→「科目餘額表」命令，打開「客戶往來科目餘額表查詢條件」對話框，如圖 9-50 所示，選擇查詢表、查詢科目、明細對象和日期範圍等，單擊「確認」，打開「單位往來科目餘額表」窗口，如圖 9-52 所示，系統顯示相應的科目餘額情況。

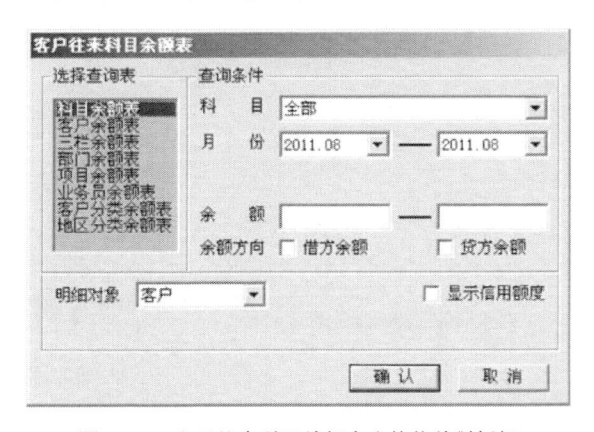

圖 9-50　客戶往來科目餘額表查詢條件對話框

電算化會計信息系統

圖 9-51　單位往來科目明細帳查詢結果界面

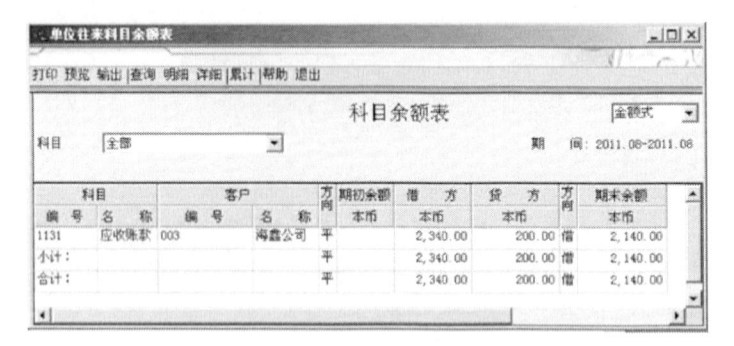

圖 9-52　單位往來科目餘額表查詢結果界面

第 10 章　電算化會計信息系統應付帳款管理

本章主要介紹用友 ERP-U8 的應付帳款管理。通過本章的學習，要求學生掌握應付帳款管理系統的工作原理和基本操作。掌握應付帳款管理系統的帳套參數設置、初始設置、初始餘額錄入、業務處理和帳表管理等。

10.1　應付帳款管理系統概述

應付帳款是指因賒購商品或接受勞務而發生的將要在一定時期內支付的款項。用友 ERP-U8 應付帳款管理系統主要是通過發票、其他應付單、付款單等單據的錄入，對企業的應付帳款進行綜合管理，及時、準確地提供供應商的應付帳款餘額資料，提供各種分析報表，通過各種分析報表，幫助企業合理地進行資金的調配，提高資金的利用效率。同時，根據對供應商應付帳款核算和管理的程度，系統提供了「詳細核算」和「简單核算」兩種應用方案。詳細核算針對應付帳款業務復雜的企業，简單核算針對應付帳款業務相對简單的企業。

10.1.1　應付帳款管理系統的基本功能

（1）設置。
✓ 提供系統參數的定義，參數設置是整個系統運行的基礎。
✓ 提供單據類型設置、帳齡區間的設置，為各種應付帳款業務的日常處理及統計分析做準備。
✓ 提供期初餘額的錄入，保證數據的完整性與連續性。
（2）日常處理。
✓ 提供應付單據、付款單據的錄入、審核、核銷、轉帳、匯兌損益、製單等處理。
（3）單據查詢。
✓ 提供單據查詢的功能，包括各類單據、詳細核銷信息、報警信息、憑證等內容的查詢。
（4）帳表管理。
✓ 提供總帳表、餘額表、明細帳等多種帳表查詢功能。
✓ 提供應付帳齡分析、付款帳齡分析、欠款分析等統計分析功能。

(5) 其他處理。
- ✓ 提供遠程數據傳遞功能。
- ✓ 提供對核銷、轉帳等處理進行恢復的功能。
- ✓ 提供月末結帳處理功能。

10.1.2 應付帳管理系統的操作流程

應付帳款管理系統的操作流程如圖 10-1。

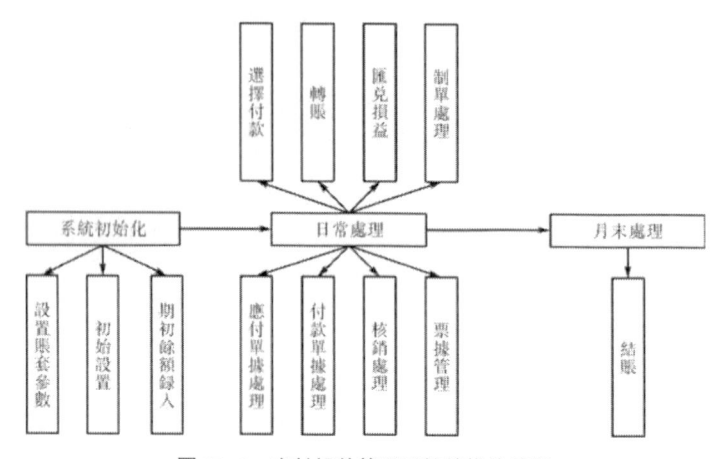

圖 10-1 應付帳款管理系統的操作流程

10.2 應付帳款系統初始化

用友 ERP-U8 應付帳款管理系統初始化包括：帳套參數設置、初始設置和期初餘額錄入，是系統正常運行的前提和基礎。

10.2.1 帳套參數設置

帳套參數是應收帳款管理系統的靈魂，它能影響整個系統的使用效果。由於有些參數在系統使用以後不能修改，所以在進行參數設置時要結合本單位的實際情況慎重選擇。帳套參數設置在系統提供的「選項」功能上進行，可分為：常規、憑證、權限和預警。

(1) 常規選項。

常規選項提供：應付款核銷方式、單據審核日期依據、匯兌損益方式、應付帳款核算模型、是否自動計算現金折扣、是否進行遠程應用、是否登記支票、修改稅額是否反算稅率等選項。

■ 應付款核銷方式

應付款核銷方式分為按單據和按產品兩種。按單據核銷是指系統將滿足條件的未

結算單據全部列出，由操作員選擇要結算的具體單據進行核銷。按存貨核銷是指系統將滿足條件的未結算單據按產品列出，由操作員選擇要結算的存貨進行核銷。

■ 單據審核日期依據

單據審核日期依據分為單據日期和業務日期兩種。單據審核日期依據單據日期時，在單據處理功能中進行單據審核時，自動將單據的審核日期（即入帳日期）記為該單據的單據日期。採用這種方式時，月末結帳時單據必須全部審核。單據審核日期依據業務日期時，在單據處理功能中進行單據審核時，自動將單據的審核日期（即入帳日期）記為當前業務日期（即登錄日期）。在帳套使用過程中，可以隨時將單據審核日期依據單據日期改成依據業務日期。若需要將單據審核日期依據業務日期改成依據單據日期，則需要判斷當前未審核單據中有無單據日期在已結帳月份的單據中。若有，則不允許修改；否則才允許修改。

■ 匯兌損益方式

匯兌損益方式包括外幣結清和月末處理兩種。匯兌損益方式選擇外幣結清時，僅當某種外幣餘額為0的外幣單據才允許計算匯兌損益。匯兌損益方式選擇月末處理時，每個月末計算匯兌損益時，界面中顯示所有外幣餘額不為0或者本幣餘額不為0的外幣單據。

■ 應付帳款核算模型

系統提供簡單核算和詳細核算（缺省）兩種應用模型，在系統啟用時或沒有進行任何業務（包括期初數據錄入）的情況下才允許進行選擇設置和修改。選擇簡單核算，應付只完成將銷售傳遞過來的發票生成憑證傳遞給總帳這樣的模式。選擇詳細核算，應付可以對往來進行詳細的核算、控製、查詢、分析。

（2）憑證選項。

憑證選項提供：受控科目製單方式、非控科目製單方式、控製科目依據、採購科目依據、月結前是否全部生成憑證、方向相反的分錄是否合併、核銷是否生成憑證、預付衝應付是否生成憑證、紅票對沖是否生成憑證等選項。

■ 受控科目製單方式

受控科目製單方式分為明細到供應商和明細到單據兩種。明細到供應商是指在將一個供應商的多筆業務合併生成憑證時，如果其受控科目相同，則將其合併生成一條分錄，在總帳系統中能根據供應商查詢詳細信息。明細到單據是指在合併生成一個供應商多筆業務的憑證時，將單據每筆業務形成一條分錄，在總帳中能查詢每個供應商的每筆業務的詳細情況。

■ 非控科目製單方式

非控科目製單方式包括明細到供應商、明細到單據和匯總方式三種。明細到供應商和明細到單據與受控科目製單方式含義相同。匯總方式是指將多個供應商的多筆業務合併生成一張憑證時，若核算的非控科目相同，且其輔助核算也相同，系統會自動合併生成一條分錄，在總帳中只能查看到該科目總的發生額。

■ 控製科目依據

控製科目是指所有帶有供應商往來輔助核算的科目，包括按供應商分類、供應商

和按地區三種依據。按供應商分類是指按不同的供應商分類設置應付款項科目和預付款項科目。按供應商是指按不同的供應商設置應付款項和預付款項科目。按地區是指按不同的地區分類設置不同的應付款項和預付款項科目。

■ 採購科目依據

採購科目依據包括按存貨分類和按存貨兩種。存貨分類是指根據存貨的屬性對存貨所劃分的大類，如將存貨分為原材料、燃料及動力、在存貨及產成品等大類。採購科目可依據存貨分類和按存貨來設置。

（3）權限和預警選項。

權限選項包括是否啟用供應商權限、是否啟用部門權限，預警選項包括單據報警和信用報警。

■ 是否啟用供應商權限

選擇啟用供應商權限時，在所有的單據錄入、處理、查詢中均需要根據該用戶的相關供應商數據權限進行限制。操作員只能錄入、處理、查詢有權限的供應商數據，沒有權限的數據無權處理與查詢。通過該功能，企業可加強供應商管理的力度，提高數據的安全性。系統缺省為不需要進行供應商數據權限控製，該選項可以隨時修改。

■ 是否啟用部門權限

選擇啟用部門權限時，在所有的單據錄入、處理、查詢中均需要根據該用戶的相關部門數據權限進行限制。操作員只能錄入、處理、查詢有權限的部門數據，沒有權限的數據無權處理與查詢。通過該功能，企業可加強部門管理的力度，提高數據的保密性。系統缺省為不需要進行部門數據權限控製，該選項可以隨時修改。

■ 單據報警

單據報警包括信用方式和折扣方式兩種。如果選擇信用方式自動報警，通過設置報警的提前天數，在每次登錄系統時，系統自動將「單據到期日－提前天數<＝當前註冊日期」的已經審核的單據顯示出來，以提醒及時付款。如果選擇折扣方式自動報警時，每次登錄本系統時，系統自動將「單據最大折扣日期－提前天數<＝當前註冊日期」的已經審核單據顯示出來，以提醒如不及時付款哪些業務將不能享受現金折扣待遇。

■ 信用報警

如果選擇信用報警，則在登錄系統時，自動計算應付單的信用比例是否達到報警條件，符合條件則顯示信用期報警單。選擇根據信用額度進行自動預警時，需要輸入預警的提前比率，且可以選擇是否包含信用額度＝0的供應商。當選擇信用報警時，系統根據設置的預警標準顯示滿足條件的供應商記錄。即只要該供應商的信用比率小於等於設置的提前比率時就對該供應商進行報警處理。若選擇信用額度＝0的供應商也預警，則當該供應商的應付帳款>0時即進行預警。

【操作向導】

➢ 在應付帳款管理系統中，執行「設置」→「選項」命令，打開「帳套參數設置」對話框，點擊「編輯」，分別點擊「常規」「憑證」「權限與預警」選項卡進行相應的設置，完成後點擊「確定」，如圖10-2所示。

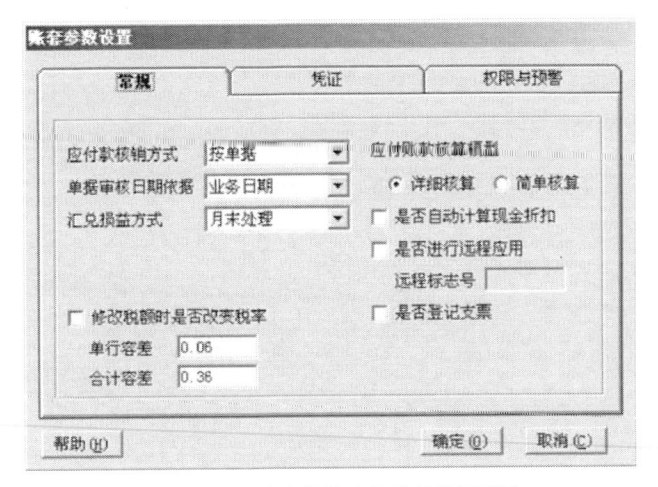

圖 10-2　帳套參數的常規選項設置界面

10.2.2　初始設置

初始設置包括設置科目、帳齡區間設置、報警級別設置、單據類型設置。
（1）設置科目。
設置科目包括基本科目設置、控製科目設置、產品科目設置和結算方式科目設置。
■ 基本科目設置

基本科目設置主要設置應付科目、預付科目、採購科目、稅金科目、銀行承兌科目、現金折扣科目、票據利息科目、票據費用科目、匯兌損益科目、合同支付科目等。若用戶未在單據中指定科目，且控製科目設置與產品科目設置中沒有明細科目的設置，則系統製單依據製單規則取基本科目設置中的科目設置。

■ 控製科目設置

可按供應商分類、供應商、地區分類進行控製科目的設置，包括應付科目和預付科目。若單據上有科目，則製單時取單據上科目，若無，則系統依據單據上的供應商信息在製單時自動帶出控製科目。若控製科目沒有輸入，則系統取基本科目設置中的相關科目。

■ 產品科目設置

可按存貨分類、存貨進行產品科目的設置。若單據上有科目，則製單時取單據上科目，若無，則系統依據單據上的存貨信息在製單時自動帶出產品採購科目、稅金科目等。若產品科目沒有輸入，則系統取基本科目設置中的相關科目。

■ 結算方式科目設置

進行結算方式、幣種、科目的設置。對於現結的發票及收付款單，若單據上有科目，則製單時取單據上科目，若無，則系統依據單據上的結算方式查找對應的結算科目，系統製單時自動帶出，若未輸入，則需要手工輸入科目。

電算化會計信息系統

【操作向導】

➤ 在應付帳款管理系統中，執行「設置」→「初始設置」命令，打開「初始設置」對話框，展開目錄樹下的設置科目，點擊「基本科目設置/控製科目設置/產品科目設置/結算方式科目設置」，彈出相應的設置界面進行設置，如圖10-3所示。

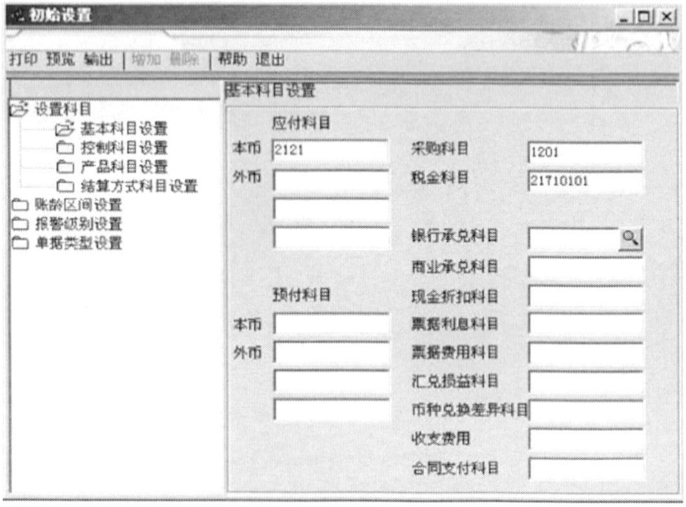

圖10-3　基本科目設置窗口

（2）帳齡區間設置。

帳齡區間設置指用戶定義應付帳款或付款時間間隔的功能，它的作用是便於用戶根據自己定義的帳款時間間隔，進行應付帳款或付款的帳齡查詢和帳齡分析，清楚瞭解在一定期間內所發生的應付款、付款情況。

【操作向導】

➤ 在應付帳款管理系統中，執行「設置」→「初始設置」命令，打開「初始設置」對話框，展開目錄樹下的設置科目，點擊「帳齡區間設置」，彈出相應的設置界面進行設置，如圖10-4所示。

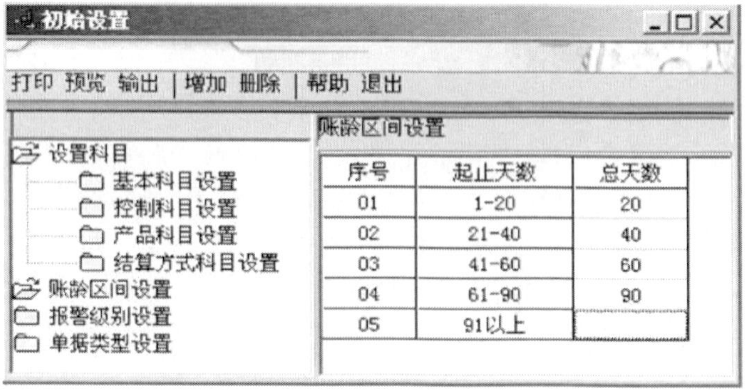

圖10-4　帳齡區間設置界面

(3) 報警級別設置。

報警級別設置是指按照供應商欠款餘額與授信額度的比例設置報警級別，方便掌握供應商的信用情況。

【操作向導】

➢ 在應付帳款管理系統中，執行「設置」→「初始設置」命令，打開「初始設置」對話框，展開目錄樹下的設置科目，點擊「報警級別設置」，彈出相應的設置界面，單擊「增加」，進行設置，如圖 10-5 所示。

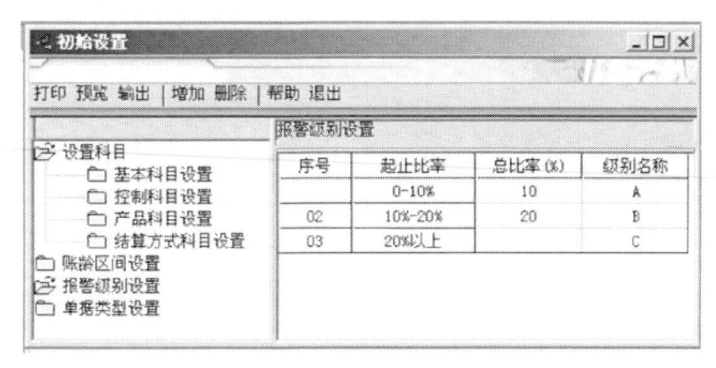

圖 10-5　報警級別設置界面

(4) 單據類型設置。

單據類型設置是指用戶將自己的往來業務與單據類型建立對應關係，以達到快速處理業務以及進行分類匯總、查詢、分析的效果。系統提供了發票和應付單兩類單據。應付單記錄採購業務之外的應付款情況，它的對應科目可設定，它的類型可增加。發票的類型是固定的，不能修改刪除。

【操作向導】

➢ 在應付帳款管理系統中，執行「設置」→「初始設置」命令，打開「初始設置」對話框，展開目錄樹下的設置科目，點擊「單據類型設置」，彈出相應的設置界面，進行設置，如圖 10-6 所示。

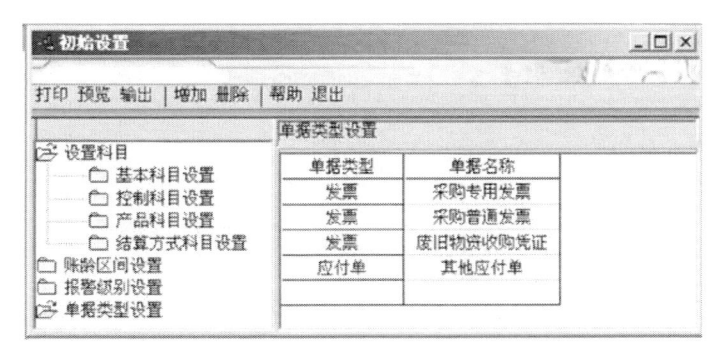

圖 10-6　單據類型設置界面

電算化會計信息系統

10.2.3 期初餘額錄入

通過期初餘額錄入功能，可將正式啟用帳套前的所有應收業務數據錄入到系統中，作為期初建帳的數據，系統即可對其進行管理，又能保證數據的連續性和完整性。當進入第二年度處理時，系統自動將上年度未處理完全的單據轉成為下一年度的期初餘額。在下一年度的第一個會計期間裡，可以進行期初餘額的調整。

【操作向導】

➢ 在應付帳款管理系統中，執行「設置」→「期初餘額」命令，打開「期初餘額—查詢」對話框，點擊「確定」，打開「期初餘額明細表」對話框，單擊「增加」，彈出「單據類別」對話框，選擇單據名稱、單據類別和方向，點擊「確認」，打開「單據錄入」對話框，錄入完畢後單擊「保存」，如圖 10-7 所示。

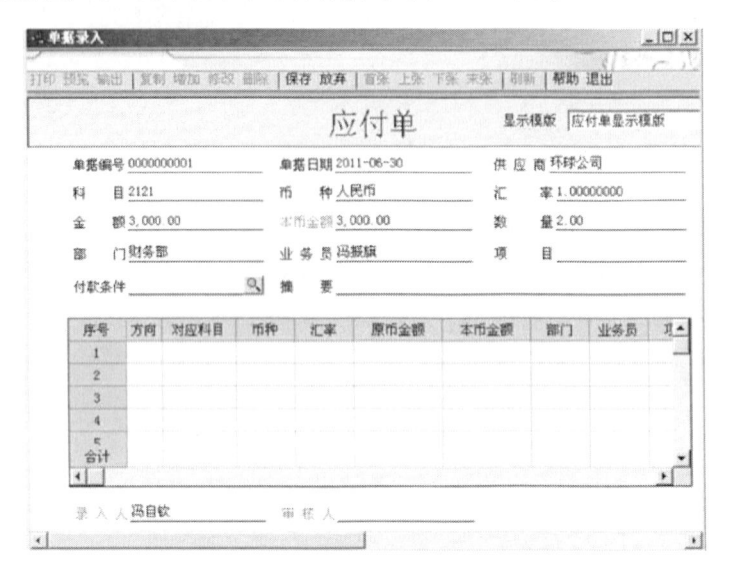

圖 10-7　應付單期初餘額錄入界面

10.3　應付帳款系統業務處理

ERP-U8 的應付帳款業務處理包括日常處理和期末處理。日常處理包括應付單據處理、付款單據處理、核銷處理、票據管理、轉帳、匯兌損益、製單處理等。期末處理包括對帳和結帳。

10.3.1　日常處理

（1）應付單據處理。

應付單據處理包括應付單據的錄入和審核。企業向供應商購買商品或接受勞務，

需要在系統中依據供應商提供的原始票據填制採購發票或應付單，然後對採購發票或應付單進行審核，系統用審核來確認應付業務的成立。在系統中填制採購發票、應付單，統稱為應付單據錄入。應付單是記錄非採購業務所形成的應付款情況的單據；採購發票是從供應商取得的進項稅發票及發票清單。應付單據的審核即把應付單據進行記帳，並在單據上填上審核日期、審核人的過程。已審核的應付單據不允許修改及刪除了。

【操作向導】

➢ 應付單據的錄入：在應付帳款管理系統中，執行「日常處理」→「應付單據處理」→「應付單據錄入」命令，打開「單據類別」對話框，選擇單據名稱、單據類別和方向，點擊「確認」，打開「應付單」錄入對話框，錄入完畢後單擊「保存」，如圖10-8 所示。

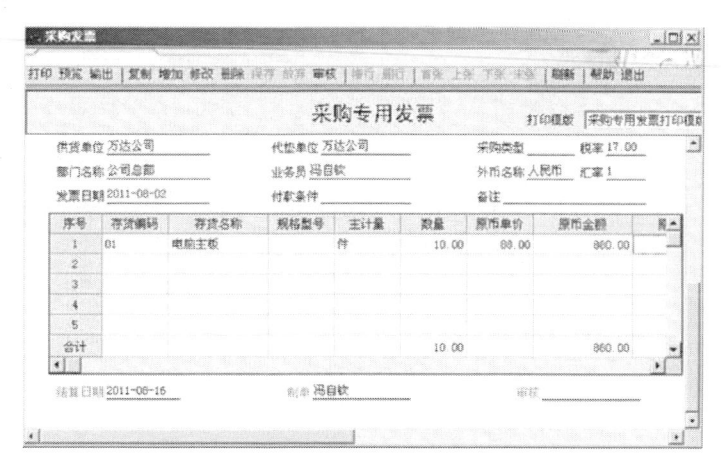

圖 10-8　應付單據錄入窗口

➢ 應付單據審核：在應付帳款管理系統中，執行「日常處理」→「應付單據處理」→「應付單據審核」命令，打開「單據過濾條件」對話框，輸入相關條件後單擊「確認」，打開「應付單據列表」窗口，在需要審核的記錄的「選擇」項打上「Y」標示，點擊「審核」按鈕，如圖10-9 所示。

圖 10-9　應付單據審核界面

（2）付款單據處理。

企業因購買商品或接受勞務得到供應商開具發票，支付給供應商貨款，需要對付款單據進行處理，以記帳、衝減給供應商的應付帳款。包括付款單據的錄入和審核。

電算化會計信息系統

【操作向導】

➢ 付款單據錄入：在應付帳款管理系統中，執行「日常處理」→「應付單據處理」→「付款單據錄入」命令，打開「收付款單錄入」對話框，單擊「增加」並錄入數據，錄入完畢後單擊「保存」，如圖 10-10 所示。

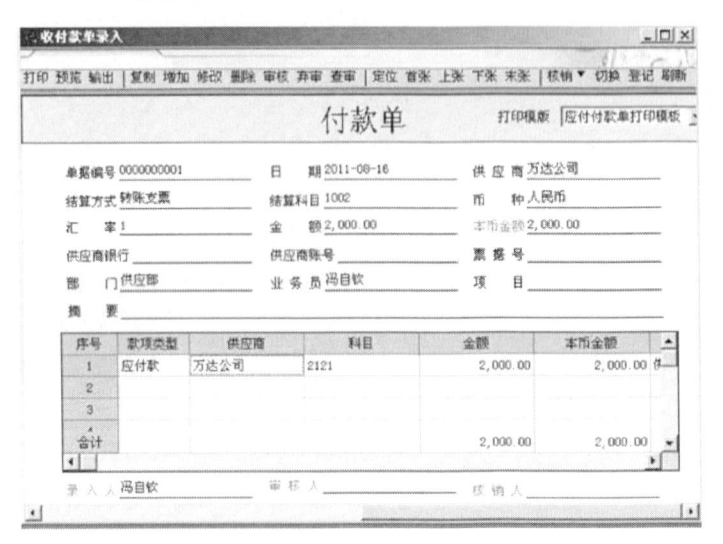

圖 10-10　付款單據錄入界面

➢ 付款單據審核：在應付帳款管理系統中，執行「日常處理」→「應付單據處理」→「付款單據審核」命令，打開「單據過濾條件」對話框，輸入相關條件後單擊「確認」，打開「收付款單列表」窗口，在需要審核的記錄的「選擇」項打上「Y」標示，點擊「審核」按鈕，如圖 10-11 所示。

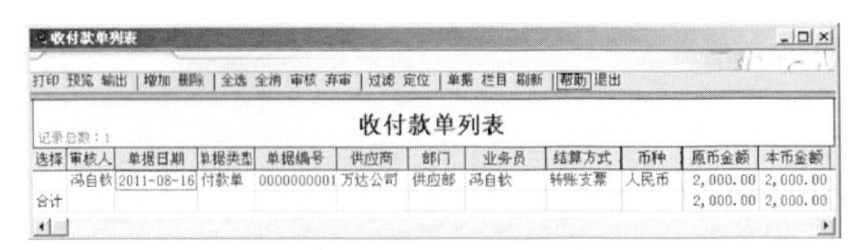

圖 10-11　付款單據審核界面

(3) 核銷處理。

核銷處理是對支付給供應商的款項與應付帳款的結算，建立付款單與對應發票、應付單據的關聯，衝銷本期應付帳款，以減少企業債務。包括手工核銷的自動核銷兩種。

【操作向導】

➢ 手工核銷：在應付帳款管理系統中，執行「日常處理」→「核銷處理」→「手工核銷」命令，彈出核銷條件對話框，錄入相應的條件後單擊「確認」，打開單據核銷窗口，在下邊列表中選擇核銷的結算記錄，手工錄入本次結算的金額，單擊「分攤」

按鈕，系統將當前結算單列表中的本次結算金額合計，自動分攤到被核銷單據列表的本次結算欄中。完成後單擊「保存」，如圖 10-12 所示。

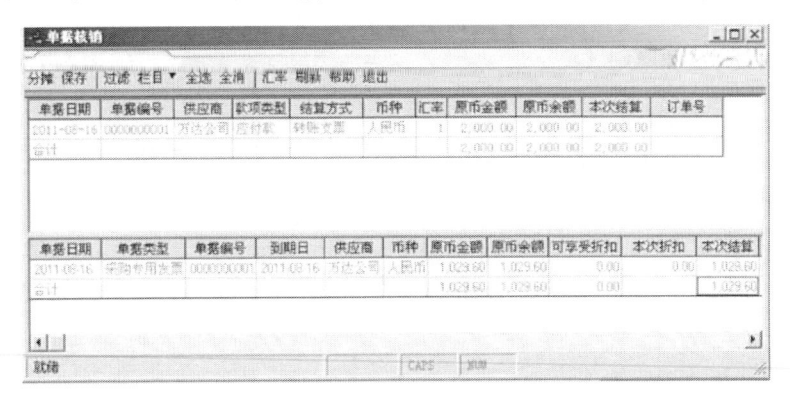

圖 10-12　單據核銷窗口

➤ 自動核銷：在應付帳款管理系統中，執行「日常處理」→「核銷處理」→「自動核銷」命令，彈出核銷條件對話框，錄入相應的條件後單擊「確認」，系統將自動核銷完畢後彈出自動核銷報告。

(4) 票據管理。

票據管理是對銀行承兌匯票和商業承兌匯票進行管理，包括票據的增加、修改、刪除、轉出、計息和結算等，同時還能完成票據的查詢、輸出和打印等功能。

【操作向導】

➤ 票據的增加：在應付帳款管理系統中，執行「日常處理」→「票據管理」命令，打開票據查詢對話框，選擇票據的種類等相關條件後點擊「確認」，打開票據登記簿窗口，單擊「增加」，彈出票據增加對話框，按照各欄目輸入相應數據，完成後單擊「確認」。

➤ 票據的修改：在應付帳款管理系統中，執行「日常處理」→「票據管理」命令，打開票據查詢對話框，選擇票據的種類等相關條件後點擊「確認」，打開票據登記簿窗口，選中需要修改的票據單擊「修改」，彈出票據修改對話框，按照各欄目進行修改，完成後單擊「確認」，如圖 10-13 所示。

➤ 票據的刪除：在應付帳款管理系統中，執行「日常處理」→「票據管理」命令，打開票據查詢對話框，選擇票據的種類等相關條件後點擊「確認」，打開票據登記簿窗口，選中需要刪除的票據單擊「刪除」，彈出票據刪除確認對話框，單擊「是」，如圖 10-14 所示。

➤ 票據的轉出：在應付帳款管理系統中，執行「日常處理」→「票據管理」命令，打開票據查詢對話框，選擇票據的種類等相關條件後點擊「確認」，打開票據登記簿窗口，選中需要轉出的票據單擊「轉出」，彈出票據轉出對話框，輸入轉出金額、轉出日期等，單擊「確認」，如圖 10-14 所示。

➤ 票據的計息：在應付帳款管理系統中，執行「日常處理」→「票據管理」命令，打開票據查詢對話框，選擇票據的種類等相關條件後點擊「確認」，打開票據登記簿窗口，選中需要計息的票據單擊「計息」，彈出票據計息對話框，輸入計息日期和利息，

電算化會計信息系統

單擊「確認」。

➢ 票據的結算：在應付帳款管理系統中，執行「日常處理」→「票據管理」命令，打開票據查詢對話框，選擇票據的種類等相關條件後點擊「確認」，打開票據登記簿窗口，選中需要結算的票據單擊「結算」，彈出票據結算對話框，輸入結算金額、結算日期等，單擊「確認」。

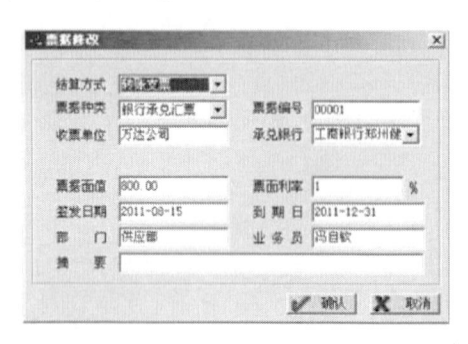

圖 10-13 票據修改窗口　　　圖 10-14 票據轉出窗口

（5）轉帳。

為了滿足應付帳款調整的需要，系統提供轉帳處理功能，來針對不同的業務對應付帳款進行調整，主要包括應付衝應付、應付衝應收、紅票對沖和預付衝應付四種情況。應付衝應付是指將一家供應商的應付帳款轉到另一家供應商中；應付衝應收是將某供應商的應付帳款沖抵某客戶的應收帳款；紅票對沖是用某供應商的紅字發票與其藍字發票進行沖抵；預付衝應付是將某供應商的預付帳款與應付帳款進行沖抵。

【操作向導】

➢ 應付衝應付：在應付帳款管理系統中，執行「日常處理」→「轉帳」→「應付衝應付」命令，打開應付衝應付收對話框，選擇轉出戶、轉入戶等條件，單擊「過濾」，系統列出滿足條件的記錄，在並帳金額欄輸入相關數據，單擊「確認」，系統彈出是否立即製單，單擊「否」，如圖 10-15 所示。

➢ 應付衝應收：在應付帳款管理系統中，執行「日常處理」→「轉帳」→「應付衝應收」命令，打開應付衝應收對話框。激活應付選項卡，選擇相應的條件後單擊「過濾」，系統列出滿足條件的記錄，在轉帳金額欄輸入相關數據；激活應收選項卡，選擇相應的條件後單擊「過濾」，系統列出滿足條件的記錄，在轉帳金額欄輸入相關數據。單擊「確認」，系統彈出是否立即製單，單擊「否」。

➢ 紅票對沖：在應付帳款管理系統中，執行「日常處理」→「轉帳」→「紅票對沖」→「手工對沖/自動對沖」命令，打開紅票對沖條件對話框，在「通用」「紅票」和「藍票」選項卡中輸入相關條件後單擊「確認」，打開紅票對沖窗口，輸入對沖金額，點擊「分攤」和「保存」。

➢ 預付衝應付：在應付帳款管理系統中，執行「日常處理」→「轉帳」→「預付衝應付」命令，打開預付衝應付對話框。激活預付選項卡，選擇相應的條件後單擊「過濾」，系統列出滿足條件的記錄，在轉帳金額欄輸入相關數據；激活應付選項卡，

200

圖 10-15　應付衝應付窗口

選擇相應的條件後單擊「過濾」，系統列出滿足條件的記錄，在轉帳金額欄輸入相關數據。單擊「確認」，系統彈出是否立即製單，單擊「否」。

（6）匯兌損益。

匯兌損益是指有外幣業務發生的用戶進行匯兌損益的處理，系統提供了外幣餘額結清時計算和月末處理兩種方式。外幣餘額結清時計算是指僅當某種外幣餘額結清時才計算匯兌損益，系統僅顯示外幣餘額為 0 且本幣金額不為 0 的外幣單據。月末處理是指在每個月末計算匯總損益，系統顯示所有外幣餘額不為 0 或本幣餘額不為 0 的外幣單據。

【操作向導】

➤ 在應付帳款管理系統中，執行「日常處理」→「匯兌損益」命令，打開匯兌損益，在外幣選擇欄內打上「Y」標示，單擊「下一步」，系統列出相應的外幣單據，選擇後單擊「確認」，如圖 10-16 所示。

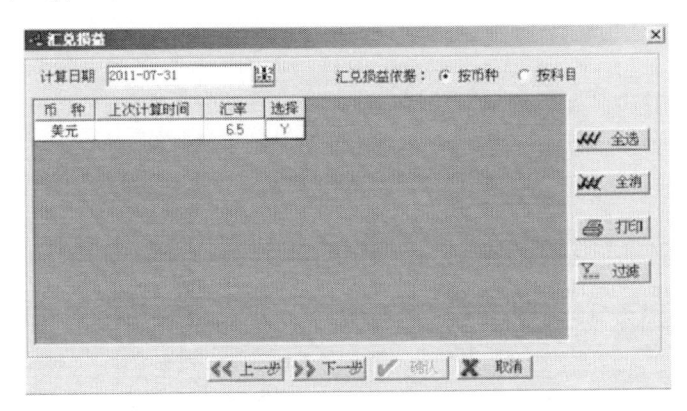

圖 10-16　匯兌損益窗口

(7) 製單處理。

製單處理是通過管理系統製單來生成憑證，並將憑證傳遞到總帳的過程。系統提供的製單類型有：發票製單、應付單製單、合同結算單製單、收付款單製單、核銷製單、票據處理製單、匯兌損益製單、轉帳製單、並帳製單和現結製單。

【操作向導】

➢ 在應付帳款管理系統中，執行「日常處理」→「製單處理」命令，打開製單查詢對話框，選擇製單類型，輸入相應的查詢條件，單擊「確認」，系統顯示符合條件的未製單單據，單擊「全選」，在選擇標誌上顯示序號，單擊製單，進入填制憑證窗口，對生成的憑證進行相應的修改，確認正確後，單擊「保存」，在生成的憑證上顯示「已生成」標誌，如圖 10-17 所示。

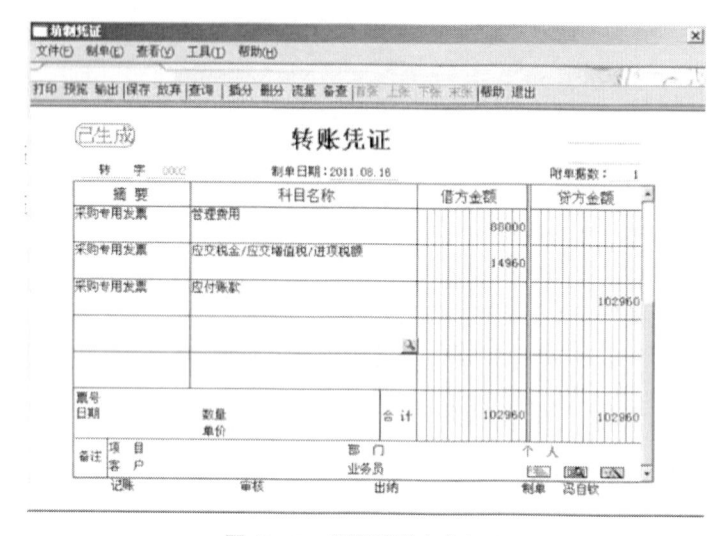

圖 10-17　製單憑證生成窗口

10.3.2 期末處理

如果已經確認本月的各項處理已經結束，則可以選擇執行月末結帳功能。當執行了月末結帳功能後，該月將不能再進行任何處理。如果這個月的前一個月沒有結帳，則本月不能結帳，且一次只能選擇一個月進行結帳。

【操作向導】

➢ 月末結帳：在應付帳款管理系統中，執行「期末處理」→「月末結帳」命令，打開月末處理對話框，雙擊需要結帳的月份結帳標誌欄，打上「Y」標示，單擊「下一步」，彈出月末處理情況對話框。如果處理情況全部為「是」，則顯示「確認」按鈕，單擊「確認」，系統顯示結帳成功信息，單擊「確認」完成結帳工作；如果處理情況不全部為「是」，則不能進行結帳工作，如圖 10-18 所示。

➢ 取消月結：在應付帳款管理系統中，執行「期末處理」→「取消月結」命令，打開取消結帳對話框，選擇已結帳的月份，單擊「確認」，如圖 10-19 所示。

圖 10-18　月末處理對話框　　　　圖 10-19　取消結帳對話框

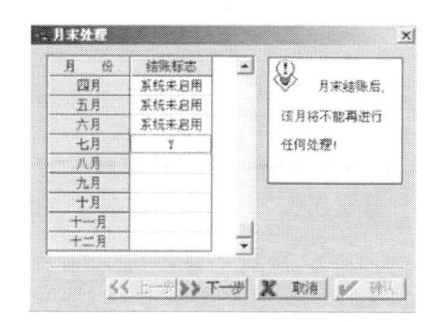

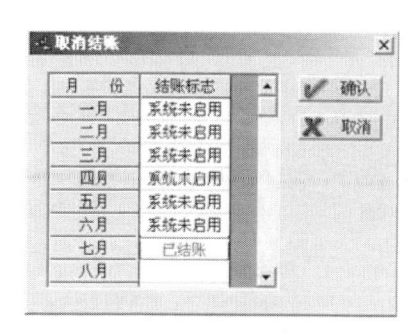

10.4　應付帳款帳表管理

為加強對應付帳款的管理，及時掌握應付帳款的統計、匯總和帳表的相關信息，用友 ERP-U8 系統設計了帳表管理功能，以帳和表的形式向財務人員和管理人員提供應付帳款的分析、統計等信息。用友 ERP-U8 應付帳款帳表管理包括：我的帳表、業務帳表、統計分析和科目帳查詢功能。用戶只能查詢有權限的數據。下面就業務帳表和統計分析功能進行介紹。

10.4.1　業務帳表

業務帳表包括業務總帳、業務餘額表、業務明細帳、對帳單和與總帳對帳功能。

（1）業務總帳。

可通過業務總帳功能按照對象查詢在一定期間內發生的業務匯總情況，包括完整的既是供應商又是客戶的業務單據信息、未審核單據、未開票已出庫（含期初發貨單）、已入庫未結算的數據內容。

【操作向導】

➢ 在應付帳款管理系統中，執行「業務帳表」→「業務總帳」命令，打開應付總帳表過濾條件對話框，選擇分組匯總項，輸入相應的過濾條件，單擊「過濾」，打開應付總帳表窗口，系統顯示相應的應付總帳數據，如圖 10-20 所示。

圖 10-20　應付總帳表查詢窗口

（2）業務餘額表。

可通過業務餘額表功能查看供應商、供應商分類、地區分類、部門、主管部門、業務員、主管業務員、存貨、存貨分類在一定期間所發生的應付、付款以及餘額情況，包括既是客戶又是供應商的單位信息、未審核單據、未開票已出庫（含期初發貨單）和已入庫未結算數據。系統提供金額式、外幣金額式、數量外幣式和數量金額式應收餘額表類型。

【操作向導】

➢ 在應付帳款管理系統中，執行「業務帳表」→「業務餘額表」命令，打開應付餘額表過濾條件對話框，選擇分組匯總項，輸入相應的過濾條件，單擊「過濾」，打開應付餘額表窗口，系統顯示相應的應付餘額表數據，如圖 10-21 所示。

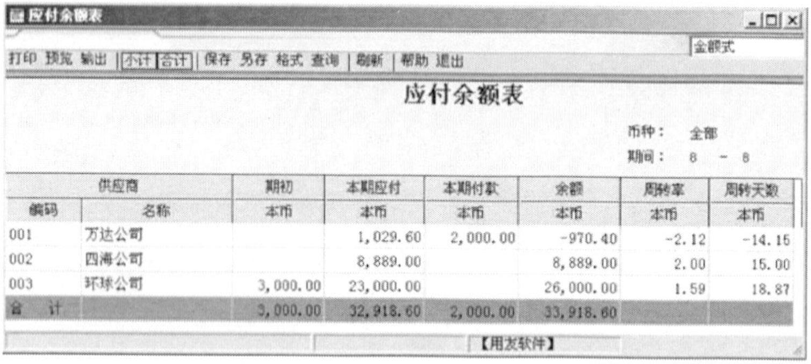

供应商		期初	本期应付	本期付款	余额	周转率	周转天数
编码	名称	本币	本币	本币	本币	本币	本币
001	万达公司		1,029.60	2,000.00	-970.40	-2.12	-14.15
002	四海公司		8,889.00		8,889.00	2.00	15.00
003	环球公司	3,000.00	23,000.00		26,000.00	1.59	18.87
合计		3,000.00	32,918.60	2,000.00	33,918.60		

圖 10-21　金額式應付餘額表窗口

（3）業務明細帳。

可通過業務明細帳功能查看供應商、供應商分類、地區分類、部門、業務員、存貨分類、存貨、供應商總公司、主管業務員、主管部門在一定期間內發生的應付及付款的明細情況，包括既是客戶又是供應商的單位信息、未審核單據、未開票已出庫（含期初）和已入庫未結算的數據內容。系統提供：金額式、外幣金額式、數量外幣式和數量金額式應收明細帳類型。

【操作向導】

➢ 在應付帳款管理系統中，執行「業務帳表」→「業務明細帳」命令，打開應付明細帳過濾條件對話框，選擇分組匯總項，輸入相應的過濾條件，單擊「過濾」，打開應付明細帳窗口，系統顯示相應的應付明細帳數據，如圖 10-22 所示。

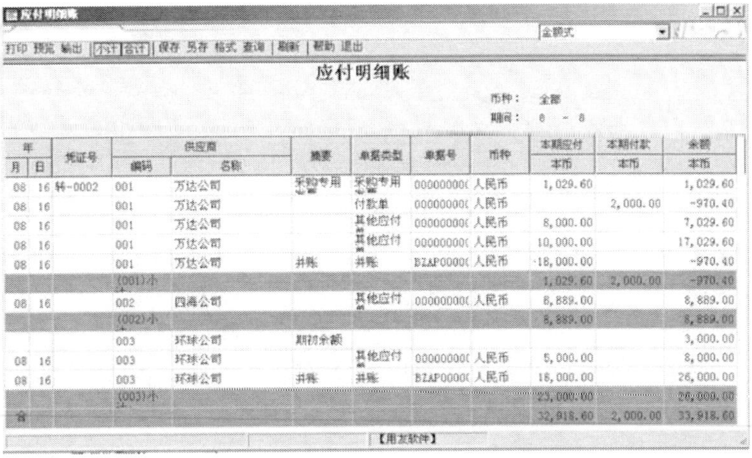

月	日	凭证号	供应商 编码	供应商 名称	摘要	单据类型	单据号	币种	本期应付 本币	本期付款 本币	余额 本币
08	16	转-0002	001	万达公司	采购专用	采购专用	000000000	人民币	1,029.60		1,029.60
08	16		001	万达公司		付款单	000000000	人民币		2,000.00	-970.40
08	16		001	万达公司		其他应付	000000000	人民币	8,000.00		7,029.60
08	16		001	万达公司		其他应付	000000000	人民币	10,000.00		17,029.60
08	16		001	万达公司	并账	并账	BZAP0000(	人民币	-18,000.00		-970.40
			(001)小计						1,029.60	2,000.00	-970.40
08	16		002	四海公司		其他应付	000000000	人民币	8,889.00		8,889.00
			(002)小计						8,889.00		8,889.00
			003	环球公司	期初余额						3,000.00
08	16		003	环球公司		其他应付	000000000	人民币	5,000.00		8,000.00
08	16		003	环球公司	并账	并账	BZAP0000(	人民币	18,000.00		26,000.00
			(003)小计						23,000.00		26,000.00
合									32,918.60	2,000.00	33,918.60

圖 10-22　金額式應付明細帳窗口

（4）對帳單。

可通過對帳單功能查看供應商、供應商分類、供應商總公司、部門、主管部門、業務員、主管業務員的對帳單情況，包括既是客戶又是供應商的單位信息、未審核單據、未開票已出庫（含期初發貨單）和已入庫未結算的數據內容。系統提供：金額式、外幣金額式、數量外幣式和數量金額式對帳單類型。

【操作向導】

➢ 在應付帳款管理系統中，執行「業務帳表」→「對帳單」命令，打開應付對帳單過濾條件對話框，選擇分組匯總項，輸入相應的過濾條件，單擊「過濾」，打開應付對帳單窗口，系統顯示相應的應付對帳單數據，如圖 10-23 所示。

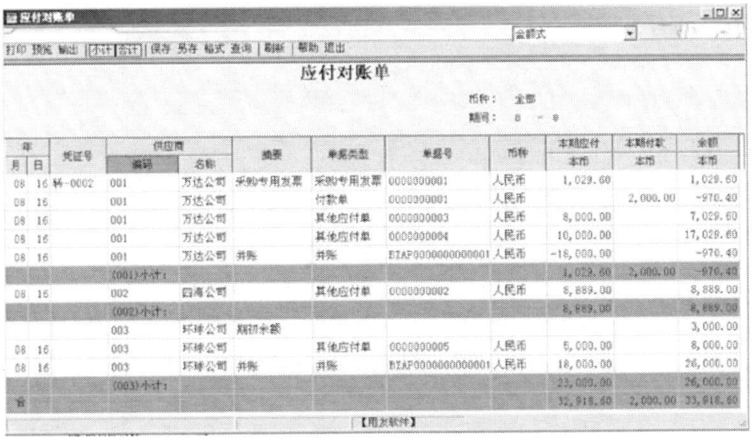

月	日	凭证号	供应商 编码	供应商 名称	摘要	单据类型	单据号	币种	本期应付 本币	本期付款 本币	余额 本币
08	16	转-0002	001	万达公司	采购专用发票	采购专用发票	0000000001	人民币	1,029.60		1,029.60
08	16		001	万达公司		付款单	0000000001	人民币		2,000.00	-970.40
08	16		001	万达公司		其他应付单	0000000003	人民币	8,000.00		7,029.60
08	16		001	万达公司		其他应付单	0000000004	人民币	10,000.00		17,029.60
08	16		001	万达公司	并账	并账	BZAP000000000001	人民币	-18,000.00		-970.40
			(001)小计：						1,029.60	2,000.00	-970.40
08	16		002	四海公司		其他应付单	0000000002	人民币	8,889.00		8,889.00
			(002)小计：						8,889.00		8,889.00
			003	环球公司	期初余额						3,000.00
08	16		003	环球公司		其他应付单	0000000005	人民币	5,000.00		8,000.00
08	16		003	环球公司	并账	并账	BZAP000000000001	人民币	18,000.00		26,000.00
			(003)小计：						23,000.00		26,000.00
合									32,918.60	2,000.00	33,918.60

圖 10-23　金額式應付對帳單

（5）與總帳對帳。

提供應付系統生成的業務帳與總帳系統中的科目帳核對的功能，檢查兩個系統中

電算化會計信息系統

的往來帳是否相等，若不相等，查看造成不等的原因。可以選定條件，系統根據選擇顯示與總帳的對帳結果。

【操作向導】

➢ 在應付帳款管理系統中，執行「業務帳表」→「與總帳對帳」命令，打開對帳條件對話框，選擇對帳方式、日期、月份、供應商及幣種等，單擊「確認」，打開對帳結果窗口，系統顯示相應的應付系統與總帳系統的對帳情況，如圖10-24所示。

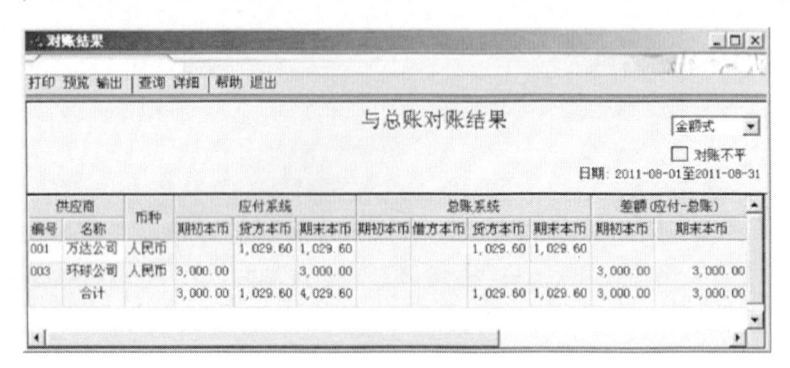

圖10-24　與總帳對帳結果顯示窗口

10.4.2　統計分析

系統提供的統計分析功能有：應付帳齡分析、付款帳齡分析、欠款分析和付款預測。

（1）應付帳齡分析。

應付帳齡分析主要分析供應商、存貨、業務員、部門或單據的應付款餘額的帳齡區間分布。

【操作向導】

➢ 在應付帳款管理系統中，執行「統計分析」→「應付帳齡分析」命令，打開應付帳齡分析過濾條件對話框，輸入相應的條件，單擊「過濾」，打開應付帳齡分析窗口，系統顯示相應的應付帳齡分析情況，如圖10-25所示。

圖10-25　應付帳齡分析表

（2）付款帳齡分析。

收款帳齡分析主要分析供應商分類、供應商總公司、地區分類、部門、主管部門、業務員、主管業務員、供應商、存貨、存貨分類一定時期內各個帳齡區間的付款情況。

【操作向導】

➤ 在應付帳款管理系統中，執行「統計分析」→「付款帳齡分析」命令，打開付款帳齡分析過濾條件對話框，輸入相應的條件，單擊「確認」，打開付款帳齡分析窗口，系統顯示相應的付款帳齡分析情況，如圖10-26所示。

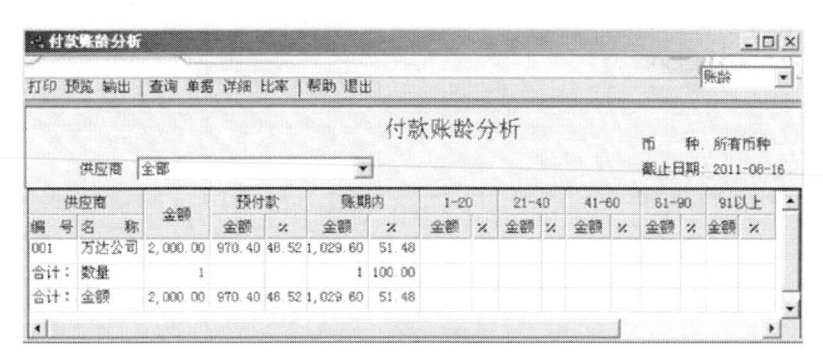

圖10-26 付款帳齡分析窗口

（3）欠款分析。

欠款分析功能可以分析截止到某一日期，供應商、部門或業務員的欠款金額，以及欠款組成情況。

【操作向導】

➤ 在應付帳款管理系統中，執行「統計分析」→「欠款分析」命令，打開欠款分析過濾條件對話框，選擇輸入分析對象、欠款構成等條件後，單擊「確認」，打開欠款分析窗口，系統顯示相應的欠款分析情況，如圖10-27所示。

圖10-27 欠款分析窗口

(4) 付款預測。

付款預測功能可以預測將來某一段日期範圍內，供應商、部門或業務員等對象的付款情況，而且提供比較全面的預測對象、顯示格式。

【操作向導】

➢ 在應付帳款管理系統中，執行「統計分析」→「付款預測」命令，打開付款預測過濾條件對話框，選擇輸入預測對象、明細對象、預測上期範圍等條件後，單擊「確認」，打開付款預測窗口，系統顯示相應的付款預測情況，如圖 10-28 所示。

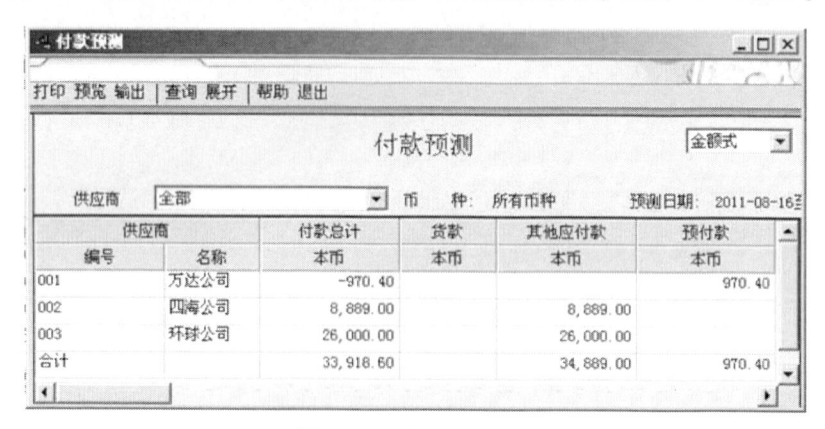

圖 10-28 付款預測窗口

10.4.3 科目帳查詢

科目帳查詢主要包括科目餘額表查詢和科目明細表查詢，可以通過科目餘額表查詢總帳、明細帳和憑證，實現總帳、明細帳和憑證的聯查。

【操作向導】

➢ 科目明細帳查詢：在應付帳款管理系統中，執行「帳表管理」→「科目帳查詢」→「科目明細帳」命令，打開供應商往來科目明細帳查詢條件對話框，選擇查詢表、查詢科目、明細對象和日期範圍，單擊「確認」，打開單位往來科目明細帳窗口，系統顯示相應的明細情況，如圖 10-29 所示。

➢ 科目餘額表查詢：在應付帳款管理系統中，執行「帳表管理」→「科目帳查詢」→「科目餘額表」命令，打開供應商往來科目餘額表查詢條件對話框，選擇查詢表、查詢科目、明細對象和日期範圍等，單擊「確認」，打開單位往來科目餘額表窗口，系統顯示相應的科目餘額情況，如圖 10-30 所示。

圖 10-29　單位往來科目明細帳查詢結果界面

圖 10-30　單位往來科目餘額表查詢結果界面

第 11 章　電算化會計信息系統報表管理

通過本章學習瞭解用友 ERP-U8 報表管理系統的功能和操作流程，瞭解會計電算化環境下報表系統的相關概念和功能，掌握報表格式設計和公式設置的方法，能夠編制自定義會計報表和使用模板生成相關會計報表。

11.1　UFO 報表管理概述

會計報表是用統一的貨幣計量單位，把日常會計核算資料，通過整理、分析、綜合成為一個完整的指標體系，總括地反應企業在一定時期內有經營活動成果、財務收支狀況和理財過程的一種書面報告。編制會計報表是會計核算的一項專門方法和工作，也是會計電算化信息系統的一個重要功能。用友 ERP-U8 系統提供了 UFO（User Friend Office）報表管理系統，使報表設計和數據管理更加方便和快捷。

11.1.1　UFO 報表管理系統的基本功能

UFO 報表管理系統是用友公司開發的用於處理日常辦公事務的電子表格軟件，它可以完成製作表格、數據運算、圖形製作、打印等電子表的多種功能。它採用面向對象的開發思想，嚴格地以客觀對象為處理目標，徹底擺脫結構劃分的弊端，使得財務人員操作起來，更自然、更方便、更適合自己的思維方式。它的任務是設計報表樣式、編制報表公式，從總帳系統或其他業務系統中提取有關的會計數據，自動生成各種會計報表，並能對報表的正確性進行審核、匯總，生成各種分析圖，並按預定的格式輸出各種會計報表。它具有文件管理、格式管理、數據處理、圖形、打印、二次開發等多種功能。

（1）文件管理。

UFO 提供了創建新文件、打開已有的文件、保存文件、備份文件等文件管理功能，並且能夠進行不同文件格式的轉換。UFO 的文件可以轉換為 Access 文件、Excel 文件、Lotus1-2-3 文件、文本文件、dBASE 文件，上述文件格式的文件也可轉換為 UFO 報表文件。

（2）格式管理。

UFO 提供了豐富的格式設計功能。如設計報表尺寸（行數和列數）、設計畫表格線（包括斜線）、調整行高列寬、設置字體和顏色等，可以根據企業要求製作各種具有個

性的會計報表，並且內置了 11 種套用格式和 17 個行業的標準財務報表模板，可以實現輕鬆製表。

（3）數據處理。

UFO 以固定的格式管理大量不同的表頁，它能將多達 99,999 張具有相同格式的報表資料統一在一個報表文件中管理，並且在每張表頁之間建立有機的聯繫。UFO 還提供了排序、審核、舍位平衡和匯總功能；提供了絕對單元公式和相對單元公式，可以方便、迅速地定義計算公式；並提供了種類豐富的函數，可以直接從帳務系統和其他業務模塊中提取數據，自動生成財務報表。

（4）圖形功能。

UFO 提供了很強的圖形分析功能，可以很方便地進行圖形數據組織，製作包括直方圖、立體圖、圓餅圖、折線圖等 10 種圖式的分析圖形，可以編輯圖形的位置、大小、標題、字體、顏色等，並打印輸出圖形。

（5）打印功能。

報表和圖形以及插入對象都可以打印輸出，並提供「打印預覽」功能，可以隨時觀看報表或圖形的打印效果。報表打印時，可以設置表頭和表尾，並可以重復打印表頭和表尾，也可以人工強行分頁，可以打印格式或數據，可以在 0.3~3 倍之間縮放打印，可以橫向或縱向打印等。

（6）二次開發功能。

提供批處理命令和功能菜單，可將有規律性的操作過程編制成批處理文件，進一步利用功能菜單開發出適合本單位實際情況的專用系統。

11.1.2　UFO 報表管理系統的操作流程

對 UFO 報表管理系統的操作可分為兩個階段：一是會計報表初始化，主要是對會計報表進行種類、格式、內容、數據來源和公式去處進行定義，從而形成會計報表的整體框架；二是會計報表日常管理，主要是將帳套內的會計數據引入報表或通過手工輸入，完成報表數據的採集，並對生成的數據進行運算審核和匯總分析，最後將生成的報表打印輸出。UFO 報表管理系統的基本流程如圖 11-1。

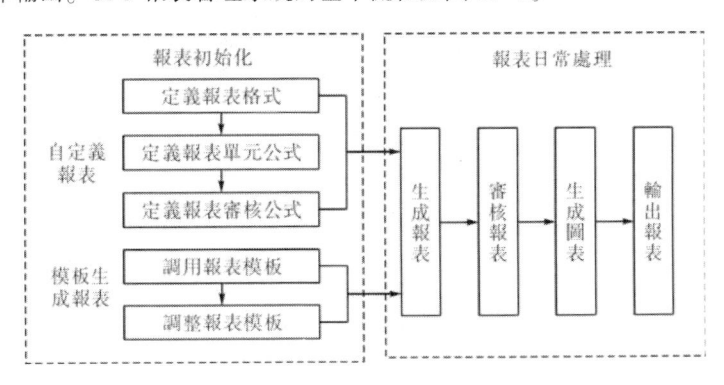

圖 11-1　UFO 報表管理基本操作流程

11.1.3 UFO報表的基本概念

（1）格式狀態和數據狀態。

UFO報表將含有數據的報表分為兩大部分來處理，即報表格式設計工作與報表數據處理工作。報表格式設計工作和報表數據處理工作是在不同的狀態下進行的。實現狀態切換的是一個特別重要的按鈕——「格式/數據」按鈕，點擊這個按鈕可以在格式狀態和數據狀態之間切換。

■ 格式狀態

在格式狀態下設計報表的格式，如表尺寸、行高列寬、單元屬性、組合單元、關鍵字、可變區等。報表的三類公式：單元公式（計算公式）、審核公式、舍位平衡公式也在格式狀態下定義。在格式狀態下所做的操作對本報表所有的表頁都發生作用。在格式狀態下不能進行數據的錄入、計算等操作，報表的數據全部被隱藏。

■ 數據狀態

在數據狀態下管理報表的數據，如輸入數據、增加或刪除表頁、審核、舍位平衡、做圖形、匯總、合併報表等。在數據狀態下不能修改報表的格式，看到的是報表的全部內容，包括格式和數據。

（2）單元。

單元是組成報表的最小單位，單元名稱由所在行、列標示。行號用數字1-9999表示，列標用字母A-IU表示。單元有數值單元、字符單元和表樣單元三種類型：

■ 數值單元

數值單元是用於存放報表的數據，在數據狀態下輸入。數值單元中數字可以直接輸入或由單元中存放的單元公式運算生成。建立一個新表時，所有單元的類型默認為數值型。

■ 字符單元

字符單元是報表的數據，在數據狀態下輸入。字符單元的內容可以是漢字、字母、數字及各種鍵盤可輸入的符號組成的一串字符，一個單元中最多可輸入63個字符或31個漢字。字符單元的內容也可由單元公式生成。

■ 表樣單元

表樣單元是報表的格式，是定義一個沒有數據的空表所需的所有文字、符號或數字。一旦單元被定義為表樣，那麼在其中輸入的內容對所有表頁都有效。表樣只能在格式狀態下輸入和修改。

（3）組合單元和區域。

■ 組合單元

組合單元是由相鄰的兩個或更多的單元組成，這些單元必須是同一種單元類型，UFO報表在處理報表時將組合單元視為一個單元。可以組合同一行相鄰的幾個單元，也可以組合同一列相鄰的幾個單元，也可以把一個多行多列的平面區域設為一個組合單元。組合單元的名稱可以用區域的名稱或區域中的單元的名稱來表示。例如把B2到B3定義為一個組合單元，這個組合單元可以用「B2」「B3」或「B2:B3」表示。

■ 區域

區域是由一張表頁上的一組單元組成，自起點單元至終點單元是一個完整的長方形矩陣。在 UFO 報表中，區域是二維的，最大的區域是一個二維表的所有單元（整個表頁），最小的區域是一個單元。例如：A2～D8 的長方形區域可表示為 A2：D8。區域可分為固定區域和可變區域，固定區域是由固定的行數和列數組成，一旦設定，區域內的單元總數保持不變。可變區域是由不固定的行數和列數組成的區域，在一個報表中只能設置一個可變區域。可變區域設定後，屏幕只能顯示可變區的第一行和第一列，在操作中，可變行列可根據需要增減。

（4）表頁。

表頁是由許多單元組成的表，一個 UFO 報表最多可容納 99,999 張表頁。一個報表中的所有表頁具有相同的格式，但其中的數據不同。表頁在報表中的序號在表頁的下方以標籤的形式出現，稱為「頁標」。頁標用「第 1 頁」——「第 99999 頁」表示。

（5）關鍵字。

關鍵字是遊離於單元之外的特殊數據單元，可以唯一標示一個表頁，用於在大量表頁中快速選擇表頁。UFO 報表提供了六種關鍵字（如表 11-1 所示），關鍵字的顯示位置在格式狀態下設置，關鍵字的值則在數據狀態下錄入，每個報表可以定義多個關鍵字。同時，UFO 報表還有自定義關鍵字功能，當定義為「周」和「旬」時，有特殊意義，可以用於業務函數中代表取數日期，可從其他系統中提取數據。

表 11-1　　　　　　　　　　　UFO 報表系統關鍵字

關鍵字	類型	長度	功能
單位名稱	字符型	<=28 個字符	報表表頁編制單位的名稱
單位編號	字符型	<=10 個字符	報表表頁編制單位的編號
年	數字型	1980～2099	報表表頁編制單位的編號
季	數字型	1～4	報表表頁反應的季度
月	數字型	1～12	報表表頁反應的月份
日	數字型	1～31	報表表頁反應的日期

11.2　UFO 自定義報表設計

自定義報表是 UFO 報表系統的基本功能，能夠設計出豐富多彩的報表，滿足會計信息使用者的需要。一般情況下，會計電算化信息系統要在期末處理會計數據，編制財務報表，而要編制出符合要求的會計報表，必須通過自定義的方式對報表進行設計。UFO 自定義報表設計主要包括以下功能：創建新表、報表格式設計、報表公式編輯和保存報表格式。

11.2.1 創建新表

【操作向導】

➢ 進入 UFO 報表系統，執行「文件」→「新建」命令，單擊「新建」圖標 後，建立一個空的 UFO 報表，並進入「格式」狀態，點擊保存，命名後可以開始報表的設計工作，如圖 11-2 所示。

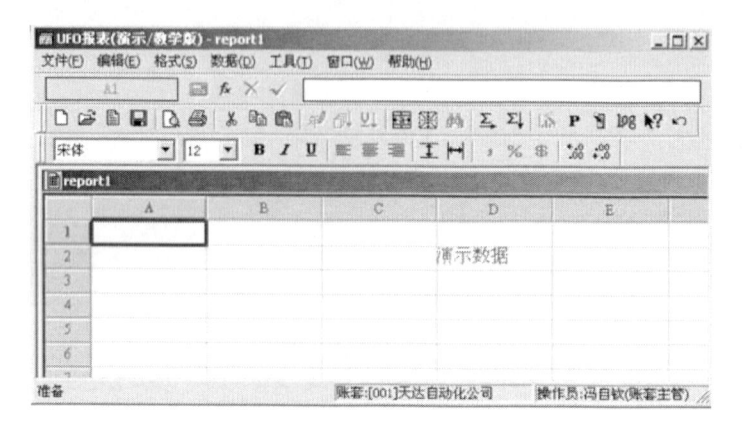

圖 11-2 創建新表界面

11.2.2 報表格式設計

報表的格式在格式狀態下設計，格式對整個報表都有效。

(1) 設置表尺寸。

設置表尺寸就是確定報表的行數和列數，主要是通過估計的方法來定義報表的行數和列數。

【操作向導】

➢ 進入 UFO 報表系統，新建 UFO 報表之後，執行「格式」→「表尺寸」命令，打開「表尺寸」對話框，輸入估計的行數和列數後，點擊「確定」，如圖 11-3 所示。

(2) 定義行高和列寬。

根據報表的大小和文字及數據的多少來設計行高和列寬，以美觀大方且能夠放下本欄最寬數據為原則，行高和列寬可以通過菜單項來用數值設定，也可以在表行和列標示的分隔線處，用鼠標拖動設定，如圖 11-4 所示。

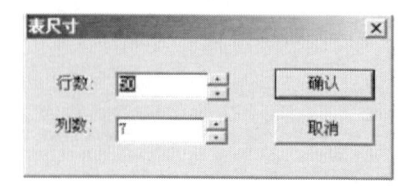

圖 11-3 定義表尺寸對話框　　圖 11-4 定義行高對話框

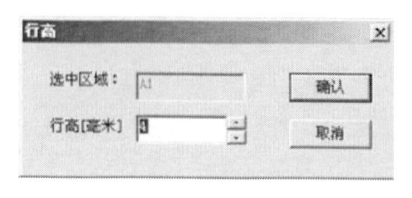

(3) 畫表格線。

【操作向導】

➤ 選取需要畫表格線的區域，執行「格式」→「區域劃線」命令，打開「區域劃線」對話框，選擇畫線類型及樣式，單擊「確認」。也可通過鼠標的方式畫表格線，即用鼠標選定需要畫線的區域，將鼠標光標移到選定的畫線區域內，點擊鼠標右鍵，彈出下拉菜單，用鼠標點擊「單元屬性」，打開「單元屬性」對話框，激活「邊框」，用鼠標點擊填充表格線，點擊「確定」，如圖11-5所示。

(4) 設置單元格屬性。

單元格屬性對話框包括「單元類型」「字體圖案」「對齊」「邊框」四個選項卡。「單元類型」選項卡提供三種單元類型，即：「數值」「字符」和「表樣」，其中數值型提供了小數位數。「字體圖案」選項卡可以設置字體、字形和字號，也可以設置字體的前景色、背景色和圖案。「對齊」選項卡可以對水平方向和垂直方向的對齊方式進行設置。「邊框」選項卡可以設置單元格的邊框線。

【操作向導】

➤ 選取單元格，執行「格式」→「單元屬性」命令或在選中的單元格上點擊鼠標右鍵彈出下拉菜單，點擊「單元屬性」，打開「單元屬性」對話框，在各個選項卡上進行相應設置，單擊「確定」，如圖11-6所示。

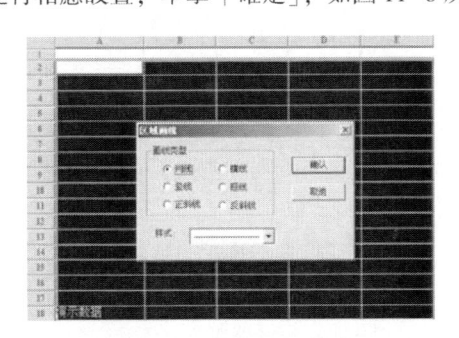

圖11-5　區域畫線對話框　　　　圖11-6　單元格屬性窗口

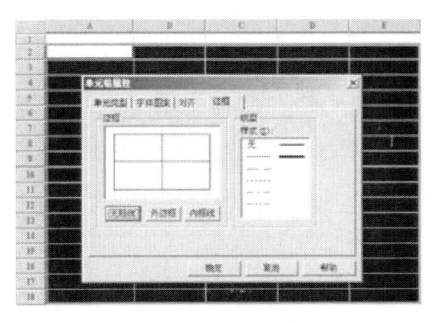

(5) 定義和取消組合單元。

【操作向導】

➤ 選取需要設置為組合單元的區域，執行「格式」→「組合單元」命令或在選中的單元格上點擊鼠標右鍵彈出下拉菜單，點擊「組合單元」，打開「組合單元」對話框，選擇點擊相應的組合按鈕，如圖11-7所示。

(6) 設置可變區。

【操作向導】

➤ 將光標移到需要設定為可變區的行內或列內，執行「格式」→「可變區」→「設置」命令，打開「設置可變區」，選擇「行可變」或「列可變」，確定可變的數量，單擊「確定」，如圖11-8所示。

電算化會計信息系統

圖 11-7 組合單元對話框

圖 11-8 設置可變區域對話框

(7) 確定關鍵字。

【操作向導】

➢ 設置關鍵字：選擇需要設置關鍵字的位置，執行「數據」→「關鍵字」→「設置」命令，打開「設置關鍵字」對話框，選擇相應的關鍵字類型，單擊「確定」，如圖 11-9 所示。

➢ 調整關鍵字：關鍵字設置完後，可能會造成重疊現象，這時需要調整位置。執行「數據」→「關鍵字」→「偏移」命令，打開「定義關鍵字偏移」對話框，輸入相應的偏移量，單擊「確定」，如圖 11-10 所示。

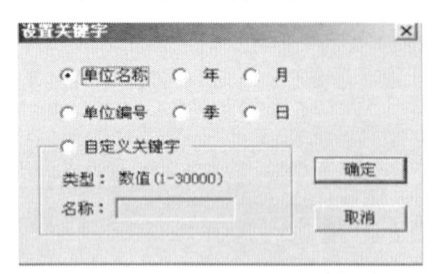

圖 11-9 設置關鍵字對話框

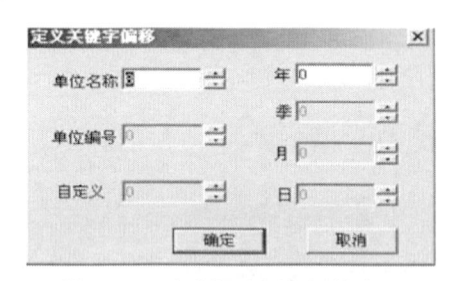

圖 11-10 定義關鍵字偏移對話框

(8) 輸入表樣單元內容。

表樣單元內容包括標題、表頭、表體和表尾等部分。標題是報表的名稱；表頭用來描述報表的編制單位名稱、編制日期等信息；表體是報表的核心部分和主體，由若干表行和表列組成；表尾指表體以下進行的輔助說明以及編制人、審核人等內容，如圖 11-11 所示。

圖 11-11 資產負債表報表樣式界面

11.2.3 報表公式編輯

會計報表的數據是與編制單位及編制時間相關的，不同單位、不同時間報表的數據是不同的，但其獲取數據的來源和計算方法是相對穩定的。UFO 報表管理系統就是依據這一特點設計了「定義計算公式」的功能，為定義報表變動單元的計算公式提供了條件，從而使報表管理系統能夠自動、及時、準確地編制會計報表，使會計報表系統的通用性得到了極大地提高。會計報表公式主要包括單元公式、審核公式和舍位平衡公式。

（1）單元公式。

單元公式，又叫單元計算公式，是用於定義報表中單元數據來源及運算關係的公式，它是通過在報表數值單元中輸入「=」來進行定義的，一般由目標單元、取數單元、取數函數和運算符組成。單元公式的取數函數可以取本表頁中的數據、帳套中的數據，也可以取其他表頁及其他報表中的數據。在設計單元公式時，有時需要設計篩選條件。篩選條件是對計算公式的一種輔助約束，具體說就是對報表表頁和可變區的判斷。固定區篩選條件控製符合條件的表頁參與計算公式的計算，不符合條件的表頁不參與計算公式的計算；可變區篩選條件控製（只在命令窗和批命令中使用）符合條件的可變行或可變列參與計算公式的計算，不符合條件的可變行或可變列不參與計算公式的計算。

例：A1＝「部門」（字符「部門」賦給字符單元 A1）

A1:B9＝C1:D9（對應 C1:D9 區域的值賦給區域 A1:A9）

例：假設在某一含關鍵字「年」的報表中，C2 代表利潤值，H3 說明該單位的盈虧情況。我們要設計這樣的計算公式：對 1995 年以前的表頁，將 E2:E5 的值賦給 C2:C5，對於 C2>0 的表頁，在 H3 單元中顯示「盈利單位」。

單元公式可以這麼設計：

C2:C5＝E2:E5 FOR 年>1995(滿足條件年>1995 的表頁的區域 E2:E5 賦給區域 C2:C5)

H3＝「盈利單位」FOR C2>0(滿足條件 C2>0 的表頁的 H3 字符單元被賦值「盈利單位」)

單元取數公式可分為表內取數、帳務取數、本表它頁取數和它表取數四類。

■ 表內取數

表內取數是通過表內取數函數定義的。表內取數函數是指數據存放位置和數據來源位置都沒有超出本表本頁範圍的取數，主要由數據單元的統計函數組成。按照適用區域的不同，表內取數函數可分為固定區取數函數和可變區取數函數兩類（見表 11-2）。

表 11-2　　　　　　　　UFO 報表表內取數函數

名稱	固定區取數函數	可變區取數函數
合計函數	PTOTAL( )	GTOTAL( )
平均值函數	PAVG( )	GAVG( )
計數函數	PCOUNT( )	GCOUNT( )

表11-2(續)

名稱	固定區取數函數	可變區取數函數
最小值函數	PMIN( )	GMIN( )
最大值函數	PMAX( )	GMAX( )
方差函數	PVAR( )	GVAR( )
偏方差函數	PSTD( )	GSTD( )

例：G5＝PTOTAL（C5:F5）（函數的值賦給數值單元G5）

■ 帳務取數

帳務取數是會計報表數據的主要來源，帳務取數函數（見表11-3）架起了報表系統和總帳等其他系統之間進行數據傳遞的橋樑。帳務取數函數的使用可以實現報表系統從帳簿、憑證中採集各種會計數據生成報表，實現帳表一體化。

表11-3　　　　　　　　　　UFO報表帳務取數函數

名稱	金額式	數量式	外幣式
期初函數	QC( )	SQC( )	WQC( )
期末函數	QM( )	SQM( )	WQM( )
發生額函數	FS( )	SFS( )	WFS( )
累計發生額函數	LFS( )	SLFS( )	WLFS( )
條件發生額函數	TFS( )	STFS( )	WTFS( )
對方科目發生額函數	DFS( )	SDFS( )	WDFS( )
金額函數	JE( )	SJE( )	WJE( )

例：QC(「1001」,全年,「借」,「001」,1998)（返回001套帳「1001」科目中1998年借方年初餘額）

■ 本表它頁取數

本表它頁取數函數用於從同一報表文件的其他表頁中採集數據。有些報表數據是從以前的歷史記錄中取得的，這類數據當然可以通過查詢歷史資料取得，但由於數據繁多復雜，查詢起來不方便又容易出錯。本表它頁取數函數的設定，既減少了工作量，又節約時間，同時數據的準確性也得到了保障。常用的本表它頁取數函數為SELECT( )。

格式：SELECT(<區域>[,<頁面篩選條件>])

● 區域：絕對地址表示的數據來源區域，不含頁號和表名。
● 頁面篩選條件：確定數據源所在表頁。

格式：<目標頁關鍵字@｜目標頁單元@｜變量｜常量><關係運算符><數據源表頁關鍵字｜數據源表頁單元｜變量｜常量>，缺省與目標頁在同一表頁。

例：B＝SELECT(C,年@＝年-1)(本頁B列取關鍵字「年」為「年-1」的表頁中C列數值)

B1:C4＝SELECT(B1:C4,單位編號＝「1011」)　(本頁 B1:C4 取關鍵字「單位編號」為 1011 的表頁中 B1:C4 的數值)

■ 它表取數

在進行報表與報表間取數時，不僅要考慮取哪一個表、哪一個單元的數據，還要考慮數據源在哪一頁。報表間的計算公式與同一報表內各表頁間的計算公式很相近，主要區別就是把本表表名換為他表表名。

基本格式：＜目標區域＞＝「＜他表表名＞」→＜數據源區域＞[＠＜頁號＞]

✓ 當＜頁號＞缺省時為本表各頁分別取他表各頁數據。

當需要從其他表中取數時，且已知條件並不是頁號，而是希望按照年、月、日等關鍵字的對應關係來取數據，這樣必須用到關聯條件。表頁關聯條件的意義是建立本表與他表之間以關鍵字或某個單元為聯繫的默契關係。

基本格式：RELATION ＜單元｜關鍵字｜變量｜常量＞ WITH「＜他表表名＞」->＜單元｜關鍵字｜變量｜常量＞

例：C4＝「資產負債表」→C5＠6　(將「資產負債表」第 6 頁 C5 的值賦給單元 C4)

　　C4＝「資產負債表」→C10＠1＋「資產負債表」→C2＠2(將「資產負債表」第 1 頁 C10 的值與「資產負債表」第 2 頁 C2 的值的和賦給單元 C4)

　　A＝「LRB」→B RELATION 月 WITH「LRB」→月＋1(本表各頁 A 列取表「LRB」上月各頁 B 列數值)

【操作向導】

➢ 選中需要定義公式的單元格，輸入「＝」，打開「定義公式」對話框，手工輸入相應的公式或通過函數向導輸入相應的公式，點擊「確認」。通過函數向導輸入公式時，點擊「定義公式」中的「函數向導」，彈出「函數向導」對話框，找到相應的函數，選中並單擊「下一步」，彈出相應的函數對話框，輸入相關數據，點擊「篩選條件」，彈出「篩選條件」對話框，輸入相應的條件，單擊「確認」，如圖 11-12 所示。

(2) 審核公式。

在經常使用的各類財經報表中的數據之間一般都有一定的勾稽關係。如在一個報表中，小計等於各分項之和；而合計又等於各個小計之和等。在實際工作中，為了確保報表數據的準確性，我們經常用這種報表之間或報表之內的勾稽關係對報表進行勾稽關係檢查。一般地來講，我們稱這種檢查為數據的審核。UFO 報表系統對此特意提供了數據的審核公式，它將報表數據之間的勾稽關係用公式表示出來，我們稱之為審核公式。審核公式由驗證關係公式和提示信息組成，它反應了報表中單元之間的邏輯關係，並用邏輯運算符（＝、＜、＞、＞＝、＜＝、＜＞）將這種關係連接起來。

審核公式的基本格式為：＜表達式＞＜邏輯運算符＞＜表達式＞＜MESS「信息」＞

例：C39＝G39 Mess「年初資產總和＜＞年初負債和所有者權益總和」

【操作向導】

➢ 審核公式定義：在 UFO 報表管理系統的格式狀態下，執行「數據」→「編輯公式」→「審核公式」命令，打開「審核公式」對話框，在對話框中輸入相應的審核公式，單擊「確定」，如圖 11-13 所示。

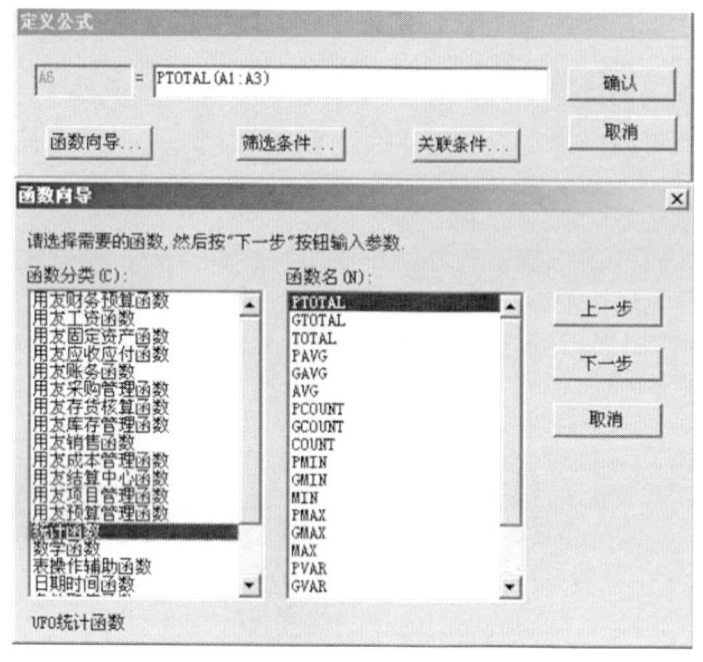

圖 11-12　定義單元公式和函數向導

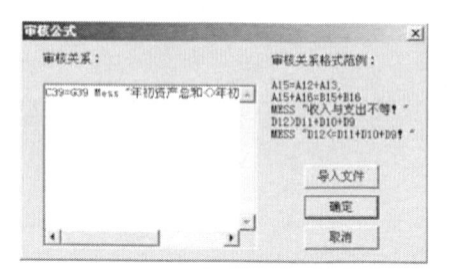

圖 11-13　審核公式對話框

➢ 審核：在 UFO 報表管理系統的數據狀態下，執行「數據」→「審核」命令。如果審核不通過則彈出提示信息，如圖 11-14 所示。

圖 11-14　警告信息窗口

（3）舍位平衡公式。

報表數據在進行進位時，如以「元」為單位的報表在上報時可能會轉換為以「千元」或「萬元」為單位的報表，原來滿足的數據平衡關係可能被破壞，因此需要進行

調整，使之符合指定的平衡公式。報表經舍位之後，重新調整平衡關係的公式稱為舍位平衡公式。其中，進行進位的操作叫作舍位，舍位後調整平衡關係的操作叫做平衡調整公式。

【操作向導】

➢ 在 UFO 報表管理系統的格式狀態下，執行「數據」→「編輯公式」→「舍位公式」命令，打開「舍位平衡公式」對話框，在對話框中輸入舍位表名、舍位範圍、舍位位數和平衡公式，單擊「完成」，如圖 11-15 所示。

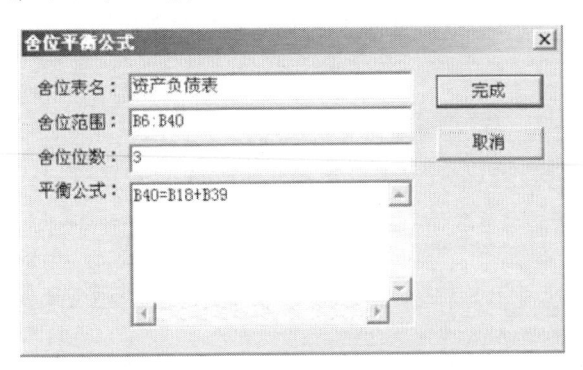

圖 11-15　舍位平衡公式對話框

11.2.4　保存報表格式

報表格式設置完成後，應將其保存下來，以備以後使用時調用。

【操作向導】

➢ 在 UFO 報表管理系統下，執行「文件」→「保存」命令，打開「另存為」對話框，找到存盤的路徑，輸入存盤的文件名後保存，系統默認的報表文件擴展名為「.rep」。

11.3　利用模板生成 UFO 報表

設計一個報表，既可以從頭開始按部就班地操作，也可以利用 UFO 報表提供的模板直接生成報表格式，省時省力。UFO 報表提供了 11 種報表格式和 21 個行業報表模板包括了 70 多張標準財務報表，也可以包含用戶自定義的模板。用戶可以根據所在行業挑選相應的報表，套用其格式及計算公式。

11.3.1　套用模板格式生成 UFO 報表

用友 UFO 報表管理系統，提供了工業企業、商品流通、農業企業、郵電通信、施工企業、交通運輸等的資產負債表、利潤表、利潤分配表、現金流量表和現金流量附表等模板，可供選擇使用，並可根據情況對套用的模板進行修正。

電算化會計信息系統

【操作向導】

➤ 套用模板：在 UFO 報表管理系統的格式狀態下，執行「文件」→「格式」→「報表模板」命令，打開「報表模板」對話框，選擇所在的行業和報表類型，單擊「確定」，彈出提示窗口，再次單擊「確定」，如圖 11-16、圖 11-17 所示。

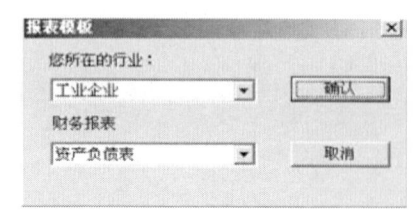

圖 11-16 報表模板對話框　　圖 11-17 警告信息對話框

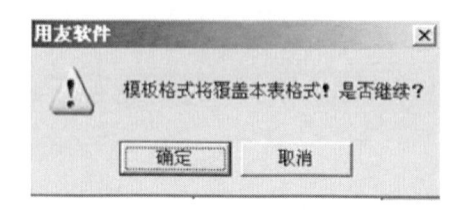

➤ 生成行業模板：在 UFO 報表管理系統的格式狀態下，執行「文件」→「格式」→「生成常用報表」命令，打開「生成行業模板」提示對話框，單擊「是」，即可生成行業的相關模板，在「窗口 W」菜單下選擇打開相應的模板即可。

➤ 套用格式：在 UFO 報表管理系統的格式狀態下，選中報表需要套用格式的區域，執行「文件」→「格式」→「套用格式」命令，打開「套用格式」對話框，選擇相應的格式，單擊「確認」，彈出提示窗口，再次單擊「確定」，如圖 11-18、圖 11-19 所示。

✓ 當前報表套用模板後，原有內容將丟失。

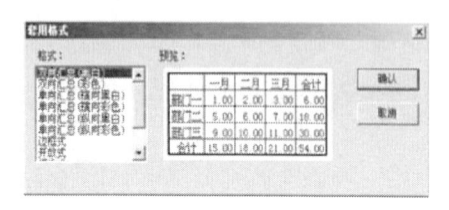

圖 11-18 套用板式對話框　　圖 11-19 警告信息對話框

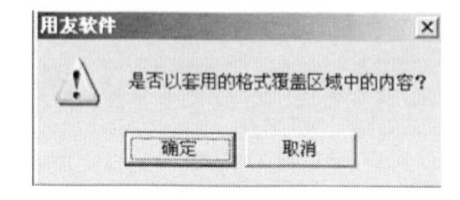

11.3.2 自定義報表模板

用戶可以根據本單位的實際需要定制內部報表模板，並將自定義的模板加入系統提供的模板庫內，也可以根據本行業的特徵，增加或刪除各個行業及其內置的模板。使用自定義模板功能，可以將本單位名稱或單位所屬的行業加入到模板的行業類型中，在套用模板時可以直接選擇定制的行業或單位名稱。

【操作向導】

➤ 添加定制行業：在 UFO 報表管理系統的格式狀態下，執行「文件」→「格式」→「自定義模板」命令，打開「自定義模板」對話框，單擊「增加」，彈出「定義模板」對話框，在「行業名」文本框中輸入行業名稱，單擊「確定」，如圖 11-20 所示。

➤ 添加定制模板：在 UFO 報表管理系統的格式狀態下，執行「文件」→「格式」→「自定義模板」命令，打開「自定義模板」對話框，選擇所在的行業，單擊「下一步」，單擊「增加」，彈出「添加模板」對話框，在「模板名」文本框中輸入或選中需

要添加的模板文件，單擊「添加」，然後在「自定義模板」對話框中單擊「完成」，如圖 11-21 所示。

✓ 若要刪除行業或模板，點擊「刪除」可以刪除選定的行業或模板，要恢復已刪除的行業模板，單擊「增加」，重新錄入。

✓ 若要修改行業或模板，首先選定需要修改的行業或模板，然後點取「修改」在彈出的對話框中重新輸入行業或模板名稱。

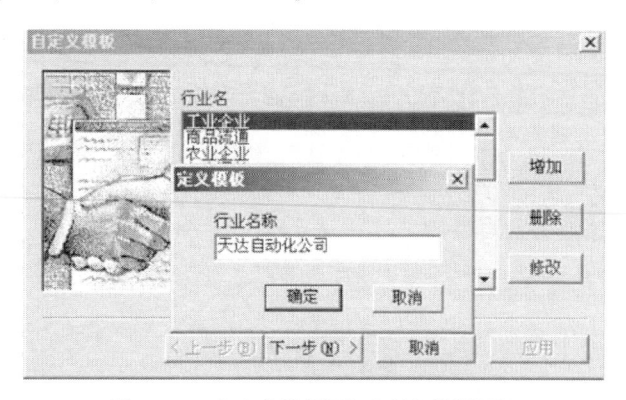

圖 11-20　自定義模板添加定制行業對話框

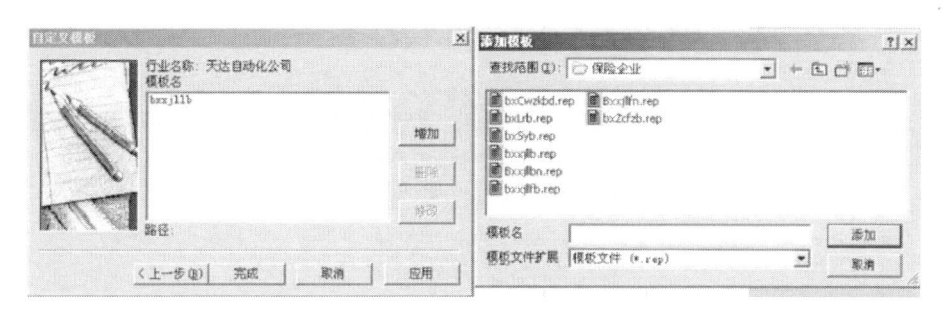

圖 11-21　自定義模板添加定制模板對話框

11.4　UFO 報表管理

11.4.1　UFO 報表格式管理

報表在使用中發現格式設計有誤或表格需要少量變動，可對報表的格式進行修改。UFO 報表系統提供了以下幾種管理功能：插入行和列、追加行和列、交換行和列、刪除行和列。在固定區中對行和列的操作需要在格式狀態下進行，而在可變區對行和列的操作需要在數據狀態下進行，二者的操作基本相同，下面以固定區的操作為例進行介紹。

【操作向導】

➢ 在固定區中插入行和列：在 UFO 報表管理系統的格式狀態下，選中需要操作的

行或列，執行「編輯」→「插入」→「行/列」命令，打開「插入行」或「插入列」對話框，輸入插入行數量或插入列數量，單擊「確認」。

➢ 在固定區中追加行和列：在 UFO 報表管理系統的格式狀態下，選中需要操作的行或列，執行「編輯」→「追加」→「行/列」命令，打開「追加行」或「追加列」對話框，輸入追加行數量或追加列數量，單擊「確認」。

➢ 在固定區中交換行和列：在 UFO 報表管理系統的格式狀態下，執行「編輯」→「交換」→「行/列」命令，打開「交換行」或「交換列」對話框，輸入源行號、目標行號或源列號和目標列號，單擊「確認」。

➢ 在固定區中刪除行和列：在 UFO 報表管理系統的格式狀態下，選中需要操作的行或列，執行「編輯」→「刪除」→「行/列」命令，打開「是否刪除行或列」提示對話框，單擊「確認」。

11.4.2 UFO 報表表頁管理

UFO 報表一般由多張表頁組成，表頁管理包括表頁的插入、追加、交換和刪除。插入表頁即在當前表頁前面增加新的表頁；追加表頁即在最後一張表頁後面增加新的表頁。交換表頁是將指定的任何表頁中的全部數據進行交換。刪除表頁是將指定的整個表頁刪除，報表的表頁數相應減少。

【操作向導】

➢ 插入表頁：在 UFO 報表管理系統的數據狀態下，執行「編輯」→「插入」→「表頁」命令，打開「插入表頁」對話框，輸入插入數量，單擊「確認」。

➢ 追加表頁：在 UFO 報表管理系統的數據狀態下，執行「編輯」→「追加」→「表頁」命令，打開「追加表頁」對話框，輸入追加數量，單擊「確認」。

➢ 交換表頁：在 UFO 報表管理系統的數據狀態下，執行「編輯」→「交換」→「表頁」命令，打開「交換表頁」對話框，輸入源頁號、目標頁號，單擊「確認」。

➢ 刪除表頁：在 UFO 報表管理系統的數據狀態下，執行「編輯」→「刪除」→「表頁」命令，打開「刪除表頁」對話框，輸入刪除表頁號和刪除條件後，單擊「確認」。

11.4.3 UFO 報表數據管理

（1）採集外部數據。

UFO 報表可以把其他報表文件（.rep）的數據、文本文件（.TXT）的數據和 DBASE 數據庫文件（.DBF）的數據採集到當前報表中。數據採集時源表可以帶篩選條件，源表文件名可以用變量表示。

【操作向導】

➢ 在 UFO 報表管理系統的數據狀態下，執行「數據」→「數據採集」命令，打開「數據採集」對話框，輸入路徑和採集的文件名，單擊「採集」。

（2）多區域數據透視。

在 UFO 報表中，大量的數據是以表頁的形式分布的，正常情況下每次只能看到一張表頁。要想對各個表頁的數據進行比較，可以利用數據透視功能，把多張表頁的多個區域的數據顯示在一個平面上。

【操作向導】

➢ 在 UFO 報表管理系統的數據狀態下，選中需要透視的第一張表的頁標，執行「數據」→「透視」命令，打開「多區域透視」對話框，輸入透視區域範圍和列標字串，單擊「確定」，打開數據透視表，單擊「保存」或「確定」，如圖 11-22 和圖 11-23 所示。

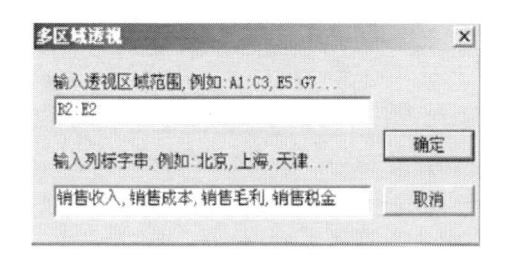

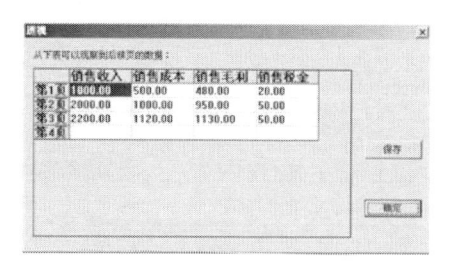

圖 11-22　多區域透視對話框　　　　圖 11-23　數據透視窗口

（3）數據匯總。

UFO 報表提供了表頁匯總和可變區匯總兩種匯總方式，表頁匯總是把整個報表的數據進行立體方向的疊加，匯總數據可以存放在本報表的最後一張表頁或生成一個新的匯總報表。可變區匯總是把指定表頁中可變區數據進行平面方向的疊加，把匯總數據存放在本頁可變區的最後一行或一列。

【操作向導】

➢ 表頁匯總：在 UFO 報表管理系統的數據狀態下，執行「數據」→「匯總」→「表頁」命令，打開「匯總方向」對話框，選擇匯總方向後點擊「下一步」，打開「匯總條件」對話框，點擊「下一步」，打開「匯總位置」對話框，選擇匯總位置後，單擊「完成」，彈出警告信息時單擊「是」，如圖 11-24 所示。

➢ 可變區匯總：在 UFO 報表管理系統的數據狀態下，執行「數據」→「匯總」→「可變區」命令，打開「表頁匯總條件」對話框，輸入匯總條件，點擊「下一步」，打開「可變區匯總條件」對話框，輸入可變區匯總條件，單擊「完成」後生成可變區匯總結果，追加在可變區的最後一行，如圖 11-25、圖 11-26 和圖 11-27 所示。

✓ 如果某個表頁中的可變區數量已超出設置的可變區大小，則該表頁的可變區匯總結果將無法保存。

✓ 對於字符型數據的匯總，如果字符串不同，則匯總結果為最後一個字符單元的內容。

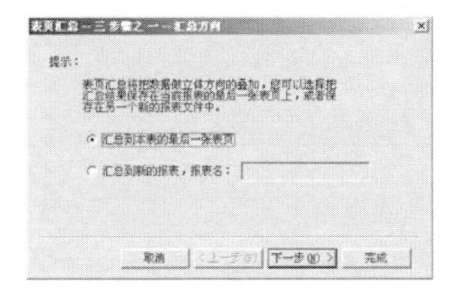

圖 11-24　匯總方向對話框　　　　圖 11-25　匯總條件對話框

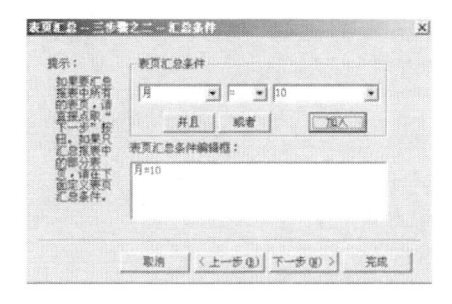

225

■■■■ 電算化會計信息系統

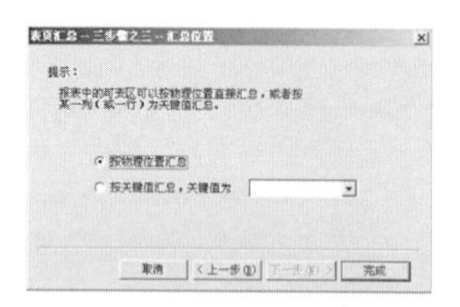

圖 11-26　匯總位置對話框　　　圖 11-27　警告信息對話框

11.4.4　UFO 報表圖表管理

　　UFO 的圖表功能可以將報表數據所包含的經濟含義直觀地反應出來，是企業管理、數據分析的重用工具。UFO 提供了直方圖、圓餅圖、折線圖、面積圖 4 大類共 10 種格式的圖表。圖表是利用報表文件中的數據生成的，圖表與報表存在著緊密的聯繫，當報表中的源數據發生變化時，圖表也隨之變化。一個報表文件可以生成多個圖表，最多可以保留 12 個圖表。

【操作向導】

➢ 在 UFO 報表管理系統的數據狀態下，選中報表的數據區域，執行「工具」→「插入圖表對象」命令，打開「區域作圖」窗口，選擇圖類型、數據組、操作範圍，輸入相應的標題，點擊「確認」，如圖 11-28 所示。

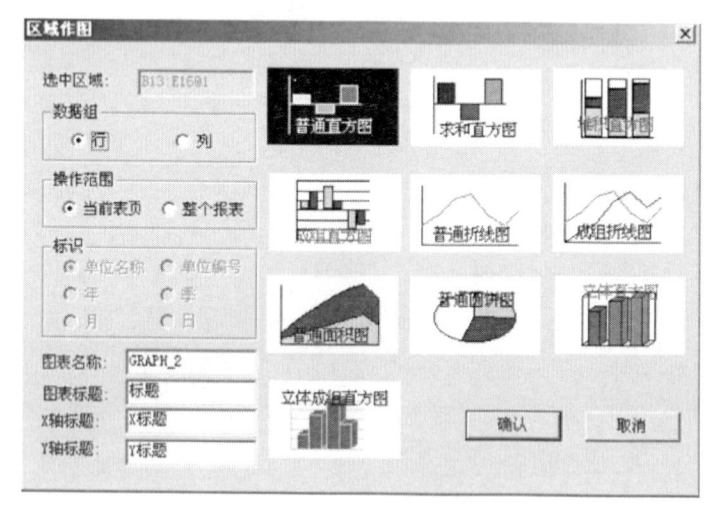

圖 11-28　區域用圖窗口

226

實驗一　系統管理

一、實驗目的

在理解系統管理在整個系統中的作用的基礎上，熟悉用友 ERP-U8 系統管理的工作流程，掌握其基本的操作步驟。

二、實驗內容

- 系統管理的啟動和註冊；
- 帳套的建立、修改、輸出、刪除和引入；
- 功能權限的分配，包括角色設置、用戶設置和權限設置。

三、實驗要求

系統管理員（Admin）負責系統註冊、建立帳套、設置角色、設置用戶、設置用戶權限、帳套輸出、刪除帳套和帳套引入等操作。帳套主管負責修改帳套、啟用系統操作。

四、實驗資料

（1）用戶及其權限資料（見表1.1）。

表 1.1　　　　　　　　　　　用戶及其權限資料

編號	姓名	口令	所屬部門	角色	權限
01	劉玉杰	01	財務部	帳套主管	帳套主管的全部權限。
02	梁小紅	02	財務部	總帳會計	公共單據、公用目錄設置、總帳（除審核憑證和恢復記帳前狀態外）、工資管理、固定資產管理、應收款管理、應付款管理的所有權限。
03	李春波	03	財務部	出納	總帳系統中出納簽字及出納的所有權限。

（2）帳套資料（見表1.2）。

表1.2　　　　　　　　　　　　　　　帳套資料

帳套信息	帳套號：06；帳套名稱：天達自動化公司；啟用會計期間：2015年6月。
單位信息	單位名稱：河南天達自動化有限責任公司；單位簡稱：天達自動化公司；單位地址：河南省鄭州市黃河路36號；法人代表：馮振旗；郵政編碼：450011；稅號：240211682302765
核算類型	本幣代碼：RMB；本幣名稱：人民幣；企業類型：工業；行業性質：新會計製度科目，按行業性質預置科目；帳套主管：劉玉杰。
基礎信息	有外幣核算，需要對存貨、客戶分類，對供應商不分類。
編碼方案	科目編碼級次：42222；客戶分類編碼級次：22；存貨分類編碼級次：22；部門編碼級次：22；結算方式編碼級次：12；收發類別編碼級次：12；其他編碼級次按系統默認設置。
數據數度	全部採用系統默認值2位。

(3) 修改帳套資料：將會計科目的編碼級次由42222改為4222。

五、實驗步驟

(1) 系統註冊：執行「用友ERP-U8普及版」→「系統服務」→「系統管理」命令，打開「系統管理」窗口；執行「系統」→「註冊」命令，打開「登錄」系統管理對話框，以系統管理員（Admin）的身分註冊。

(2) 設置用戶：執行「權限」→「用戶」命令，打開「用戶管理」窗口；單擊「增加」按鈕，顯示「增加用戶」對話框，根據實驗資料錄入用戶的編號、姓名、口令和所屬部門等內容。

(3) 建立帳套：以系統管理員（Admin）身分註冊系統管理，執行「帳套」→「建立」命令，打開「創建帳套」對話框；根據實驗資料，按系統提示錄入帳套信息、單位信息、核算類型、基礎信息；單擊「完成」按鈕，系統提示「可以創建帳套了嗎？」，單擊「是」按鈕，系統打開「編碼方案」對話框，開始創建帳套；根據實驗資料設置編碼方案，確定數據精度；系統彈出「創建帳套」系統提示對話框，單擊「否」按鈕，結束建帳過程。

(4) 設置用戶權限：在「系統管理」窗口，執行「權限」→「權限」命令，打開「操作員權限」對話框，根據實驗資料，給各用戶指定權限；選擇「06天達自動化公司」帳套，時間為2015年；從操作員列表中選擇「01劉玉杰」，選中「帳套主管」復選框，確定劉玉杰具有帳套主管權限；從操作員列表中選擇「03李春波」，選擇「06天達自動化公司」帳套，單擊「修改」按鈕，打開「增加和調整權限」對話框，選中「GL總帳」前的「+」圖標，展開「總帳」「憑證」項目，選中「出納簽字」權限，再選中「總帳」下的「出納」權限，單擊「確定」按鈕返回。同樣，再設置「02梁小紅」的權限。

(5) 修改帳套：以帳套主管「01劉玉杰」的身分註冊並進入「系統管理」窗口，執行「帳套」→「修改」命令，打開「修改帳套」對話框，根據實驗資料修改編碼方

案信息，修改完成後，單擊「完成」按鈕，確認修改的帳套信息。

（6）輸出（備份）帳套：在硬盤上建立「實驗一系統管理」文件夾；以系統管理員（Admin）身分註冊，並進入「系統管理」窗口；執行「帳套」→「輸出」命令，打開「帳套輸出」對話框；在「帳套號」下拉表框中選擇需要輸出的帳套06，單擊「確認」按鈕，即可輸出06帳套到「實驗一系統管理」文件夾；使用U盤備份帳套文件夾資料。

（7）輸出（刪除）帳套：在實驗步驟（6）的基礎上，打開「帳套輸出」對話框時，同時選中「刪除當前輸出帳套」復選框，即可完成刪除06帳套的操作。

（8）引入帳套：以系統管理員Admin身分註冊，並進入「系統管理窗口；執行「帳套」→「引入」命令，打開「請選擇帳套備份文件」對話框；找到備份在U盤的實驗一的帳套數據文件，單擊「打開」按鈕，確定後將06帳套數據恢復到系統中。

實驗二　系統基礎設置

一、實驗目的

熟悉用友 ERP-U8 系統企業門戶的基本操作，掌握系統啟用方法和基礎設置的內容和步驟。

二、實驗內容

- 運用企業門戶對用友 ERP-U8 的相關管理系統進行啓動；
- 設置用友 ERP-U8 系統基礎信息。

三、實驗要求

引入實驗一的帳套數據，以帳套主管 01 的身分登錄企業門戶進行相應的基礎設置操作。

四、實驗資料

（1）系統啟用資料。
總帳系統啟用日期為 2015 年 6 月 1 日。
（2）部門檔案資料（見表 2.1）。

表 2.1　　　　　　　　　　部門檔案資料

部門編碼	部門名稱	部門屬性
1	人事部	綜合管理
2	財務部	財務管理
3	採購部	採購管理
4	銷售部	市場營銷
5	生產部	產品生產

（3）職員檔案資料（見表 2.2）。

表 2.2　　　　　　　　　　職員檔案資料

人員編碼	人員姓名	性別	人員類別	行政部門	是否業務員	是否操作員
101	趙雷剛	男	企業管理人員	人事部	是	

表2.2(續)

人員編碼	人員姓名	性別	人員類別	行政部門	是否業務員	是否操作員	
201	劉玉杰	男	企業管理人員	財務部	是	是	001
202	梁小紅	女	企業管理人員	財務部	是	是	002
203	李春波	女	企業管理人員	財務部	是	是	003
301	楊石磊	男	採購人員	採購部	是		
401	劉文佳	女	銷售人員	銷售部	是		
501	郭俊濤	男	生產人員	生產部	是		

(4) 客戶分類資料(見表2.3)。

表 2.3　　　　　　　客戶分類資料

分類編碼	分類名稱
01	長期客戶
02	短期客戶

(5) 客戶檔案資料(見表2.4)。

表 2.4　　　　　　　客戶檔案資料

客戶編碼	客戶簡稱	所屬分類	稅號	開戶銀行	銀行帳號	地址	分管部門	分管業務員
01	勝利公司	01	140105860901266	工行	050220100120	鄭州市金水路28號	銷售部	劉文佳
02	海鑫公司	02	140105678934687	工行	050220270100	安陽市塢城路16號	銷售部	劉文佳

(6) 供應商檔案資料(見表2.5)。

表 2.5　　　　　　　供應商檔案資料

供應商編碼	供應商簡稱	所屬分類	稅號	開戶銀行	銀行帳號	地址	分管部門	分管業務員
01	萬達公司	00	140105769855769	工行	050220090160	北京市迎賓路08號	採購部	楊石磊
02	環球公司	00	140105794236085	工行	050220080130	天津市五一路19號	採購部	楊石磊

五、實驗步驟

(1) 系統啟用：執行「用友 ERP-U8」中的→「企業門戶」命令，打開「登錄」對話框；錄入操作員「01」，密碼「01」，帳套「06 天達自動化公司」，操作日期 2015

年6月1日，進入「企業應用平臺」窗口；執行「設置」→「基本信息」→「系統啟用」命令，打開「系統啟用」對話框，根據實驗資料的要求啟用總帳系統。

（2）設置部門檔案：在企業應用平臺中，執行「設置」→「基礎檔案」→「機構設置」→「部門檔案」命令，進入部門檔案信息設置界面；根據實驗資料進行相應設置。

（3）設置職員檔案：在企業應用平臺中，執行「設置」→「基礎檔案」→「機構設置」→「職員檔案」命令，進入職員檔案信息設置界面；根據實驗資料進行相應設置。

（4）設置客戶分類：在企業應用平臺中，執行「設置」→「基礎檔案」→「往來單位」→「客戶分類」命令，進入客戶分類信息設置界面；根據實驗資料進行相應設置。

（5）設置客戶檔案：在企業應用平臺中，執行「設置」→「基礎檔案」→「往來單位」→「客戶檔案」命令，進入客戶檔案信息設置界面；根據實驗資料進行相應設置。

（6）設置供應商檔案：在企業應用平臺中，執行「設置」→「基礎檔案」→「往來單位」→「供應商檔案」命令，進入供應商檔案信息設置界面；根據實驗資料進行相應設置。

（7）輸出（備份）帳套：在硬盤上建立「實驗二基礎設置」文件夾；以系統管理員（Admin）身分註冊，並進入「系統管理」窗口；執行「帳套」→「輸出」命令，打開「帳套輸出」對話框；在「帳套號」下拉表框中選擇需要輸出的帳套06，單擊「確認」按鈕，即可輸出06帳套到「實驗二基礎設置」文件夾；使用U盤備份帳套文件夾資料。

實驗三　總帳管理系統初始設置

一、實驗目的

熟悉總帳管理系統初始設置的主要內容和操作流程，掌握總帳管理系統初始設置的操作方法。

二、實驗內容

- 設置總帳系統參數；
- 定義外幣及匯率；
- 建立會計科目；
- 設置憑證類別；
- 定義結算方式；
- 設置項目目錄；
- 錄入期初餘額。

三、實驗要求

引入實驗二的帳套備份數據。帳套主管01（劉玉杰）負責總帳管理系統初始設置的操作。

四、實驗資料

（1）總帳系統參數。

製單序時控製；支票控製；可以使用應收、應付、存貨受控科目；出納憑證必須經由出納簽字；不允許修改、作廢他人填制的憑證；數量小數位和單位小數位設置為2位；部門、個人、項目按編碼方式排序。

（2）外幣及匯率資料。

幣符：USD；幣名：美元；匯率：1：6.872,5。

（3）會計科目資料。

增加或修改的會計科目資料如表3.1所示。

表 3.1　　　　　　　　　　　　　增加或修改會計科目

科目編碼	原科目名稱	增加或修改後科目名稱	輔助帳類型
1001	現金	庫存現金	日記帳
1002	銀行存款	銀行存款	日記帳、銀行帳
100201		工行存款	日記帳、銀行帳
100202		農行存款	外幣核算、日記帳、銀行帳
1111	應收票據		客戶往來
1131	應收帳款	應收帳款	客戶往來
113301		職工借款	個人往來
1151	預付帳款		供應商往來
1201	物資採購	在途物資	
121101		生產用原材料	數量核算（噸）
2121	應付帳款	應付帳款	供應商往來
2131	預收帳款		客戶往來
2151	應付工資	應付職工薪酬	
215101		應付工資	
215102		應付福利費	
215103		工會經費	
2153	應付福利費	應付利息	
2171	應交稅金	應交稅費	
2201	應付票據		供應商往來
311108		投資評估增值	
4101	生產成本		項目核算
410101	基本生產成本	直接材料	項目核算
410102	輔助生產成本	直接人工	項目核算
5402	稅金及附加	稅金及附加	
5501	營業費用	銷售費用	
550201		辦公費	部門核算
550202		差旅費	部門核算
550203		工資	部門核算
550204		折舊費	部門核算
550205		其他	部門核算
5701	所得稅	所得稅費用	

將「1001 庫存現金」指定為「現金總帳科目」，「1002 銀行存款」指定為「銀行總帳科目」。

（4）憑證類別資料。

憑證類別資料如表 3.2 所示。

表 3.2　　　　　　　　　　　　　　憑證類別

類別字	憑證類別	限制類型	限制科目
收	收款憑證	借方必有	1001，1002
付	付款憑證	貸方必有	1001，1002
轉	轉帳憑證	憑證必無	1001，1002

（5）結算方式資料。

結算方式資料如表 3.3 所示。

表 3.3　　　　　　　　　　　　　　結算方式

結算方式編碼	結算方式名稱	是否票據管理
1	現金結算	否
2	支票結算	是
201	現金支票	是
202	轉帳支票	是

（6）項目目錄。

項目目錄資料如表 3.4 所示。

表 3.4　　　　　　　　　　　　　　項目目錄

項目設置	設置內容
項目大類	生產成本
核算項目	生產成本（4101） 直接材料（410101） 直接人工（410102）
項目分類	1. 自行開發項目 2. 委託開發項目
項目名稱	臺式電腦（101） 筆記本電腦（102） 主板（103）

（7）期初餘額資料。

期初餘額資料如表 3.5 所示。

表 3.5　　　　　　　　　　期初餘額

科目名稱	輔助帳明細	方向	幣別計量	金額（元）
庫存現金（1001）		借		10,000
銀行存款（1002）		借		450,000
工行存款（100201）		借		300,000
農行存款（100202）		借	美元	150,000
應收帳款（1131）	日期：2015年5月20日；客戶：勝利公司；摘要：銷售商品。	借		600,000
其他應收款（1133）		借		20,000
職工借款（113301）	日期：2015年5月26日；個人：趙雷剛；摘要：出差借款。	借		20,000
壞帳準備（1141）		貸		5,000
原材料（1211）		借		190,000
生產用原材料（121101）	數量核算	借	噸	190,000
庫存商品（1243）		借		910,000
生產成本（4101）		借		55,000
直接材料（410101）	臺式電腦：25,000 筆記本電腦：15,000	借		40,000
直接人工（410102）	臺式電腦：5,000 筆記本電腦：10,000	借		15,000
固定資產（1501）		借		1,420,000
累計折舊（1502）		貸		66,240
應付帳款（2121）	日期：2015年5月28日；供應商：萬達公司；摘要：購貨款。	貸		183,760
實收資本（3101）		貸		3,400,000

四、實驗步驟

（1）設置總帳系統參數：以帳套主管「01 劉玉杰」身分註冊並進入企業應用平臺，登錄日期為 2015-06-01，啟動總帳管理系統，執行→「業務」→「財務會計」→「總帳」→「設置」→「選項」命令，打開「選項」對話框；單擊「編輯」按鈕，分別切換到各選項卡，根據實驗資料對參數進行相應的設置和調整。

（2）定義外幣及匯率：在企業應用平臺的「設置」選項卡中，執行「基礎檔案」→「財務」→「外幣設置」命令，打開「外幣設置」對話框；單擊「增加」按鈕，錄入幣符 USD，幣名「美元」，單擊「確認」按鈕；錄入「2015-06」月份的記帳匯率 6.872,5，完成後退出。

（3）建立會計科目：在企業應用平臺的「設置」選項卡中，執行「基礎檔案」→「財務」→「會計科目」命令，進入「會計科目」窗口；單擊「增加」按鈕，根據實驗資料「會計科目」錄入自己的會計科目信息，錄入完畢退到「會計科目」窗口；選

中需修改的科目，單擊「修改」按鈕，根據實驗資料的要求修改科目信息，完成後退出；執行「編輯」→「指定科目」命令，選中「1001 庫存現金」為現金總帳科目，「1002 銀行存款」為銀行總帳科目，確認後退到「會計科目」窗口。

（4）設置憑證類別：在企業應用平臺的「設置」選項卡中，執行「基礎檔案」→「財務」→「憑證類別」命令，打開「憑證類別預置」對話框；選中「收款憑證、付款憑證、轉帳憑證」單選按鈕，確定後進入「憑證類別」窗口；根據實驗資料的要求分別設置收款憑證、付款憑證和轉帳憑證的限制類型和限制科目，完成後退出。

（5）定義結算方式：在企業的應用平臺的「設置」選項卡中，執行「基礎檔案」→「收付結算」→「結算方式」命令，打開「結算方式」對話框；單擊「增加」按鈕，根據實驗資料的要求增加結算方式信息，完成後退出。

（6）設置項目目錄：在企業應用平臺的「設置」選項卡中，執行「基礎檔案」→「財務」→「項目目錄」命令，進入「項目檔案」窗口；單擊「增加」按鈕，打開「項目大類定義——增加」對話框，錄入項目大類名稱「生產成本」，完成後返回「項目檔案」窗口；切換到「核算科目」選項卡，選擇項目大類「生產成本」，根據實驗資料將「生產成本（4101）」及其明細科目選為核算科目；切換到「項目分類定義」選項卡，單擊「增加」按鈕，根據實驗資料錄入項目分類；切換到「項目目錄」選項卡，單擊「維護」按鈕，進入「項目目錄維護」窗口，根據實驗資料增加項目名稱。

（7）錄入期初餘額：啓動總帳系統，執行「設置」→「期初餘額」命令，進入「期初餘額錄入」窗口；根據實驗資料的要求直接錄入庫存現金、工行存款、農行存款、壞帳準備、生產用原材料、庫存商品、固定資產、累計折舊、實收資本科目的期初餘額；雙擊「應收帳款」科目的期初餘額欄，進入「客戶往來期初」窗口，根據實驗資料錄入對應輔助帳明細科目的期初餘額；採用同樣方法錄入職工借款（個人往來）、直接材料、直接人工（項目核算）、應付帳款（供應商往來）的輔助明細科目的期初餘額，錄入後返回到「期初餘額錄入」窗口；單擊「試算」按鈕，查看餘額平衡情況，正確錄入餘額後借貸合計均為 3,583,760，表明試算平衡。如不平衡，繼續調整，直到平衡為止；單擊「對帳」按鈕，檢查總帳與明細帳，總帳與輔助帳的期初餘額是否一致，一致打上「Y」標記；退出「期初餘額錄入」窗口。

（8）帳套備份：在硬盤建立「實驗三總帳管理系統初始設置」文件夾；將帳套數據備份輸出至「實驗三總帳管理系統初始設置」文件夾；使用 U 盤備份數據。

實驗四　總帳管理系統日常處理

一、實驗目的

熟悉總帳管理系統日常處理的主要內容和操作流程，掌握總帳管理系統日常處理的操作方法。

二、實驗內容

- 填制、審核、衝銷、查詢、刪除憑證；
- 出納簽字；
- 記帳、恢復記帳前狀態、重新記帳；
- 查詢原材料總帳、明細帳和憑證，查詢餘額表、客戶往來明細帳、銀行日記帳。

三、實驗要求

引入實驗三的帳套備份數據；01（劉玉杰）負責審核憑證、記帳、恢復記帳前狀態的操作；02（梁小紅）負責填制憑證、查詢憑證、衝銷憑證、刪除憑證、查詢帳簿的操作；03（李春波）負責出納簽字的操作。

四、實驗資料

2015 年 6 月份發生的經濟業務如下：

(1) 6 月 4 日，李春波從銀行提取現金 20,000 元備用，現金支票號 101。

借：庫存現金（1001）　　　　　　　　　　　　　　　20,000
　貸：銀行存款——工行存款（100201）　　　　　　　20,000

(2) 6 月 6 日，以現金支付財務部辦公費 600 元。

借：管理費用——辦公費（550201）　　　　　　　　　600
　貸：庫存現金（1001）　　　　　　　　　　　　　　600

(3) 6 月 9 號，採購部楊石磊購生產用原材料 30 噸，每噸 1,000 元，材料直接入庫，貨款以銀行存款支付，轉帳支票號 1007。

借：原材料——生產用原材料（121101）　　　　　　30,000
　　應交稅費——應交增值稅——進項稅額（21710101）　5,100
　貸：銀行存款——工行存款（100201）　　　　　　　35,100

(4) 6 月 12 日，人事部趙雷剛出差歸來，報銷差旅費 20,000 元。

借：管理費用——差旅費（550202）　　　　　　　　　20,000

貸：其他應收款——職工借款（113301）　　　　　　　　　　20,000
（5）6月18日，生產部領用材料5噸，單價1,000元，用於生產臺式電腦。
　　借：生產成本——直接材料（410101）　　　　　　　　　　5,000
　　貸：原材料——生產用原材料（121101）　　　　　　　　　5,000
（6）6月20日，收到外單位投資10000美元，匯率1：6.872,5，轉帳支票號2001。
　　借：銀行存款——農行存款（100202）　　　　　　　　　　68,725
　　貸：實收資本（3101）　　　　　　　　　　　　　　　　　68,725
（7）6月23日，銷售給勝利公司臺式電腦50臺，貨款280,000元，稅款47,600元，已存入工行，轉帳支票號2002。
　　借：銀行存款——工行存款（100201）　　　　　　　　　　327,600
　　貸：主營業務收入（5101）　　　　　　　　　　　　　　　280,000
　　　　應交稅費——應交增值稅——銷項稅額（21710105）　　47,600
（8）6月25日，財務部梁小紅償還萬達公司前欠貨款183,760元，以工行存款支付，轉帳支票號2003。
　　借：應付帳款（2121）　　　　　　　　　　　　　　　　　183,760
　　貸：銀行存款——工行存款（100201）　　　　　　　　　　183,760

五、實驗步驟

（1）填制憑證：以「02梁小紅」身分註冊並進入企業應用平臺，登錄日期為2015-06-30，再進入總帳系統；執行「憑證」→「填制憑證」命令，進入「填制憑證」窗口；單擊「增加」按鈕或按F5鍵，出現空白憑證；根據實驗資料所給的經濟業務內容依次錄入憑證類別、日期、摘要、借貸方科目、金額以及要求的輔助信息；錄入完畢，單擊保存按鈕或按F6鍵，系統提示保存成功，此時單擊「增加」按鈕或按F5鍵，可繼續錄入下一張憑證；根據實驗資料完成以上8張憑證的錄入。

（2）出納簽字：在企業應用平臺，執行「重註冊」命令，以「03李春波」的身分註冊並進入企業應用平臺，登錄日期為2015-06-30，進入總帳系統；執行「憑證」→「出納簽字」命令，打開「出納簽字」查詢條件對話框；錄入查詢條件：選擇「全部」，單擊「確認」按鈕；在「出納簽字」憑證列表中雙擊要簽字的憑證，相應憑證被打開並顯示出來；對當前顯示的憑證審查後，單擊「簽字」按鈕，完成對該憑證的出納簽字；通過單擊「上張」「下張」按鈕找到要簽字的其他憑證，進行出納簽字；完成出納簽字操作後退出。

（3）審核憑證：以「01劉玉杰」的身分重新註冊並進入企業的應用平臺，登錄日期為2015-06-30，再進入總帳系統；執行「憑證」→「審核憑證」命令，打開「審核憑證」查詢條件對話框；錄入查詢條件：選擇「全部」，單擊「確認」按鈕；在「審核憑證」憑證列表中雙擊要簽字的憑證，相應憑證被打開並顯示出來；對當前顯示的憑證審查後，單擊「審核」按鈕，完成對該憑證的審核簽字；通過單擊「上張」「下張」按鈕找到要審核的其他憑證，進行審核簽字；完成審核操作後退出。

(4) 記帳：執行「憑證」→「記帳」命令，進入「記帳」窗口；錄入本次記帳範圍，單擊「全選」按鈕，單擊「下一步」按鈕；顯示記帳報告後，單擊「下一步」按鈕；單擊「記帳」按鈕，系統開始記帳；系統提示記帳完畢後，確定退出。

(5) 衝銷已記帳憑證：以「02 梁小紅」的身分重新註冊並進入企業應用平臺，登錄日期為 2015-6-30，再進入總帳系統；執行「憑證」→「填制憑證」命令，進入「填制憑證」窗口；執行「製單」→「衝銷憑證」命令，打開「衝銷憑證」對話框；錄入要衝銷憑證（第（2）筆經濟業務對應的憑證）的所屬月份、憑證類別和憑證號後進行確定；系統顯示生成的紅字衝銷憑證，審查後單擊「保存」按鈕，並在保存紅字衝銷憑證後退出。

(6) 恢復記帳前狀態：以「01 劉玉杰」的身分重新註冊並進入企業應用平臺，登錄日期為 2015-06-30，再進入總帳系統；執行「期末」→「對帳」命令，進入「對帳」窗口；按下 Ctrl+H 組合鍵，系統提示「恢復記帳前狀態功能已被激活」；執行「憑證」→「恢復記帳前狀態」命令；恢復方式選擇「最近一次記帳狀態」，單擊「確定」按鈕；錄入主管口令（即帳套主管001的口令）；系統進入記帳恢復，直到系統提示恢復完畢，確定返回。

(7) 查詢憑證：以「02 梁小紅」的身分重新註冊並進入企業的應用平臺，登錄日期為 2015-06-30，再進入總帳系統；執行「憑證」→「查詢憑證」命令，進入「憑證查詢」窗口；錄入查詢條件，選擇「未記帳憑證」，單擊「確認」按鈕；在憑證列表中單擊要查看的憑證，相應憑證被打開並顯示出來；通過單擊「上張」「下張」按鈕，翻看其他憑證；單擊「查詢」按鈕，可重新指定憑證查詢條件，繼續查詢；查詢完畢後退出。

(8) 刪除憑證：在「填制憑證」窗口，找到要作廢的憑證（第（2）筆經濟業務產生的紅字衝銷憑證）並顯示在當前窗口；執行「製單」→「作廢/恢復」命令，當前憑證加上「作廢」標記，表示該憑證已作廢；執行「製單」→「整理憑證」命令，選擇要整理的憑證期間為 2015-06，單擊「確定」按鈕，打開「作廢憑證表」對話框；選擇要刪除的作廢憑證，該期間的作廢憑證被刪除，並對剩下憑證重新編號。

(9) 重新記帳：重復實驗步驟4的過程，完成記帳。

(10) 帳簿查詢：以「02 梁小紅」的身分進入總帳系統；執行「帳表」→「科目帳」→「總帳」命令，打開「總帳查詢條件」對話框，選擇「原材料」科目，查看原材料總帳；選中某條目單擊「明細」按鈕，聯查原材料明細帳；雙擊原材料明細帳記錄，聯查憑證；執行「帳表」→「科目帳」→「餘額表」命令，打開「發生額及餘額查詢條件」對話框，查看發生額及餘額表；執行「帳表」→「客戶往來輔助帳」→「客戶往來明細帳」→「客戶明細帳」命令，選擇客戶（勝利公司），查看客戶明細帳；以「03 李春波」的身分重新註冊並進入總帳系統，執行「出納」→「銀行日記帳」命令，選擇工行存款和「2015-06」，查看銀行日記帳。

(11) 帳套備份：在硬盤建立「實驗四總帳管理系統日常處理」文件夾；將帳套數據備份輸出至「實驗四總帳管理系統日常處理」文件夾；使用 U 盤備份數據。

實驗五　總帳管理系統期末處理

一、實驗目的

熟悉總帳管理系統期末處理的主要內容，掌握總帳管理系統期末處理的操作方法。

二、實驗內容

- 銀行對帳；
- 自動轉帳；
- 期末結帳。

三、實驗要求

引入實驗四的帳套備份數據；01（劉玉杰）負責審核憑證、記帳、期末結帳的操作；02（梁小紅）負責自動轉帳的操作；03（李春波）負責銀行對帳的操作。

四、實驗資料

（1）銀行對帳期初數據。

銀行帳的啟用日期為 2015 年 6 月 1 日，工行人民幣戶企業日記帳調整前餘額為 300,000 元，銀行對帳單調整前餘額為 285,000 元，未達帳項一筆，系銀行已付企業未付款 15,000 元（日期：2015-05-31）。

（2）銀行對帳單資料。

2015 年 6 月銀行對帳單資料如表 5.1 所示。

表 5.1　　　　　　　　　2015 年 6 月銀行對帳單　　　　　　　　單位：元

日期	結算方式	票號	借方金額	貸方金額
2015-06-04	201	101		20,000
2015-06-10				60,000
2015-06-13	202	1007		35,100
2015-06-25	202	2002	234,000	

（3）自動轉帳資料。

將期間損益轉入「本年利潤」。

計算本月應繳納的所得稅。

借：所得稅費用（5701）　　　　　　　　　　　　QM(3131,月,貸)*0.25
　　貸：應繳稅費——應納所得稅（217106）　　　　　　JG( )
結轉本月「所得稅費用」。
借：本年利潤（3131）　　　　　　　　　　　　　　JG( )
　　貸：所得稅費用（5701）　　　　　　　　　　QM(3131,月,貸)*0.25

五、實驗步驟

（1）銀行對帳：以「03 李春波」的身分註冊進入企業應用平臺，登錄日期為2015-06-30，再進入總帳系統；執行「出納」→「銀行對帳」→「銀行對帳期初錄入」命令，選擇工行存款，進入「銀行對帳期初」窗口，根據實驗資料錄入銀行對帳期初數據；執行「出納」→「銀行對帳」→「銀行對帳單」命令，選擇工行存款，進入「銀行對帳單」窗口，根據實驗資料錄入2015年6月份銀行對帳單資料；執行「出納」→「銀行對帳」→「銀行對帳」命令，進入「銀行對帳」命令，選擇工行存款，系統顯示企業日記帳記錄和銀行對帳單記錄，單擊「對帳」按鈕，錄入對帳條件，由系統自動勾對，在已達帳項的「兩清」欄打上圓圈標誌；對於使用完自動對帳還沒有勾銷的已達帳項，可以進行手工勾銷，手工對帳的標誌是在「兩清」欄上打上Y標記；執行「出納」→「銀行對帳」→「餘額調節表查詢」命令，進入「銀行存款餘額調節表」窗口，雙擊工行存款，系統顯示對帳後的銀行存款餘額調節表；執行「出納」→「銀行對帳」→「核銷銀行帳」命令，刪除已兩清的企業日記帳記錄和銀行對帳單記錄。

（2）自動轉帳：以「02 梁小紅」的身分註冊進入企業應用平臺，登錄日期為2015-06-30，再進入總帳系統；執行「期末」→「轉帳定義」→「期間損益」命令，進入「期間損益結轉設置」窗口，選擇憑證類別和本年利潤科目，完成期間損益轉帳定義；執行「期末」→「轉帳定義」→「自定義轉帳」命令，進入「自定義轉帳設置」窗口，單擊「增加」按鈕，根據實驗資料定義「計算本月應繳納的所得稅」和「結轉本月所得稅費用」的轉帳憑證；執行「期末」→「轉帳生成」命令，進入「轉帳生成」窗口，選擇「結轉月份」和「期間損益結轉」，單擊「全選」按鈕，確定後即可生成所需的結轉期間損益的轉帳憑證，保存後退出。

借：主營業務收入（5101）　　　　　　　　　　　　280,000
　　貸：本年利潤（3131）　　　　　　　　　　　　　259,400
　　　　管理費用——辦公費（550201）　　　　　　　　　600
　　　　管理費用——差旅費（550202）　　　　　　　　20,000

以「01 劉玉杰」的身分重新註冊進入企業應用平臺，登錄日期為2015-06-30，再進入總帳系統，將期間損益結轉生成的憑證審核並記帳。

以「02 梁小紅」的身分註冊進入總帳系統，執行「期末」→「轉帳生成」命令，進入「轉帳生成」窗口，選擇「結轉月份」和「自定義轉帳」，對需要結轉的轉帳憑證在「是否結轉」欄目上雙擊上Y標記，確定後生成以下憑證，保存後返回。

借：所得稅費用（5701）　　　　　　　　　　　　　64,850
　　貸：應繳稅費——應納所得稅（217106）　　　　　　64,850

借：本年利潤（3131）　　　　　　　　　　　　　　64,850
　　貸：所得稅費用（5701）　　　　　　　　　　　　64,850

以「01 劉玉杰」的身分重新註冊進入企業應用平臺，再進入總帳系統，將計算本月應繳納的所得稅和結轉本月所得稅費用生成的憑證審核並記帳。

（3）期末結帳：執行「期末」→「結帳」命令，進入「結帳」窗口；選擇 2015 年 6 月；單擊「對帳」按鈕，系統進行結帳前的對帳工作；對帳完畢，單擊「下一步」按鈕；查看月度報告，確認正確後單擊「下一步」按鈕；單擊「結帳」按鈕，完成對帳。

（4）帳套備份：在硬盤上建立「實驗五總帳管理系統期末處理」文件夾；將帳套數據備份輸出「實驗五總帳管理系統期末處理」文件夾；使用 U 盤備份數據。

實驗六 工資管理

一、實驗目的

熟悉工資管理系統的主要內容和操作流程，掌握工資管理系統初始設置、日常處理和期末處理的操作方法。

二、實驗內容

- 工資管理系統初始設置；
- 工資管理系統日常處理；
- 工資管理系統期末處理。

三、實驗要求

啟用工資管理系統，引入實驗三的帳套備份數據；01（劉玉杰）負責工資管理系統初始設置、工資數據錄入、計算和匯總、個人所得稅扣除基數設置以及銀行代發、工資帳表查詢的操作；02（梁小紅）負責工資管理系統工資分攤、憑證查詢、月末處理的操作。

四、實驗資料

（1）工資帳套參數。

多個工資類別，核算幣種為人民幣，不核算計件工資，代扣個人所得稅，不進行扣零處理，人員編碼長度為3位，啟用日期：2015年06月。

（2）人員附加信息。

人員附加信息為「技術職稱」。

（3）工資項目。

工資項目資料如表6.1所示。

表6.1　　　　　　　　　　　　工資項目

工資項目名稱	類型	長度	小數	增減項	公式
基本工資	數字	8	2	增項	
職務津貼	數字	8	2	增項	
獎金	數字	8	2	增項	IFF(人員類別＝」銷售人員」,500,200)

表6.1(續)

工資項目名稱	類型	長度	小數	增減項	公式
應發合計	數字	8	2	增項	基本工資+職務津貼+獎金
住房公積金	數字	8	2	減項	(基本工資+職務津貼)*0.08
缺勤扣款	數字	8	2	減項	(基本工資+職務津貼)/22*缺勤天數
扣款合計	數字	8	2	減項	住房公積金+缺勤扣款
實發合計	數字	8	2	增項	應發合計-扣款合計
代扣稅	數字	8	2	減項	
缺勤天數	數字	8	2	其他	

(4) 銀行資料。

銀行編號01，銀行名稱為「工商銀行鄭州健康路支行」，帳號62220238031，帳號長度11位，自動帶出的帳號長度為8位。

(5) 工資類別。

工資類別為「在編人員」和「非編人員」，並且在編人員分布各個部門，而非編人員只屬於生產部。

(6) 在編人員檔案。

在編人員檔案資料如表6.2所示。

表6.2　　　　　　　　　　在編人員檔案

部門名稱	人員編碼	人員姓名	人員類別	帳號	技術職稱
人事部	101	趙雷剛	企業管理人員	94003106001	高級經濟師
財務部	201	劉玉杰	企業管理人員	94003106002	高級會計師
財務部	202	梁小紅	企業管理人員	94003106003	會計師
財務部	203	李春波	企業管理人員	94003106004	助理會計師
採購部	301	楊石磊	採購人員	94003106005	
銷售部	401	劉文佳	銷售人員	94003106006	
生產部	501	郭俊濤	生產人員	94003106007	

(7) 個人所得稅扣除基數。

個人所得稅應按「實發工資」扣除2,000元後計稅。

(8) 2015年6月工資數據。

2015年6月工資數據資料如表6.3所示。

表6.3　　　　　　　　　　2015年6月工資數據

人員編碼	人員姓名	基本工資（元）	職務津貼（元）	缺勤天數（天）
101	趙雷剛	4,000	1,200	

表6.3(續)

人員編碼	人員姓名	基本工資（元）	職務津貼（元）	缺勤天數（天）
201	劉玉杰	3,000	1,000	
202	梁小紅	2,000	800	2
203	李春波	2,000	800	
301	楊石磊	2,000	800	
401	劉文佳	2,000	800	
501	郭俊濤	2,000	800	3

（9）工資分攤。

工資費用分攤的資料如表6.4所示。要求按工資總額的14%計提福利費，按工資總額的2%計提工會經費。

表6.4　　　　　　　　　　　　　工資費用分攤　　　　　　　　　　　　　單位：元

計提類型	部門名稱	人員類別	項目	借方科目	貸方科目
應付工資	人事部	企業管理人員	應發合計	550203	215101
	財務部	企業管理人員	應發合計	550203	215101
	採購部	採購人員	應發合計	550203	215101
	銷售部	銷售人員	應發合計	5501	215101
	生產部	生產人員	應發合計	410102	215101
應付福利費	人事部	企業管理人員	應發合計	550203	215102
	財務部	企業管理人員	應發合計	550203	215102
	採購部	採購人員	應發合計	550203	215102
	銷售部	銷售人員	應發合計	5501	215102
	生產部	生產人員	應發合計	410102	215102
工會經費	人事部	企業管理人員	應發合計	550203	215103
	財務部	企業管理人員	應發合計	550203	215103
	採購部	採購人員	應發合計	550203	215103
	銷售部	銷售人員	應發合計	5501	215103
	生產部	生產人員	應發合計	410102	215103

五、實驗步驟

（1）建立工資帳套：以帳套主管「01劉玉杰」身分註冊登錄企業應用平臺，啟用薪資系統，啟用日期為2015-06-01；切換到「業務」選項卡，執行「財務會計」→「工資管理」命令，打開「建立工資套」窗口，根據實驗資料設置工資帳套參數；建

完工資帳套，系統提示「未建立工資類別！」信息，確定後打開「打開工資類別」對話框，單擊「取消」按鈕。

（2）人員附加信息設置：執行「設置」→「人員附加信息設置」命令，打開「人員附加信息設置」對話框；單擊「增加」按鈕，根據實驗資料，從「欄目參照」欄中選擇「技術職稱」附加信息項；單擊「確定」按鈕返回。

（3）工資項目設置：執行「設置」→「工資項目設置」命令，打開「工資項目設置」對話框；在已有工資項目基礎上，單擊「增加」按鈕，根據實驗材料增加工資項目，先通過「名稱參照」選擇系統給出的工資項目，然後重命名為需要的工資項目即可。

（4）銀行名稱設置：在企業應用平臺的「設置」選項卡中，執行「基礎檔案」→「收付結算」→「開戶銀行」命令，打開「開戶銀行」對話框，根據實驗資料設置銀行名稱等有關內容；設置完成後，單擊「退出」按鈕返回，並在工資管理系統中對銀行的相關屬性進行設置。

（5）在工資管理系統中，執行「設置」→「人員類別設置」，根據資料，完成人員類別設置工作。

（6）建立工資類別：在工資管理系統中，執行「工資類別」→「新建工資類別」對話框；錄入工資類別名稱「在編人員」選中「選定全部部門」復選框，確定工資類別的啟用日期為2015-06-01；執行「工資類別」→「關閉工資類別」命令，關閉「在編人員」工資類別；執行「工資類別」→「新建工資類別」命令，打開「新建工資類別」對話框，錄入工資類別名稱「非編人員」，只選擇生產部，並確定工資類別的啟用日期為2015-06-01。

（7）在編人員工資類別初始設置：執行「工資類別」→「打開工資類別」命令，打開「打開工資類別」對話框，選中「在編人員」，單擊「確定」按鈕；執行「設置」→「人員檔案」命令，進入「人員檔案」窗口，單擊「增加」按鈕，根據實驗資料修改所選人員類別下的人員檔案，補充錄入銀行帳號和技術職稱信息；執行「設置」→「工資項目設置」命令，打開「工資項目設置」對話框，單擊「增加」按鈕，根據實驗材料，從「名稱參照」的下拉列表框中選擇工資項目。設置後通過「上移」「下移」按鈕調整工資項目的先後位置，全部設置好後返回；在「工資項目設置」對話框，單擊「公式設置」按鈕，打開「工資項目設置——公式設置」對話框，單擊「工資項目」的「增加」按鈕，根據實驗資料依次錄入「獎金」「住房公積金」和「缺勤扣款」的計算公式，全部設置好後返回。

（8）工資數據錄入、計算和匯總：以「01劉玉杰」的身分註冊進入企業應用平臺，登錄日期為2015-06-30，再進入工資管理系統；執行「業務處理」→「工資變動」命令，根據實驗材料錄入2015年6月份每個人員的工資數據；全部錄入完畢後單擊「計算」按鈕，系統根據工資項目計算公式完成各個工資項目數據的計算；通過檢查，確認工資數據正確後單擊「匯總」按鈕；單擊「退出」按鈕返回。

（9）設置個人所得稅扣除基數：執行「業務處理」→「扣繳所得稅」命令，打開「欄目選擇」對話框；進行各項目的選擇，單擊「確定」按鈕，進入「個人所得稅扣

繳申報表」窗口；單擊「稅率」按鈕，進入「稅率表」窗口；在「基數」欄錄入2,000，確定後重算數據，系統顯示 2015 年 6 月份「個人所得稅扣繳申報表」信息，可據此申報扣繳的個人所得稅。

（10）銀行代發：執行「業務處理」→「銀行代發」命令，打開「銀行文件格式設置」對話框；選用系統預置模板，系統顯示「銀行代發一覽表」信息，可輸出到文件或打印後送銀行，由銀行將工資轉到個人帳戶。

（11）工資分攤：以「02 梁小紅」的身分註冊進入企業應用平臺，登錄日期為 2015-06-30，再進入工資管理系統。執行「工資類別」→「打開工資類別」命令，打開「打開工資類別」對話框，選擇打開「在編人員」工資類別；執行「業務處理」→「工資分攤」命令，打開「工資分攤」對話框；單擊「工資分攤設置」按鈕，打開「分攤類型設置」對話框；單擊「增加」按鈕，打開「分攤計提比例設置」對話框，錄入計提類型名稱「應付工資」，分攤計提比例 100%；單擊「下一步」按鈕，進入「分攤構成設置」對話框，依據實驗資料的應付工資分攤信息完成分攤設置，完成後返回；繼續單擊「增加」按鈕，根據實驗資料分別定義應付福利費（比例 14%）和工會經費（比例 2%）兩種分攤計提項目；在「工資分攤」對話框，選擇以上三種計提費用類型，確定計提月份「2015-06」，選擇所有部門和「明細到工資項目」；單擊「確定」按鈕，打開「應付工資一覽表」，通過「類型」選擇可以看到應付福利費和工會經費的分攤情況；選中「合併科目相同，輔助項相同的分錄」，單擊「製單」按鈕，系統生成應付工資分攤的記帳憑證，單擊「保存」按鈕，自動傳遞到總帳系統；同理，生成應付福利費和工會經費分攤的記帳憑證並保存。

①應付工資
借：管理費用/工資（550203）　　　　　　　　　　　　　18,600
　　銷售費用（5501）　　　　　　　　　　　　　　　　　 3,300
　　生產成本/直接人工（410102）　　　　　　　　　　　　3,000
　貸：應付職工薪酬/應付工資（215101）　　　　　　　　 24,900

②應付福利費
借：管理費用/工資（550203）　　　　　　　　　　　　　 2,604
　　銷售費用（5501）　　　　　　　　　　　　　　　　　　462
　　生產成本/直接人工（410102）　　　　　　　　　　　　　420
　貸：應付職工薪酬/應付職工福利費（215102）　　　　　　3,486

③工會經費
借：管理費用/工資（550203）　　　　　　　　　　　　　　372
　　銷售費用（5501）　　　　　　　　　　　　　　　　　　 66
　　生產成本/直接人工（410102）　　　　　　　　　　　　　 60
　貸：應付職工薪酬/工會經費（215103）　　　　　　　　　　498

（12）工資帳表和憑證查詢：以帳套主管「01 劉玉杰」身分註冊，登錄企業應用平臺，登錄日期為 2015-06-30，啟用工資管理系統，執行「工資類別」→「打開工資類別」命令，打開「打開工資類別」對話框，選擇打開「在編人員」工資類別；執行

「統計分析」→「帳表」→「工資表」命令，打開「工資表」對話框，可選擇查看多種工資帳表；執行「統計分析」→「帳表」→「工資分析表」命令，打開「工資分析表」對話框，可選擇查看多種工資數據分析表；以「02 梁小紅」的身分註冊進入企業應用平臺，登錄日期為 2015-06-30，再進入薪資管理系統，執行「統計分析」→「憑證查詢」命令，選擇查看生成的記帳憑證。

（13）月末處理：執行「工資類別」→「打開工資類別」命令，打開「打開工資類別」對話框，選擇打開「在編人員」工資類別；執行「業務處理」→「月末處理」命令，並單擊「確定」按鈕，確認繼續進行月末處理；選擇清零項目：缺勤天數，單擊「確定」按鈕；系統提示「月末處理完畢」，確定後返回。

（14）帳套備份：在硬盤建立「實驗七工資管理」文件夾；將帳套數據備份輸出至「實驗六工資管理」文件夾；使用 U 盤備份數據。

實驗七　固定資產管理

一、實驗目的

熟悉固定資產管理系統的主要內容和操作流程，掌握固定資產管理系統初始設置、日常、期末處理的操作方法。

二、實驗內容

- 固定資產管理系統初始設置；
- 固定資產管理系統日常處理；
- 固定資產管理系統期末處理。

三、實驗要求

引入實驗三的帳套備份數據，啟用固定資產管理系統，02（梁小紅）負責固定資產管理的操作。

四、實驗資料：

（1）固定資產帳套參數資料。

固定資產帳套啟用月份為「2015 年 6 月」；採用「平均年限法（一）」計提折舊；折舊匯總分配週期為 1 個月；當（月初已計提月份＝可使用月份-1）時將剩餘折舊全部計提；固定資產編碼方式為「2-1-1-2」；固定資產編碼方式採用按「類別編號+部門編號+序號」自動編碼，序號長度為 3；要求固定資產與總帳對帳；固定資產對帳科目為「1501」，累計折舊對帳科目為「1502」；對帳不平衡的情況下不允許固定資產月末結帳；業務發生後不立即製單；固定資產默認入帳科目：1501；累計折舊默認入帳科目：1502。

（2）固定資產類別資料（如表 7.1 所示）。

表 7.1　　　　　　　　　　　　　固定資產類別

類別編碼	類別名稱	淨殘值率（%）	計提屬性	卡片樣式
01	房屋及建築物	4	正常計提	通用樣式
011	生產用房屋及建築物	4	正常計提	通用樣式
012	非生產用房屋及建築物	4	正常計提	通用樣式

表7.1(續)

類別編碼	類別名稱	淨殘值率（%）	計提屬性	卡片樣式
02	機器設備	4	正常計提	通用樣式
021	生產設備	4	正常計提	通用樣式
022	辦公設備	4	正常計提	通用樣式

（3）固定資產增減方式對應入帳科目（如表7.2所示）。

表7.2　　　　　　　　　固定資產增減方式對應入帳科目　　　　　　　單位：元

增減方式	對應入帳科目
直接購入	銀行存款（100201）
投資者投入	實收資本（3101）
盤盈	以前年度損益調整（5801）
出售	固定資產清理（1701）
毀損	固定資產清理（1701）
盤虧	待處理財產損益/待處理固定資產損益（191102）

（4）部門對應折舊科目（如表7.3所示）。

表7.3　　　　　　　　　　部門對應折舊科目　　　　　　　　　單位：元

部門名稱	折舊科目
人事部、財務部、採購部	管理費用/折舊費（550204）
銷售部	銷售費用（5501）
生產費用	製造費用（4105）

（5）固定資產原始卡片（如表7.4所示）。

表7.4　　　　　　　　　　　固定資產原始卡片

固定資產卡片內容＼固定資產名稱	辦公樓	生產線	辦公電腦
類別編號	011	021	022
部門名稱	人事部	生產部	財務部
增減方式	直接購入	直接購入	直接購入
使用狀況	在用	在用	在用
使用年限（年）	40	10	5
折舊方法	平均年限法（一）	平均年限法（一）	平均年限法（一）
開始使用日期	2014-05-01	2014-05-01	2014-05-01

表7.4(續)

固定資產卡片內容 \ 固定資產名稱	辦公樓	生產線	辦公電腦
原值（元）	1,000,000	400,000	20,000
淨殘值（%）	4	4	4
累計折舊（元）	24,000	38,400	3,840
對應折舊科目	550,204	4,105	550,204

（6）新增固定資產資料。

2015年6月8日，為財務部購入新電腦一臺，原值22,000元，預計使用年限為4年，淨殘值率為4%。

（7）資產評估資料。

2015年6月12日，對人事部辦公樓進行資產評估，評估結果值1,100,000元，累計折舊40,000元。

（8）計提折舊資料。

2015年6月30日，計提本月固定資產折舊。

（9）資產減少資料。

2015年6月30日，財務部毀損電腦一臺。

（10）資產變動資料。

2015年7月3日，生產部的生產線添置新配件50,000元。

五、實驗步驟

（1）設置固定資產帳套參數：以帳套主管「01劉玉杰」身分註冊，登錄企業應用平臺，啟用固定資產管理系統，啟用日期為2015-06-01；以「02梁小紅」的身分重新註冊，進入企業應用平臺，登錄日期為2015-06-01，切換到「業務」選項卡，執行「財務會計」→「固定資產」命令，系統彈出「是否進行初始化?」提示對話框，單擊「是」按鈕，打開「初始化帳套向導」對話框；根據實驗資料依次確定固定資產帳套參數；當系統提示已完成時，單擊「是」按鈕，確定並保存帳套參數設置。

（2）設置資產類別：在固定資產系統中，執行「設置」→「資產類別」命令，進入「類別編碼表」窗口；單擊「增加」按鈕，根據實驗資料設置「房屋及建築物」的類別信息；設置後單擊「保存」按鈕，根據實驗資料，再增加其他的資產類別；全部設置完成後，單擊「退出」按鈕返回。

（3）設置增減方式：在固定資產系統中，執行「設置」→「增減方式」命令，進入「增減方式」窗口，系統顯示固定資產的各種增減方式；選擇某一固定資產增加（或減少）方式，單擊「修改」按鈕，根據實驗資料設置「直接購入」方式的對應入帳科目；設置後單擊「保存」按鈕，根據實驗資料，再選擇其他方式依次設置；全部設置完成後，單擊「退出」按鈕返回。

(4) 設置部門對應折舊科目：在固定資產系統中，執行「設置」→「部門對應折舊科目」命令，進入「部門編碼表」窗口；選擇某一部門，單擊「修改」按鈕，根據實驗資料設置「人事部」對應的折舊科目；設置後單擊「保存」按鈕，根據實驗資料「4.部門對應折舊科目」，再選擇其他部門依次設置；全部設置完成後，單擊「退出」按鈕返回。

(5) 錄入原始卡片：執行「卡片」→「錄入原始卡片」命令，進入「資產類別參照」窗口；選擇資產類別：「生產用房及建築物（011）」，單擊「確定」按鈕，進入「固定資產卡片」窗口；根據實驗資料錄入固定資產「辦公樓」的相關信息；錄入完畢，單擊「保存」按鈕；同理，依次錄入「生產線」和「辦公電腦」原始卡片；全部錄入完成後，單擊「退出」按鈕返回。

(6) 增加固定資產：以「02 梁小紅」身分，重新註冊固定資產系統，登錄日期為 2015-06-08；執行「卡片」→「資產增加」命令，進入「資產類別參照」窗口；選擇資產類別「辦公設備（022）」，單擊「確定」按鈕，進入「固定資產卡片」窗口；根據實驗資料錄入新增固定資產「辦公電腦」相關信息；錄入完畢，單擊「保存」按鈕；保存成功後，單擊「退出」按鈕返回。

(7) 資產評估：以「02 梁小紅」身分重新註冊固定資產系統，登錄日期為 2015-06-12；執行「卡片」→「資產評估」命令，進入「資產評估」窗口；單擊「增加」按鈕，打開「評估資產選擇」對話框；選擇評估項目「原值」和「累計折舊」，單擊「確定」按鈕；在「資產評估」窗口，選擇要評估資產「辦公樓」的卡片編號，根據實驗資料錄入評估數據後，單擊「保存」按鈕，系統提示「是否確認要進行資產評估?」信息，單擊「是」按鈕，系統提示「數據成功保存!」信息；單擊「確定」按鈕返回。

(8) 折舊處理：以「02 梁小紅」身分，重新註冊固定資產系統，登錄日期為 2015-06-30；執行「處理」→「計提本月折舊」命令，系統彈出「是否要查看折舊清單?」信息提示對話框，單擊「否」按鈕；根據系統提示計提折舊後，進入「折舊分配表」窗口；單擊「退出」按鈕返回。

(9) 減少固定資產：執行「卡片」→「資產減少」命令，進入「資產減少」窗口；根據實驗資料，選擇卡片編號「00003」，單擊「增加」按鈕；選擇減少方式「毀損」，單擊「確定」按鈕，系統提示卡片減少成功；單擊「確定」按鈕返回。

(10) 帳表查詢：執行「帳表」→「我的帳表」命令，進入「固定資產報表」窗口；單擊「折舊表」，選擇「固定資產折舊清單表」，打開「條件——固定資產折舊清單表」對話框，選擇期間「2015-06」，單擊「確定」按鈕，即可查看到固定資產折舊信息。

(11) 批量製單：執行「處理」→「批量製單」命令，進入「批量製單」窗口；切換到「製單選擇」選項卡，再單擊「全選」按鈕或雙擊「製單」欄，選中待要製單的業務；切換到「製單設置」選項卡，單擊「製單」按鈕，系統進入「填制憑證」窗

口；選擇相應的憑證類別，並修改其他項目，單擊「保存」按鈕，生成以下憑證。

①新增資產

借：固定資產（1501） 22,000

　貸：銀行存款（100201） 22,000

②評估資產

借：固定資產（1501） 100,000

　貸：資本公積/投資評估增值（311108） 100,000

借：資本公積/投資評估增值（311108） 16,000

　貸：累計折舊 16,000

③計提折舊

借：製造費用（4105） 3,200

　　管理費用/折舊費用（550204） 2,320

　貸：累計折舊（1502） 5,520

④資產減少

借：累計折舊（1502） 4,160

　　固定資產清理（1701） 15,840

　貸：固定資產（1501） 20,000

⑤保存成功後，單擊「退出」按鈕返回。

（12）對帳：執行「處理」→「對帳」命令，系統提示「與帳務系統對帳」結果：不平衡；以「03 李春波」的身分重新註冊，進入企業應用平臺，登錄日期為 2015-06-30，啟用總帳系統，對付款憑證進行出納簽字；以「01 劉玉杰」的身分重新註冊進入企業應用平臺，登錄日期為 2015-06-30，啟用總帳系統，對前面已生成的憑證審核並記帳；以「02 梁小紅」的身分重新註冊進入企業應用平臺，登錄日期為 2015-06-30，進入固定資產系統，重新執行「處理」→「對帳」命令，系統顯示對帳結果平衡；單擊「確定」按鈕返回。

（13）結帳：以「01 劉玉杰」的身分重新註冊，進入企業應用平臺，登錄日期為 2015-06-30，啟用固定資產系統，執行「處理」→「月末結帳」命令，打開「月末結帳」對話框；單擊「開始結帳」按鈕，系統開始結帳；系統給出結帳後提示信息，確定後返回，完成結帳。

（14）資產變動：以「02 梁小紅」的身分重新註冊進入企業應用平臺，登錄日期為 2015-07-03，執行「卡片」→「變動單」→「原值增加」命令，進入「固定資產變動單」窗口；根據實驗資料，錄入卡片編號 00002，錄入增加金額 50,000 元，錄入變動原因「增加配件」，單擊「保存」按鈕；保存變動單後，單擊「退出」按鈕返回。

（15）帳套備份：在硬盤建立「實驗八固定資產管理」文件夾；將帳套數據備份輸出至「實驗七固定資產管理」文件夾；使用 U 盤備份數據。

實驗八　應收帳款管理

一、實驗目的

掌握應收款管理系統的初始設置、期初餘額錄入、業務處理和批量製單。

二、實驗內容

- 應收帳款管理系統初始設置；
- 應收帳款管理系統日常處理。

三、實驗要求

引入實驗三的帳套備份數據，啟用應收帳款管理系統；02（梁小紅）負責應收帳款管理的操作；採用批量製單方式生成憑證。

四、實驗資料

（1）系統參數。

壞帳處理方式：應收餘額百分比法。

（2）初始設置。

應收帳款管理系統初始設置的資料如表 8.1 所示。

表 8.1　　　　　　　　　應收帳款管理系統初始設置　　　　　　單位：元

基本科目	應收科目：應收帳款（1131） 銷售收入科目：主營業務收入（5101） 應收增值稅科目：應交稅費——應交增值稅——銷項稅（21710105） 銷售退回科目：主營業務收入（5101）
結算方式科目	現金結算方式：庫存現金（1001） 現金支票結算方式：工行存款（100201） 轉帳支票結算方式：工行存款（100201）
壞帳準備設置	提取比率：0.5% 壞帳期初餘額：5,000 壞帳準備科目：壞帳準備（1141） 壞帳準備對方科目：資產減值損失（5901）
帳齡區間設置	90；120
報警級別設置	A. 10% B. 20% C. 20%以上

(3) 期初餘額。

應收帳款期初餘額的資料如表 8.2 所示。

表 8.2　　　　　　　　　　　　應收帳款期初餘額　　　　　　　　　　單位：元

單據名稱	方向	開票日期	客戶名稱	銷售部門	科目編碼	合計
其他應收單	正	2015-5-20	勝利公司	銷售部	1131	600,000

(4) 2015 年 6 月份發生的經濟業務。

①6 月 2 日，收到勝利公司簽發並承兌的商業承兌匯票一張，票據號 2141，面值 550,000 元，到期日為 2015 年 12 月 2 日。

②6 月 10 日，向勝利公司銷售產品形成應收帳款共 58,500 元（其中增值稅 8,500 元），使用應收單填制。

③6 月 15 日，經三方同意將 6 月 10 日形成的應向勝利公司收取的應收帳款餘額轉為向海鑫公司收取的應收帳款。

④6 月 20 日，收到海鑫公司轉帳支票一張，還款共計 50,000 元。

⑤6 月 30 日，將海鑫公司應收帳款餘額 8,500 元轉為壞帳。

五、實驗步驟

(1) 設置帳套參數：以帳套主管「01 劉玉杰」身分註冊登錄企業應用平臺，啟用應收款管理系統，啟用日期為 2015-06-01；以「02 梁小紅」身分註冊進入企業應用平臺，登錄日期為 2015-06-01，在企業應用平臺的「業務」選項卡中，執行「財務會計」→「應收款管理」命令，進入應收帳款管理系統；執行「設置」→「選項」命令，打開「帳套參數設置」對話框；單擊「編輯」按鈕，根據實驗資料設置參數；設置完成後，單擊「確定」按鈕保存帳套參數設置。

(2) 初始設置：執行「設置」→「初始設置」命令，打開「初始設置」對話框；執行「設置科目」→「基本科目設置」命令，進入「基本科目設置」窗口，根據實驗資料錄入基本科目；執行「設置科目」→「結算方式科目設置」命令，進入「結算方式科目設置」窗口，根據實驗資料錄入結算方式科目；執行「壞帳準備設置」命令，進入「壞帳準備設置」窗口，根據實驗資料錄入壞帳準備提出比率和相關科目；執行「帳齡內區間設置」命令，進入「帳齡內區間設置」窗口，根據實驗資料錄入帳齡區間；執行「報警級別設置」命令，進入「報警級別設置」窗口，根據實驗資料錄入報警級別；全部設置完成後，單擊「退出」按鈕返回。

(3) 期初餘額錄入：執行「設置」→「期初餘額」命令，打開「期初餘額—查詢」對話框；單擊「確定」按鈕，進入「期初餘額明細表」窗口；單擊「增加」按鈕，打開「單據類別」對話框，選擇單據名稱「應收單」、單據類型「其他應收單」，單擊「確定」按鈕；根據實驗資料錄入期初應收單，保存後退出；單擊「對帳」按鈕，與總帳管理系統對帳。

(4) 應收業務 1：以「02 梁小紅」身分重新註冊進入企業應用平臺，登陸日期為

2015-06-30，執行「應收款管理」→「票據管理」命令，打開「票據查詢」對話框；單擊「確定」按鈕，進入「票據管理」窗口；單擊「增加」按鈕，打開「票據增加」對話框。根據實驗資料錄入票據信息；填制完成後單擊「確定」按鈕，單據自動保存；執行「收款單據處理」→「收款單據審核」命令，打開「收款單過濾條件」對話框；單擊「確定」按鈕，進入「收付款單列表」窗口，雙擊「選擇」按鈕選擇相關記錄後，單擊「審核」按鈕審核，確定後退出。

（5）應收業務2：執行「應收單據處理」→「應收單據錄入」命令，打開「單據類別」對話框；選擇單據名稱「應收單」，單擊「確定」按鈕，進入「應收單」窗口；根據實驗資料錄入應收單內容；保存後單擊「審核」按鈕，系統彈出「是否立即製單」信息提示對話框，單擊「否」按鈕後退出。

（6）應收業務3：執行「轉帳」→「應收衝應收」命令，進入「應收衝應收」窗口；選擇轉出戶「勝利公司」，轉入戶「海鑫公司」；單擊「過濾」按鈕，在顯示的可供轉帳的記錄列表中選擇相應記錄，並在「並帳金額」欄錄入58,500，單擊「確定」按鈕，系統彈出「是否立即製單」信息提示對話框，單擊「否」按鈕後退出。

（7）應收業務4：執行「收款單據處理」→「收款單錄入」命令，進入「收款單」窗口；單擊「增加」按鈕，根據試驗資料錄入收款單；保存後單擊「審核」按鈕，系統彈出「是否立即製單」信息提示對話框，單擊「否」按鈕後退出；單擊「核銷」按鈕，在彈出的「核銷條件」對話框中單擊「確定」按鈕；在「單據核銷」窗口下半部分的「本次結算」欄中錄入50,000，保存後退出。

（8）應收業務5：執行「壞帳處理」→「壞帳發生」命令，打開「壞帳發生」對話框；在客戶欄選擇「海鑫公司」，單擊「確定」按鈕，進入「壞帳發生單據明細」窗口；在「本次發生壞帳金額」錄入壞帳金額8,500，單擊「確定」按鈕，系統彈出「是否立即製單」信息提示對話框，單擊「否」按鈕後退出。

（9）批量製單：執行「製單處理」命令，打開「製單查詢」對話框；選中「應收單製單」「收付款單製單」「票據處理製單」「並帳製單」和「壞帳處理製單」，單擊「確定」按鈕，進入「製單」窗口；單擊「全選」「製單」按鈕，生成以下憑證；保存成功後，單擊「退出」按鈕返回。

①收款單

借：應收票據（1111）　　　　　　　　　　　　　　　　　　550,000
　　貸：應收帳款（1131）　　　　　　　　　　　　　　　　550,000

②其他應收單

借：應收帳款（1131）　　　　　　　　　　　　　　　　　　58,500
　　貸：主營業務收入（5101）　　　　　　　　　　　　　　50,000
　　　　應交稅費——應交增值稅——銷項稅額（21710105）　8,500

③並帳

借：應收帳款（1131）　　　　　　　　　　　　　　　　　　58,500
　　貸：應收帳款（1131）　　　　　　　　　　　　　　　　58,500

④收款單
　借：銀行存款（100201）　　　　　　　　　　　　　　　　　　50,000
　　貸：應收帳款（1131）　　　　　　　　　　　　　　　　　　　50,000
⑤壞帳發生
　借：壞帳準備（1141）　　　　　　　　　　　　　　　　　　　8,500
　　貸：應收帳款（1131）　　　　　　　　　　　　　　　　　　　8,500

（10）以03身分登記企業門戶，進入總帳系統，進行出納簽字。

以01身分登記企業門戶，進入總帳系統，審核憑證並記帳。

以02身分登記企業門戶，進入應收帳款系統，點擊「月末處理→月末結帳」，鼠標雙擊六月的結帳標誌「Y」，點擊「下一步」完成月末結帳工作。

（11）帳套備份：在硬盤建立「實驗九應收款管理」文件夾；將帳套數據備份輸出至「實驗八應收款管理」文件夾；使用U盤備份數據。

實驗九　應付帳款管理

一、實驗目的

掌握應付款管理系統的初始設置、期初餘額錄入、業務處理和批量製單。

二、實驗內容

- 應付款管理系統初始設置；
- 應付款管理系統日常處理。

三、實驗要求

引入實驗三的帳套備份數據，啟用應付款管理系統；02（梁小紅）負責應付款管理的操作；採用批量製單方式生成憑證。

四、實驗資料

（1）初始設置。

應付款管理系統初始設置資料如表9.1所示。

表9.1　　　　　　　　　應付款管理系統初始設置

基本科目	應付科目：應付帳款（2121） 採購科目：在途物資（1201） 採購稅金科目：應交稅費——應交增值稅——進項稅額（21710101）
結算方式科目	現金結算方式：庫存現金（1001） 轉帳支票結算方式：工行存款（100201）
報警級別設置	A：20% B：40% C：40%以上

（2）期初餘額。

應付款管理系統期初餘額資料如表9.2所示。

表9.2　　　　　　　　　應付款管理系統期初餘額

單據名稱	方向	開票日期	供應商名稱	採購部門	科目編碼	金額（元）
其他應付單	正	2015-5-22	萬達公司	採購部	2121	183,760

(3) 2015 年 6 月份發生的經濟業務。

①6 月 2 日，向環球公司預付甲材料採購貨款共計 9,600 元，結算方式為現金結算。

②6 月 10 日，向環球公司購買乙材料價款共計 11,700 元（其中增值稅為 1,700 元），驗收入庫，款項未付，使用應付單填制。

③6 月 15 日，經雙方同意將預付甲材料款項轉為購買乙材料的應付帳款。

五、實驗步驟

(1) 初始設置：以帳套主管「01 劉玉杰」身分註冊登錄企業應用平臺，啟用應付帳款管理系統，啟用日期為 2015-06-01；以「02 梁小紅」身分註冊進入啟用應用平臺，登陸日期為 2015-06-01，在企業應用平臺的「業務」選項卡中，執行「財務會計」→「應付款管理」命令，進入應付款管理系統；執行「設置」→「初始設置」命令，打開在「初始設置」對話框；執行「設置科目」→「基本科目設置」命令，進入「基本科目設置」窗口，根據實驗資料錄入基本科目；執行「設置科目」→「結算方式科目設置」命令，進入「結算方向科目設置」窗口，根據實驗資料錄入結算方式科目；執行「報警級別設置」命令，進入「報警級別設置」窗口，根據實驗資料錄入報警級別；全部設置完成後，單擊「退出」按鈕返回。

(2) 期初餘額錄入：執行「設置」→「期初餘額」命令，打開「期初餘額—查詢」對話框；單擊「確定」按鈕，進入「期初餘額明細表」窗口；單擊「增加」按鈕，打開「單據類別」對話框，選擇單據名稱「應付單」，單擊「確定」按鈕；根據實驗資料錄入期初應付單，保存後退出；單擊「對帳」按鈕，與總帳管理系統進行對帳。

(3) 應付業務 1：以「02 梁小紅」身分重新註冊進入企業應用平臺，登陸日期為 2015-06-30，執行「付款單據處理」→「付款單據錄入」命令，進入「付款單」窗口；單擊「增加」按鈕，根據實驗資料錄入各項內容，在表中「款項類別」下拉列表框中選擇「預付款」後保存；單擊「審核」按鈕，系統彈出「是否立即製單」信息對話框，單擊「否」按鈕後退出。

(4) 應付業務 2：執行「應付單據處理」→「應付單據錄入」命令，打開「單據類別」對話框；選擇單據名稱「應付單」，單擊「確定」按鈕，進入「應付單」窗口；根據實驗資料錄入應付單內容，單擊「保存」按鈕；單擊「審核」按鈕，系統彈出「是否立即製單」信息對話框，單擊「否」按鈕後退出。

(5) 應付業務 3：執行「轉帳」→「預付衝應付」命令，進入「預付衝應付」窗口；在「預付款」選項卡中選擇供應商「環球公司」，單擊「過濾」按鈕，在顯示的可供轉帳的記錄列表中選擇相應的記錄；切換到「應付款」選項卡，單擊「過濾」按鈕，在相應的記錄上的「轉帳金額」欄錄入 9,600，單擊「確定」按鈕，系統彈出「是否立即製單」信息對話框，單擊「否」按鈕後退出。

(6) 批量製單：執行「製單處理」命令，打開「製單查詢」對話框；選中「應付單製單」「收付款單製單」和「轉帳製單」，單擊「確定」按鈕，進入「製單」窗口；

單擊「全選」「製單」按鈕，生成以下憑證，保存成功後，單擊「退出」按鈕返回。

①付款單

借：預付帳款（1151）　　　　　　　　　　　　　　　　9,600

　　貸：庫存現金（1001）　　　　　　　　　　　　　　　9,600

②其他應付單

借：原材料/生產用原材料（121101）　　　　　　　　　 10,000

　　應交稅費/應交增值稅/進項稅額（21710101）　　　　 1,700

　　貸：應付帳款：（2121）　　　　　　　　　　　　　 11,700

③預付衝應付

借：應付帳款（2121）　　　　　　　　　　　　　　　　9,600

　　貸：預付帳款（1151）　　　　　　　　　　　　　　　9,600

（7）以 03 身分登錄企業門戶，進入總帳系統，完成憑證的出納簽字工作。

以 01 身分登錄企業門戶，進入總帳系統，完成憑證審核和記帳工作。

以 02 身分登錄企業門戶，進入應付帳款系統，完成月末結帳工作。

（8）帳套備份：在硬盤建立「實驗十應付款管理」文件夾；將帳套數據備份輸出至「實驗九應付款管理」文件夾；使用 u 盤備份數據。

實驗十 報表管理

一、實驗目的

熟悉 UFO 報表管理系統中自定義報表和利用報表模板生成報表的基本原理，掌握自定義報表的編制方法及步驟，掌握利用報表模板編制報表的方法及步驟。

二、實驗內容

- 自定義一張利潤表並生成利潤表的數據；
- 利用報表模板生成資產負債表。

三、實驗要求

引入實驗五的帳套備份數據，01（劉玉杰）負責編制報表的操作。

四、實驗資料

利潤表樣式如表 10.1 所示。

表 10.1　　　　　　　　　　　　　　利潤表

編製單位：　　　　　　　　　　　年　　月　　　　　　　　　　　　單位：元

項目	行次	本月數	本年累計數
一、營業收入	1	=FS(「5101」,月,「貸」,,,,)	=LFS(「5101」,月,「貸」,,,,)
減：營業成本	4	=FS(「5401」,月,「借」,,,,)	=LFS(「5401」,月,「借」,,,,)
稅金及附加	5	=FS(「5402」,月,「借」,,,,)	=LFS(「5402」,月,「借」,,,,)
銷售費用	10	=FS(「5501」,月,「借」,,,,)	=LFS(「5501」,月,「借」,,,,)
管理費用	11	=FS(「5502」,月,「借」,,,,)	=LFS(「5502」,月,「借」,,,,)
財務費用	14	=FS(「5503」,月,「借」,,,,)	=LFS(「5503」,月,「借」,,,,)
加：投資收益	18	=FS(「5201」,月,「貸」,,,,)	=LFS(「5201」,月,「貸」,,,,)
二、營業利潤	19	=C4-C5-C6-C7-C8-C9+C10	=D4-D5-D6-D7-D8-D9+D10
加：營業外收入	22	=FS(「5301」,月,「貸」,,,,)	=LFS(「5301」,月,「貸」,,,,)
減：營業外支出	23	=FS(「5601」,月,「借」,,,,)	=LFS(「5601」,月,「借」,,,,)
三、利潤總額	27	=C11+C12-C13	=D11+D12-D13
減：所得稅費用	28	=FS(「5701」,月,「借」,,,,)	=LFS(「5701」,月,「借」,,,,)
四、淨利潤	30	=C14-C15	=D14-D15

製表人：

五、實驗步驟：

(1) 設計利潤表格式：以「01 劉玉杰」的身分註冊進入企業應用平臺，登錄日期為 2015-06-30，進入 UFO 報表系統，執行「文件」→「新建」命令，出現一張空白報表，並進入格式設計狀態；執行「格式」→「表尺寸」命令，打開「表尺寸」對話框，錄入行數 17、列數 4；執行「格式」→「行高」命令，打開「行高」對話框，設置合適的行高；執行「格式」→「列寬」命令，打開「列寬」對話框，設置合適的列寬；選中區域 A3:D16，執行「格式」→「區域劃線」命令，打開「區域劃線」對話框，設置表格線；選中區域 A1:D1，執行「格式」→「組合單元」命令，打開「組合單元」對話框，實現標題行單元的組合；同理，定義 A2:D2 為組合單元。

(2) 錄入利潤表中的項目內容：執行「格式」→「單元屬性」命令，設置單元類型、單元格字體、字號、顏色、對齊方式、邊框線等屬性；選擇需放置「編制單位」的單元格，執行「數據」→「關鍵字」→「設置」命令，進入「設置關鍵字」窗口，設置關鍵字為單位名稱，按照同樣方法設置「年」和「月」關鍵字，設置過關鍵字的單元將以紅色顯示。執行「數據」→「關鍵字」→「偏移」命令調整其到合適位置。

(3) 設置利潤表計算公式：選中「營業收入」行對應的「本月數」欄單元格，執行「數據」→「編輯公式」→「單元公式」命令，打開「定義公式」對話框；單擊「函數導向」按鈕，打開「函數導向」對話框；在「函數分類」列表中選擇「用友帳務函數」，在「函數名」列表中選擇「發生 (FS)」，單擊「下一步」按鈕，打開「用友帳務函數」對話框；單擊「參照」按鈕，打開「帳務函數」對話框，錄入 (FS) 函數所需要的參數，帳套號和會計年度選擇「默認」，科目選擇「5101 主營業務收入」，期間選擇「月」，方向選擇「貸」；參數設置後單擊「確定」按鈕，返回單元格中顯示「公式單元」字樣，表示已經定義了「營業收入」本月數的計算公式，選中該單元格，可在編輯框中看到公式為「=FS (「5101」, 月,「貸」,,,,,)」；同理，按照以上的操作步驟錄入其他單元中的計算公式。

(4) 保存利潤表格式：執行「文件」→「另存為」命令，選擇存儲路徑，修改文件名為「利潤表.rep」，完成利潤表格式的保存。

(5) 生成 06 帳套 2015 年 6 月份利潤表數據並保存生成的利潤表：執行「文件」→「打開」命令，選擇已保存的「利潤表.rep」文件；在數據狀態下，執行「數據」→「關鍵字」→「錄入」命令，打開「錄入關鍵字」對話框，錄入單位名稱為「天達自動化公司」，年為「2015」，月為「6」，確定後不重算第 1 頁返回；執行「數據」→「整表重算」命令，單擊「是」按鈕，即可完成數據計算，顯示計算結果；執行「文件」→「另存為」命令，選擇存儲路徑，修改文件名為「2015 年 6 月利潤表.rep」，完成利潤表數據的保存。

(6) 利用報表模板生成 06 帳套 2015 年 6 月份的資產負債表：執行「文件」→「新建」命令，出現一張空白報表，並進入格式設計狀態；在格式狀態下，執行「格式」→「報表模式」命令，打開「報表模板」對話框，選擇「新會計製度科目」的「資產負債表」，確認覆蓋當前表格式；在數據狀態下，執行「數據」→「關鍵字」→

「錄入」命令，打開「錄入關鍵字」對話框，錄入單位名稱為「天達自動化公司」，年為「2015」，月為「6」，日為「30」，確認後重算第1頁返回；執行「文件」→「另存為」命令，選擇存儲路徑，修改文件名為「2015年6月資產負債表.rep」，完成資產負債表的保存。

（7）備份：將「利潤表.rep」「2015年6月利潤表.rep」和「2015年6月資產負債表.rep」三個文件備份到硬盤和U盤。

國家圖書館出版品預行編目(CIP)資料

電算化會計訊息系統 / 馮自欽、楊孝海 編著. -- 第一版.
-- 臺北市 : 崧燁文化，2018.08
　面 ；　公分
ISBN 978-957-681-486-0(平裝)
1.會計資訊系統
495.029　　　　107012841

書　名：電算化會計訊息系統
作　者：馮自欽、楊孝海 編著
發行人：黃振庭
出版者：崧燁文化事業有限公司
發行者：崧燁文化事業有限公司
E-mail：sonbookservice@gmail.com
粉絲頁　　　　　網　址：
地　址：台北市中正區重慶南路一段六十一號八樓 815 室
8F.-815, No.61, Sec. 1, Chongqing S. Rd., Zhongzheng
Dist., Taipei City 100, Taiwan (R.O.C.)
電　話：(02)2370-3310　傳　真：(02) 2370-3210
總經銷：紅螞蟻圖書有限公司
地　址：台北市內湖區舊宗路二段 121 巷 19 號
電　話:02-2795-3656　　傳真:02-2795-4100　網址：
印　刷：京峯彩色印刷有限公司（京峰數位）

　　　本書版權為西南財經大學出版社所有授權崧博出版事業股份有限公司獨家發行電子書繁體字版。若有其他相關權利及授權需求請與本公司聯繫。

定價：450 元
發行日期：2018 年 8 月第一版
◎ 本書以POD印製發行